本书案例彩图

▲彩图 1　笔者自己制作的配合 Vuforia 引擎的 3D 扫描仪

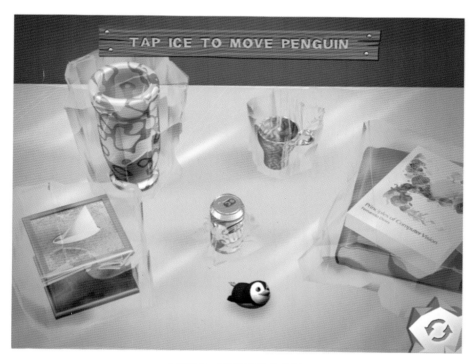

TAP ICE TO MOVE PENGUIN

▲彩图 2　增强现实物体识别

▲彩图 3　增强现实粒子系统

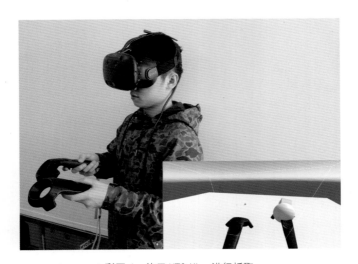

▲彩图 4　使用 HTC Vive 进行抓取

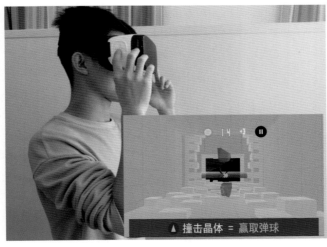

▲彩图 5　GearVR 游戏——Breaker

▲彩图 6　星空探索应用——梅西耶天体

▲彩图 7　星空探索应用——星空

▲彩图 8　星空探索应用——太阳系场景

▲彩图 9　星空探索应用——增强现实功能

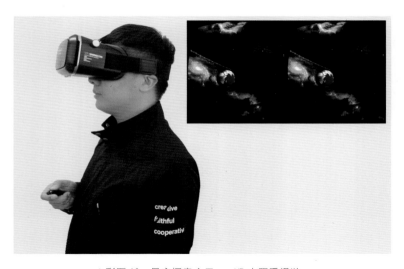

▲彩图 10　星空探索应用——VR 太阳系漫游

VR与AR开发高级教程

基于Unity

吴亚峰　刘亚志　于复兴◎编著

人民邮电出版社

北　京

图书在版编目（CIP）数据

VR与AR开发高级教程：基于Unity / 吴亚峰，刘亚志，于复兴编著. -- 北京：人民邮电出版社，2017.2
ISBN 978-7-115-44426-4

Ⅰ. ①V… Ⅱ. ①吴… ②刘… ③于… Ⅲ. ①游戏程序—程序设计—教材 Ⅳ. ①TP317.6

中国版本图书馆CIP数据核字(2017)第016545号

内 容 提 要

本书共分 11 章，主要讲解了 VR 和 AR 的开发和应用，主要内容为：增强现实以及 AR 工具介绍，Unity 开发环境搭建及 Vuforia 开发环境搭建，Vuforia 核心功能，如扫描图片、圆柱体识别、多目标识别、文字识别、云识别、物体识别和案例等，EasyAR 开发知识，基于 Unity 开发 VR，Cardboard VR 开发，三星 Gear VR 应用开发，HTC Vive 平台 VR 开发。最后，通过两大综合案例 Gear VR 游戏—Breaker 和科普类 AR&VR 应用—星空探索，为读者全面展示 AR/VR 案例开发的过程，使读者尽快进入实战角色。

本书适合程序员、AR/VR 开发者、AR/VR 爱好者，以及大专院校相关专业的师生学习用书和培训学校的教材。

◆ 编　著　吴亚峰　刘亚志　于复兴
　　责任编辑　张　涛
　　责任印制　焦志炜

◆ 人民邮电出版社出版发行　北京市丰台区成寿寺路 11 号
　　邮编 100164　电子邮件 315@ptpress.com.cn
　　网址 http://www.ptpress.com.cn
　　固安县铭成印刷有限公司印刷

◆ 开本：787×1092　1/16　　彩插：2
　　印张：19.25　　　　　　　2017 年 2 月第 1 版
　　字数：503 千字　　　　　　2025 年 2 月河北第 10 次印刷

定价：69.00 元

读者服务热线：(010)81055410　印装质量热线：(010)81055316
反盗版热线：(010)81055315

前　言

为什么要写这样的一本书

　　增强现实（AR）技术是指把现实世界中某一区域原本并不存在的信息，基于某种媒介并经过模拟仿真后再叠加到真实世界，被人类感官所感知的技术。AR 能够使真实的环境和虚拟的物体实时地显示到同一个画面或空间，从而达到超越现实的感官体验。

　　虚拟现实（VR）技术是指借助计算机系统及传感器技术生成一个三维环境，创造出一种崭新的人机交互状态，通过调动用户的感官（视觉、听觉、触觉、嗅觉等），带来更加真实的、身临其境的体验。

　　随着 AR 与 VR 的兴起，越来越多的开发者与公司开始将目标转向了 AR/VR 应用，各大开发厂商争先恐后地投入到了硬件设备的研发中，像 Oculus Rift、HTC Vive、Gear VR 等在这片蓝海上已经抢占了先机。没有设备的 AR/VR 只会停留在概念阶段，没有内容的 AR/VR 同样也是不完整的，只有将技术、设备及内容结合起来才能产生实际价值。

　　AR/VR 的应用领域相当广泛，这给开发人员留出了充分的发挥空间，可以说是"海阔凭鱼跃，天高任鸟飞"。而现如今，硬件设备已经逐渐完善，但针对于 AR/VR 的应用软件却还基本是一片空白，在国内专门系统介绍 AR 与 VR 应用开发的书籍和资料较少，使得许多初学者都无从下手。根据这种情况，作者结合多年从事游戏、应用开发的经验编写了这样一本书，供需要的读者学习。

本书特点

　　1．内容丰富，由浅入深

　　本书内容组织上本着"起点低，终点高"的原则，内容覆盖了从最基础的 AR/VR 相关知识，到学习 AR/VR 的各种 SDK，再到案例的开发。为了让读者在掌握好基础知识的同时，还能学习到一些实际项目开发的经验，本书最后还给出了两个结合前面章节所介绍内容开发的具体项目案例，供读者学习参考。

　　这样的内容组织使得初入 AR/VR 开发的读者可以一步一步成长为 AR/VR 的达人，符合绝大部分想学习 AR/VR 应用开发的学生、程序开发人员以及相关技术人员的需求。

　　2．结构清晰，讲解到位

　　本书中配合每个需要讲解的知识点都给出了丰富的插图与完整的案例，使得初学者易于上手，有一定基础的读者便于深入。书中所有的案例均是根据作者的开发心得进行设计，结构清晰，便于读者进行学习。同时书中还给出了很多作者多年来积累的编程技巧与心得，具有很高的参考价值。

　　3．实用的源程序内容

　　为了便于学习，本书附赠的资源中包含了书中所有案例的完整源代码，能最大限度地帮助读者快速掌握开发技术（程序下载地址 www.toppr.net）。

4．既可作为教材，也便于自学

本书内容组织及安排方面既考虑到了作为高等院校相关专业课程教材的需要，也考虑到了读者自学的需要。书中每章最后都安排了习题，便于教师安排学生课下复习与实践。最后两章的实际项目案例还可以方便地作为课程设计的内容。

内容导读

本书共分为 11 章，内容按照由浅入深的原则进行安排。其中第 1 章介绍了增强现实开发的基础知识，主要目标人群为没有相关开发经验的读者；第 2～4 章介绍了 AR 开发中所广泛使用的 Vuforia 与 EasyAR 引擎的使用；第 5 章为基于 Unity 开发的增强现实设备的概述，并对 Oculus 的开发流程进行了讲解；第 6～8 章分别介绍了基于 Cardboard VR、Gear VR 与 HTC Vive 设备的开发步骤；第 9 章介绍了当前 AR 和 VR 的创新风口；最后两章分别给出了一个完整的 VR 游戏案例和一个 AR、VR 相结合的科普类应用案例。

章　名	主 要 内 容
初见增强现实	本章介绍了增强现实以及 AR 工具的相关知识，详细讲解了 Unity 开发环境的搭建及 Vuforia 开发环境的搭建
Vuforia 核心功能介绍	本章介绍了 Vuforia 的几项核心功能，包括扫描图片、圆柱体识别、多目标识别、文字识别、云识别、物体识别等
Vuforia 核心功能官方案例详解	本章介绍了增强现实的简介以及 Vuforia 核心功能的基础知识，详细讲解 Vuforia 核心功能的官方案例
EasyAR 概述	本章对国内首个免费增强现实引擎 EasyAR 进行了详细介绍，包括扫描图片和播放视频两个基础功能
基于 Unity 开发的 VR 设备初探	本章对基于 Unity 开发的 VR 设备进行了详细概述，并对 Oculus Rift 的开发流程进行了详细介绍
Cardboard VR 开发	本章详细讲解了 Google Cardboard SDK 的基本知识与官方案例，并且利用该 SDK 创建了一个小的综合案例，可以利用蓝牙手柄和游戏进行交互
三星 Gear VR 应用开发	本章对 Gear VR 硬件以及 Oculus Mobile SDK 进行了详细介绍，尤其着重介绍了，如何在 Unity 中使用 Oculus 提供的 SDK 开发移动平台的 Gear VR 应用
HTC Vive 平台 VR 开发简介	本章详细讲解了 HTC Vive 的基本知识与官方案例，包括 HTC Vive 设备的安装、Vive SDK 的下载和导入、SDK 内置脚本及案例详解
AR 与 VR 创新风口	本章介绍了 VR、AR 与 MR 的创新方向，读者可在此基础上进行拓展延伸，结合当前不同的领域与新颖技术，开发出优秀的应用
Gear VR 游戏——Breaker	本章为 VR 游戏综合案例，通过一个具体的游戏向读者较为全面地介绍了 VR 游戏项目的开发流程以及运用各种技术解决具体问题的思路
科普类 AR&VR 应用——星空探索	本章为 AR/VR 综合案例，通过一个具体的应用向读者全面地介绍了 AR/VR 项目的开发流程，案例中综合运用了前面多章的知识

本书内容丰富，从 AR/VR 的基础知识到各种 SDK 讲解以及相关案例的开发；从简单的应用程序到完整的游戏、应用案例，适合不同需求、不同水平层次的各类读者。

- 具有一定 Unity 基础的编程人员

本书中的 AR 与 VR 都是基于 Unity 进行开发的，此类读者通过对本书的学习，并结合自己的 Unity 开发经验能够很快地学习 AR、VR 开发。

- 有一定 OpenGL ES 基础并且希望学习 AR/VR 技术的读者

传统 OpenGL ES 的开发人员在 3D 游戏开发中已有了丰富的经验，但部分人员希望能在 AR/VR 领域一展拳脚，却为不能掌握该技术而苦恼。此类读者通过对本书的学习，并结合自己的开发经验能够更快地提高 AR/VR 开发水平。

- 具有少量 3D 开发经验与图形学知识的开发人员

此类开发人员具有一定的编程基础，但缺乏此方面的开发经验，在实际的项目开发中往往感到吃力。本书在使用 Unity 进行开发的过程中，对每一步骤都进行了详细介绍，该类读者通过本书的学习可快速掌握相关开发技巧，了解详细的开发流程。

- 致力于学习 AR 及 VR 开发的计算机及相关专业的学生

此类读者在学校学习的知识偏重基础，实际操作与开发能力较弱。本书既有基础知识介绍又有完整案例。读者可以在学习基础知识的同时，结合案例进行分析，学习过程更为高效。也便于教师将本书选作教材进行授课。

本书作者

吴亚峰，毕业于北京邮电大学，后留学澳大利亚卧龙岗大学取得硕士学位。1998 年开始从事 Java 应用的开发，有十多年的 Java 开发与培训经验。主要的研究方向为 OpenGL ES、手机游戏、Java EE 以及搜索引擎。同时为手机游戏、Java EE 独立软件开发工程师，现任华北理工大学 "以升大学生创新实验中心" 移动及互联网软件工作室负责人。十多年来不但指导学生多次制作手游作品获得多项学科竞赛大奖，还为数十家著名企业培养了上千名高级软件开发人员。曾编写过《OpenGL ES 3.0 游戏开发（上下卷）》《Unity 5.X 3D 游戏开发技术详解与典型案例》《Android 应用案例开发大全》（第一版、第二版及第三版）、《Android 游戏开发大全》（第一版、第二版及第三版）等多本畅销技术书。2008 年初开始关注 Android 平台下的 3D 应用开发，并开发出一系列优秀的 Android 应用程序与 3D 游戏。本次负责全书统稿及第 2、第 3、第 8～10 章内容的编写。

刘亚志，北京邮电大学博士，从事软件开发工作和计算机网络技术研究十余年。主持或参与多项计算机网络方向的科研课题，已在相关领域 SCI 期刊发表研究论文十余篇。精通移动软件开发技术，已为多家单位完成多项管理、控制软件项目的开发工作。2012 年开始从事基于 HTML 5 的移动端软件开发，实现了多个移动 App 和微信公众平台的设计。本次负责部分案例的开发及第 6、7、11 章的编写工作。

于复兴，北京科技大学硕士，从业于计算机软件领域十年，在软件开发和计算机教学方面有着丰富的经验。工作期间曾主持科研项目 "PSP 流量可视化检测系统研究与实现"，主持研发了省市级项目多项，同时为多家单位设计开发了管理信息系统，并在各种科技类刊物上发表多篇相关论文。2012 年开始关注 HTML 5 平台下的应用开发，参与开发了多款手机娱乐、游戏应用。本次负责部分案例的开发及第 1、第 4、第 5 章的编写。

本书在编写过程中得到了华北理工大学 "以升大学生创新实验中心" 移动及互联网软件工作室的大力支持，同时刘建雄、罗星晨、王旭、张腾飞、王淳鹤、李程光、李林浩、蒋迪、韩金铖以及作者的家人为本书的编写提供了很多帮助，在此表示衷心的感谢！

由于作者的水平和学识有限，且书中涉及的知识较多，难免有错误疏漏之处，敬请广大读者批评指正，并多提宝贵意见，编辑联系和投稿邮箱为：zhangtao@ptpress.com.cn。

作　者

目　　录

第1章　初见增强现实

在许多科幻电影中常常会有一些现实与虚拟世界融合的场景，随着科技的发展，让人仿佛置身在虚拟环境的效果已经可以依靠增强现实技术实现。所谓的增强现实技术，就是将真实世界和虚拟世界集成到一起显示的技术。本书将向读者介绍虚拟现实技术和 AR 移动端的开发工具——Vuforia。

1.1　增强现实简介

增强现实技术，即 AR 技术，是指把现实世界中某一区域原本并不存在的信息，基于某种媒介并经过模拟仿真后再叠加到真实世界，被人类感官所感知的技术。它能够使真实的环境和虚拟的物体实时地显示到同一个画面或空间，从而达到超越现实的感官体验。

增强现实技术的应用领域相当广泛，诸如尖端武器、数据模型的可视化、虚拟训练、娱乐与艺术等领域具有广泛的应用，而且由于其具有能够对真实环境进行增强显示输出的特性，在医疗研究与解剖训练、精密仪器制造和维修等领域，具有比其他技术更加明显的优势，如图 1-1 和图 1-2 所示。

▲图 1-1　增强现实篮球

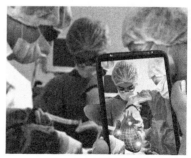

▲图 1-2　虚拟手术训练

AR 技术具有相当好的发展前景，吸引了谷歌、微软、苹果等世界级企业的关注，并且 Unity 已经可以很好地支持增强现实技术的实现，开发者可以通过一些 AR 工具插件直接在 Unity 上开发和运行 AR 案例，详细内容将在本书中进行具体介绍。

1.2　AR 工具简介

增强现实的应用范畴相当广泛，下面我们将介绍其在 Unity 开发中的常用插件，这些插件可以使开发者在 Unity 中很方便地进行增强现实的开发。常见的几种增强现实实现插件相关说明及官方网站如表 1-1 所列。

表 1-1

Unity 开发中的 AR 插件

名　称	说　明	官　网
Vuforia	市面上应用最广泛的插件，应用于移动平台的开发	http://developer.vuforia.com
Metaio	已被苹果公司收购，目前无法购买和使用	http://www.metaio.com
EasyAR	由国内团队开发，更适合于 PC 和 Mac 平台的开发	http:// www.easyar.cn
ARToolKit	适合底层开发，难度较大，使用人数较少	http://artoolkit.org

❑　上述 4 种插件各有优缺点，其中 Vuforia 插件在移动平台有非常好的兼容性，支持 Android 和 iOS 的开发，但是需要注意的是，它并不支持 PC 和 Mac 平台的开发。

❑　相比较 Vuforia 插件，EasyAR 较为全面。它可以很好地支持 PC 和 Mac 平台的开发，并且也支持移动端应用的开发，但是，却不如 Vuforia 在移动端的兼容性好，所以，移动应用的开发多使用 Vuforia 插件。本书讲解的主要内容也为 Vuforia 的开发。

1.3　Unity 开发环境搭建

本书将要介绍通过 Unity 3D 结合 Vuforia 插件实现的增强现实应用，所以，首先需要将 Unity 安装到计算机中。下面介绍 Unity 3D 集成开发环境的搭建，开发环境的搭建分为两个步骤：Unity 集成开发环境的安装和目标平台的 SDK 与 Unity 的集成。

1.3.1　Windows 平台下 Unity 的下载及安装

本小节将主要讲述如何在 Windows 平台下搭建 Unity 的集成开发环境，主要包括如何从 Unity 官网下载 Windows 平台下使用的 Unity 游戏开发引擎，以及如何安装下载好的 Unity 安装程序。具体的操作步骤如下。

（1）首先登录到 Unity 官方网站 http://unity3d.com 下载 Unity 安装程序，将首页拖至最底部，如图 1-3 所示，在"下载"栏中单击"Unity"超链接，网页跳转到新版 Unity 的版本比较页面，该页面展示了专业版和个人版的功能区别，再将网页拖至底部，在"资源"栏中单击"Unity 旧版本"超链接，如图 1-4 所示。

▲图 1-3　Unity 官方网站首页

▲图 1-4　新版 Unity 的版本比较页面

💡提示　　由于 Unity 官网的默认语言为英语，所以打开页面后内容全部为英文，语言选项在网页最底部的右下角处，读者可根据个人需要选择合适的语言。

（2）单击"Unity 旧版本"超链接后，网页跳转到 Unity 的下载存档页面，该页面下可以下载最新和以前版本的 Unity。这里选择 5.0 版本的 Unity，如图 1-5 所示，单击右侧的"下载（Win）"会出现下拉菜单，如图 1-6 所示，下拉菜单的前 3 项分别为：下载 Unity 下载助手、下载 64 位

Unity 安装程序、下载 32 位 Unity 安装程序。读者可根据个人情况选择下载，笔者在这里选择第二项。

▲图1-5 Unity 的下载存档

▲图1-6 Unity 下载选项

（3）双击下载好的 Unity 安装程序 UnitySetup64.exe，会打开 Welcome to the Unity 5.0.0f4（64-bit）Setup 窗口，如图 1-7 所示。单击"Next"按钮进入 License Agreement 窗口，如图 1-8 所示。

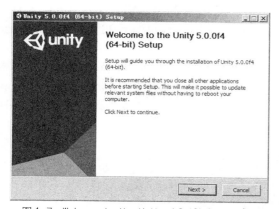

▲图1-7 Welcome to the Unity 4.3.4f1 Setup 窗口

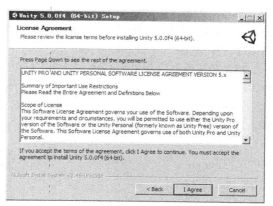

▲图1-8 License Agreement 窗口

（4）在 License Agreement 窗口，单击"I Agree"按钮进入 Choose Components 窗口，如图 1-9 所示。然后在 Choose Components 窗口，全部选中并单击"Next"按钮进入 Choose Install Location 窗口，如图 1-10 所示。

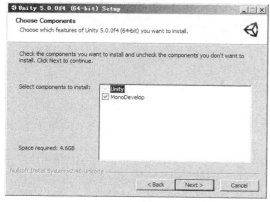

▲图1-9 Choose Components 窗口

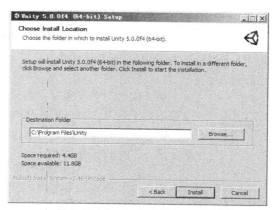

▲图1-10 Choose Install Location 窗口

（5）在 Choose Install Location 窗口，选择好安装路径（本书以默认路径为例），单击"Install"按钮进行安装，并进入 Installing 窗口，进入 Installing 窗口后（开始 Unity 的安装过程）会需要一定的时间，请耐心等待，如图 1-11 所示。

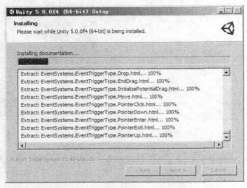 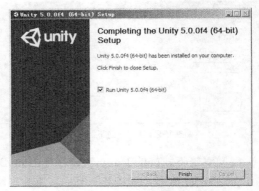

▲图 1-11　Installing 窗口　　　　　　　　　　▲图 1-12　Finsh 窗口

（6）安装结束，会跳转到 Finsh 窗口，单击"Finsh"按钮即可，如果选中 Run Unity 5.0.0f4（64-bit）选项，则单击"Finsh"按钮就会跳转到 License 注册窗口，此时桌面上会出现一个 Unity.exe 的图标，如图 1-12 和图 1-13 所示。

（7）如果没有选中 Run Unity 5.0.0f4（64-bit）选项，则双击桌面上 Unity.exe 快捷方式，也将会跳转到 License 注册窗口，勾选"Unity 5 Professional Edtion"，即选择使用专业版，勾选"Unity 5 Personal Edtion"则为选择使用个人版。在选择版本后，单击"OK"按钮进行下一步，如图 1-14 所示。

 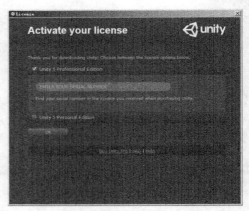

▲图 1-13　Unity.exe 快捷方式　　　　　　　　▲图 1-14　注册窗口

提示　　选择使用专业版需要序列号，有序列号的用户可以选择该项然后输入序列号，没有序列号的用户可以到官方购买。选择使用个人版的用户，需要在官方网站注册一个账号，通过账号激活 Unity。该版本有诸多限制，许多功能都不能够在该版本中使用，不建议选择该版本。

（8）使用个人版的用户需要在 Log into your Unity Account 窗口下填入账户相关信息，如图 1-15 所示。然后单击"OK"按钮进入 Unity 公司的调查问卷窗口，如图 1-16 所示，完成调查问卷后，单击"OK"按钮，跳转到启动窗口，如图 1-17 所示。

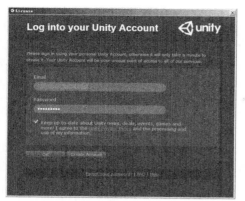

▲图 1-15 Log into your Unity Account 窗口

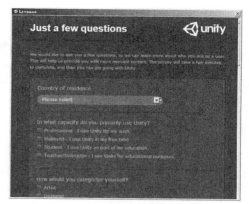

▲图 1-16 调查问卷窗口

> 提示　　　注册必须在连网的前提下才能进行操作。没有 Unity 账户的用户可以单击 "Create Account" 按钮注册一个账户，注册完后必须登录注册所使用的邮箱确认注册。由于篇幅的限制，这里不再赘述注册账户的过程。

（9）进入启动窗口后，单击 "Start using Unity" 按钮进入选择项目窗口，如图 1-18 所示。选择 Create New Project 选项，这里的工程路径选择默认路径，然后单击 "Create" 按钮进入 Unity 集成开发环境，如图 1-19 所示。

▲图 1-17 Unity 启动窗口

▲图 1-18 项目选择窗口

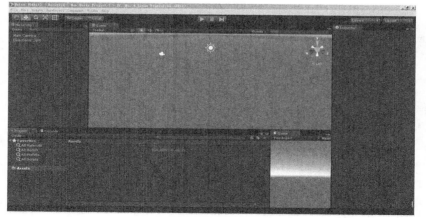

▲图 1-19 Unity 开发窗口

> **提示**　Unity 的安装要求操作系统为 Windows XP SP2 以上、Windows 7 SP1 以上、Windows 8，不支持 Windows Vista；GPU 要求有 DX9（着色器模型 2.0）功能的显卡，2004 年以来的产品都可以。对于整体要求，现在所使用的计算机以上两点都满足。

1.3.2　Mac OS 平台下 Unity 的下载及安装

上一节介绍了如何在 Windows 平台下搭建 Unity 的集成开发环境，本节将具体介绍如何在 Mac OS 平台上下载 Mac 版的 Unity 游戏开发引擎，以及如何安装下载好的 Mac 版 Unity 安装程序。具体的操作步骤如下。

（1）Mac OS 平台下 Unity 的下载与 Windows 大致相同，故省略前面的打开网页步骤，直接从下载存档页面开始介绍，这里选择 5.0 版本的 Unity，如图 1-20 所示，单击右侧的"下载（Mac）"会出现下拉菜单，如图 1-21 所示，下拉菜单的前两项分别为：下载 Unity 下载助手和下载 Unity 安装程序。读者可根据个人情况选择下载，笔者在这里选择第二项。

▲图 1-20　Unity 安装窗口　　　　　　　　▲图 1-21　软件许可协议窗口

（2）完成下载后，开始安装 Unity。首先单击下载好的 Unity 安装文件"Unity.pkg"，会弹出 Unity 的安装窗口，如图 1-22 所示，单击"继续"按钮，会弹出"软件许可协议"窗口，如图 1-23 所示。

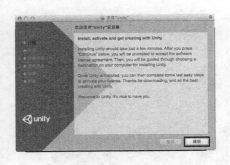
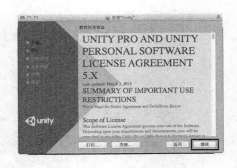

▲图 1-22　Unity 安装窗口　　　　　　　　▲图 1-23　软件许可协议窗口

（3）阅读完 Unity 的安装许可协议后，单击"继续"按钮，会弹出小窗口提示用户是否同意"软件许可协议"，如图 1-24 所示，单击"同意"按钮可继续安装。在"目的宗卷"窗口下，选择要安装 Unity 的磁盘，单击"继续"按钮，如图 1-25 所示。

▲图 1-24 软件许可协议确认窗口

▲图 1-25 选择目的宗卷

（4）在安装确认窗口上，显示了 Unity 将占用计算机上 5.27GB 的空间，如图 1-26 所示，如不需要更改安装位置，则单击"安装"按钮开始进行安装，此时会弹出安装准备窗口，如图 1-27 所示。

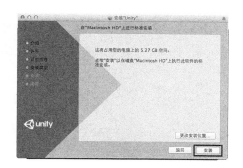

▲图 1-26 安装确认窗口

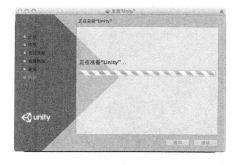

▲图 1-27 安装准备窗口

（5）准备工作完成后，安装程序会自动开始安装工作，如图 1-28 所示，在此期间用户无需进行其他操作，只需要耐心等待即可。当安装工作完成后，会弹出"安装成功"窗口，如图 1-29 所示。单击"关闭"按钮，完成安装。

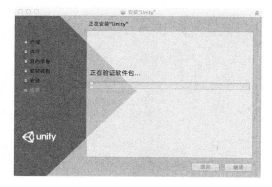

▲图 1-28 安装进行窗口

▲图 1-29 安装成功窗口

（6）完成安装后，在已安装的应用中，找到 Unity，单击图标，打开程序。首次打开 Unity 需要进行激活，具体激活方式与 Windows 相同，由于篇幅的限制，这里不再赘述具体过程，读者可参考前面的介绍。激活窗口如图 1-30 和图 1-31 所示。

▲图 1-30　许可证激活窗口

▲图 1-31　登录账号窗口

（7）完成激活后，会弹出启动窗口，如图 1-32 所示，单击"Start using Unity"按钮进入选择项目窗口，如图 1-33 所示。新创建项目时，重命名项目名称，这里的工程路径选择默认路径，然后单击"Create"按钮进入 Unity 开发环境，如图 1-34 所示。

▲图 1-32　Unity 启动窗口

▲图 1-33　项目选择窗口

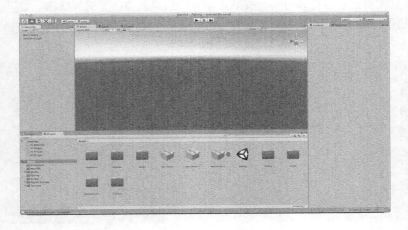

▲图 1-34　Unity 开发环境

1.3.3 目标平台的 SDK 与 Unity 集成

前面已经对 Unity 这个游戏引擎进行了简单介绍，可发布游戏至 Window、Mac、Wii、iPhone 和 Android 平台，因此，在不同的平台下，需要下载安装与集成目标平台的 SDK。本小节将详细为读者介绍如何把目标平台的 SDK 集成到 Unity。

1. Android 的 SDK 下载安装与集成

前面已经对 Unity 3D 这个游戏引擎的下载安装进行了详细介绍，从本小节开始，将带领读者进行 Android 平台下的 SDK 安装与集成，具体的步骤如下。

> 🖊 **说明** ┊ 由于 Android 是基于 Java 的，所以要先安装 JDK。

（1）登录到 Oracle 官方网站 http://www.oracle.com/technetwork/java/index.html 下载最新的 JDK。双击刚刚下载的 JDK 安装程序 jdk-7u25-windows-x64.exe，根据提示将 JDK 安装到默认目录下。

（2）右键单击我的电脑，依次选择属性/高级/环境变量，在系统变量中新建一个，并命名为 JAVA_HOME，设置该变量的值为 "C:\Program Files\Java\jdk1.7.0_07" 的环境变量，如图 1-35 所示，再打开 Path 环境变量，在最后加上 "C:\Program Files\Java\jdk1.7.0_07\bin;"，单击 "确定" 按钮即可。

▲图 1-35 JDK 环境变量配置

▲图 1-36 SDK 的安装目录图

（3）到 http://developer.android.com 页面下载 Android 的 SDK，本书使用的版本是 5.0，其他版本的安装与配置方法基本相同。将下载好的 SDK 压缩包解压到任意盘的根目录下，笔者将 SDK 放在了 F 盘根目录下，如图 1-36 所示。

（4）右键单击我的电脑，依次选择属性/高级/环境变量，打开 Path 系统环境变量，在最后加上 SDK 的解压目录中的 tools 目录 "F:\sdk\tools"，单击 "确定" 按钮完成配置，如图 1-37 所示。

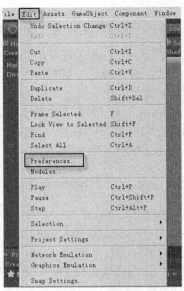

▲图 1-37　SDK 环境变量配置　　　　　　　　　　　　　　▲图 1-38　Edit 菜单

（5）进入 Unity 集成开发环境，单击菜单 Edit/Preferences，如图 1-38 所示，会弹出新的对话框 Unity Preferences，然后选择 External Tool 选项，在这里选择正确的 Android SDK 路径，如图 1-39 所示。

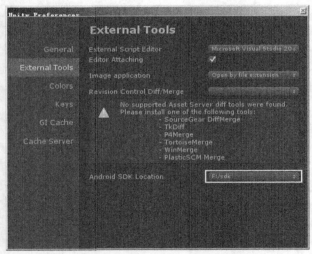

▲图 1-39　Unity Preferences 界面

2. iPhone SDK 的下载安装与集成

由于 Unity 是跨平台的，所以对于 Unity 而言，在 iPhone 平台下同样正常运行。iPhone 的 SDK 下载安装和集成与 Android 的 SDK 下载安装和集成大体相同。

（1）登录 Apple Developer Connection 的网站 http://developer.apple.com 下载，如图 1-40 所示。

（2）如果已经有 Apple ID 了，则只需填写好账号和密码，单击"Sign In"按钮登录，如图 1-41 所示。

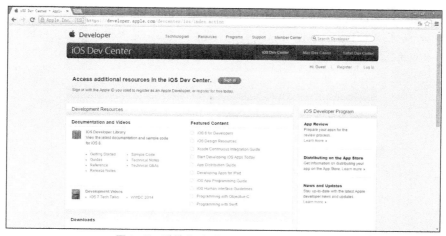

▲图 1-40　登录 Apple Develper Connection 网站

▲图 1-41　登录界面

（3）若还没有 Apple ID，则需先创建一个，创建账号是免费的。在注册信息界面，所有必需填写的信息都要填写正确，最好用英文，如图 1-42 所示。

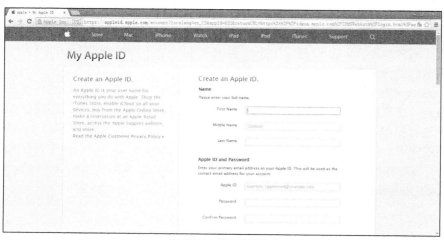

▲图 1-42　填写注册信息

（4）注册结束，并成功登录后，下载 iPhone SDK。整个发布包大约 2GB 大小，因此，最好通过高速 Internet 连接来下载，这样可以提高下载速度。SDK 是以磁盘镜像文件的形式提供的，默认保存在 Downloads 文件夹下，如图 1-43 所示。

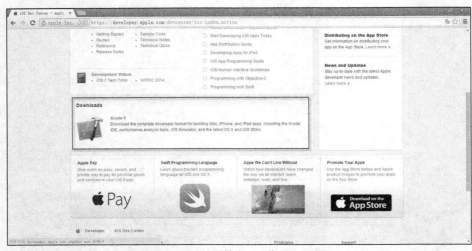

▲图 1-43　注册结束，下载 iPhone SDK

（5）双击此磁盘镜像文件即可进行加载。加载后就会看到一个名为 iPhone SDK 的卷。打开这个卷会出现一个显示该卷内容的窗口。在此窗口中，能看到一个名为 iPhone SDK 的包。双击此包即可开始安装过程。同意了若干许可条款后，就安装结束。

说明　　　确保选择了 iPhone SDK 这一项，然后单击 Continue 按钮。安装程序会将 Xcode 和 iPhone SDK 安装到桌面计算机的/Developer 目录下。

1.4　Vuforia 开发环境的搭建

在学习 Vuforia 插件之前，同样需要做相关的准备，包括下载并安装 SDK 以及 Vuforia 官方网站的账号注册。Unity 开发项目需要一个用来识别的 Target 和运行所需的 License Key，本节中将对此过程进行详细讲解，读者可根据步骤自行操作。

SDK 是 Software Development Kit 的缩写，是为软件包、软件框架、硬件平台等建立应用软件时的开发工具的集合。Vuforia 开发所需的 SDK 可以在官方网站免费下载，但首先需要注册账号，下面是具体的操作步骤。

（1）Vuforia 的官网地址是 https://developer.vuforia.com。进入 Vuforia 官网并注册一个账号。此处需要注意，注册密码必须要求同时存在大小写字母，并且验证码区分大小写，读者可根据网站相关提示进行操作。

（2）注册完毕后用该账号登录，单击"DownLoads"，进入下载界面。此页面有 Android、iOS 以及 Unity 开发所需的 SDK，下载 Unity 开发所需的 Vuforia 的 SDK，如图 1-44 所示。下载完成后是一个 UnityPackage 类型的资源。

▲图 1-44 下载 SDK

（3）打开 Unity，创建一个新项目，并将刚才下载的 SDK 文件 vuforia-unity-5-0-10.unitypackage 导入该项目，如图 1-45 所示。开发者在每次创建新项目后都需要将导入此文件，然后就可以在 Unity 端进行 Vuforia 的开发。

▲图 1-45 导入 unitypackage 文件

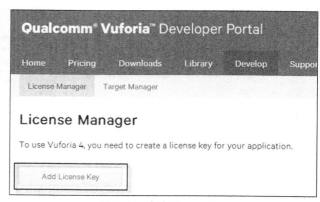

▲图 1-46 申请 License Key

（4）在 Vuforia 官网中单击 Develop，然后单击 "Add License Key" 按钮，申请一个许可，如图 1-46 所示。然后填写相关的参数，如图 1-47 所示。此处需要填写的 Application Name 可以为任意的内容，系统并无要求。

（5）填写完成后，审查参数内容然后单击 "Confirm" 按钮完成申请，如图 1-48 所示。申请好许可以后，在 Develop 面板中就会出现刚刚申请的项目名，如图 1-49 所示。单击项目名就可以看到许可的 Key 值，如图 1-50 所示。

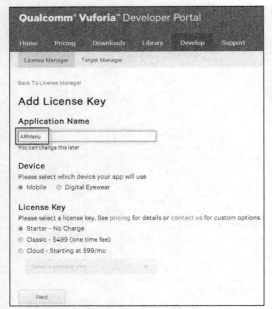

▲图 1-47　填写相关参数

▲图 1-48　完成 License Key 的申请

▲图 1-49　申请完毕后出现项目名称

▲图 1-50　项目的许可证号码

💡说明　　开发者在上传某对象作为 Target 以后，系统会生成与 Target 对应的唯一的 Key 值。开发者在 Unity 客户端将 Key 填写进去，程序就会自动匹配与 Key 值相对应的 Target 对象，保证了 Target 对象的准确性和唯一性。

（6）AR 案例需要扫描一个目标文件来支持增强现实的实现，Vuforia 支持 Image Target、Cube Target、Cylinder Target 和 3D Object Target 四种类型的 Target，具体的使用会在后面的章节进行详细介绍。此处以 Image Target 为例进行说明。

（7）单击官网中 Develop 下方的 Target Manager 按钮，然后单击下方的 "Add Database" 按钮，

如图 1-51 所示。并在弹出的面板中为数据包填写包名，此处填写的数据包是将要做成 AR 插件以备使用的数据包。然后选择相应的类型，如图 1-52 所示。

▲图 1-51 添加数据包

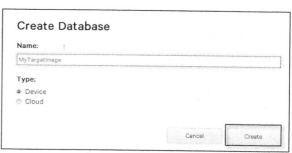

▲图 1-52 为 Image Target 命名

（8）创建完毕后会在列表中出现刚创建好的数据包，单击该数据包后单击"Add Target"按钮，如图 1-53 所示。选择 Single Image 类型，单击"Browse"按钮导入找好的图片，然后单击"Add"按钮完成添加，如图 1-54 所示。

▲图 1-53 添加 Target

▲图 1-54 填写 Target 参数

（9）添加成功后选中刚创建的 Target，单击"DownLoad Dataset"按钮，如图 1-55 所示。在新界面中勾选"Unity Editor"一项，然后单击"Download"开始下载数据包，如图 1-56 所示。系统会将所需的资源打包成 UnityPackage 格式，开发者导入项目中即可。

▲图 1-55 选择所需 Target 数据包

▲图 1-56 下载 Target 数据包

1.5　本章小结

本章初步介绍了增强现实以及 AR 工具的相关知识，学习完本章后读者能够对增强现实有一个初步的了解。除此之外，本章还详细讲解了 Unity 开发环境的搭建以及 Vuforia 开发环境的搭建，读者按照上述步骤操作，可以很轻松地向着结合 Unity 3D 的 Vuforia 开发踏出第一步。

1.6　习题

1．什么是增强现实？
2．试述当前市面上的 AR 开发工具。
3．下载 Unity 并在 Window 平台与 Mac OS 平台上进行安装。
4．安装 JDK 与 Android SDK，并对其环境进行配置。
5．请自行搭建 Vuforia 的开发环境。

第2章 Vuforia 核心功能介绍

前面章节中笔者介绍了增强现实的基本知识，尤其着重介绍了 Vuforia 工具、Unity 开发环境的搭建、Vuforia SDK 的下载以及其官网账号的注册。本章中将详细讲解 Vuforia 的核心功能，使得读者在开发过程中可以熟练应用这部分知识。

2.1 扫描图片——Image Target

Vuforia SDK 可以对图片进行扫描和追踪，通过摄像机扫描图片时在图片上方出现一些设定的 3D 物体，这种情况适用于媒体印刷的海报以及部分产品的可视化包装等。虚拟按钮、用户自定义图片以及扫描多目标等技术都以扫描图片技术为基础。

处理目标图片有两个阶段，你需要设计目标图像，然后上传到 Vuforia 目标管理进行处理和评估。评估结果有 5 个星级，不同的星数代表相应的星级，如图 2-1 和图 2-2 所示，星级越高表示图片的识别率也就越高。为获得较高的星级数，在选择被扫描的图片时应该注意以下几点。

❑　选择图片时建议选择使用 8 位或者 24 位的 JPG 和只有 RGB 通道的 PNG 图像及灰度图，且每张图片的大小不可以超过 2MB。

❑　图片目标最好是无光泽、较硬材质的卡片，因为较硬的材质不会有弯曲和褶皱的地方，可以使摄像机在扫描图片时更好地聚焦。

❑　图片要包含丰富的细节、较高的对比度以及无重复的图像，例如街道、人群、运动场的场景图片，重复度较高图片的评估星级往往会比较低，甚至没有星级。

❑　被上传到官网的整幅图片的 8%宽度被称为功能排斥缓冲区，意为该 8%的区域不会被识别。

❑　带有轮廓分明、有棱有角的图案的图片评级就会越高，其追踪效果和识别效果也就越好。

❑　在扫描图片时，环境也是十分重要的因素，图像目标应该在漫反射灯光照射的适度明亮的环境中，图片表面应被均匀照射，这样图像的信息才会被更有效地收集，更加有利于 Vuforia SDK 的检测和追踪。

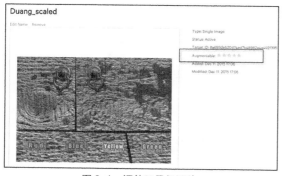

▲图 2-1　评估五星级图片

▲图 2-2　评估三星级图片

❑　对于不规则图片可以将其放在白色背景下,在图像编辑器中(如 Photoshop)将白色背景图和不规则图像渲染成一张图片,然后将其上传到官网,这样就可以将不规则图片作为目标图像。

本小节简单地介绍了选择图片的注意事项,以及在摄像机扫描图片时的环境设置,扫描图片技术的应用十分广泛,多目标技术、图片拓展追踪以及虚拟按钮技术都是通过图片实现的,大部分技术都直接或间接地应用了扫描图片技术,应重点掌握如何选择一张合适的图片。

2.2　圆柱体识别——Cylinder Targets

Cylinder Targets 能够使应用程序识别并追踪卷成圆柱或者圆锥形状的图像。它也支持识别和追踪位于圆柱体或圆锥体顶部和底部的图像。开发人员需要在 Vuforia 官网上创建 Cylinder Targets,创建时需要使用到圆柱体的边长、顶径、底径以及想要识别的图片。

2.2.1　图片标准

Cylinder Targets 支持的图片格式和 Image Targets、Multi Targets 相同。图片为使用 RGB 或 GrayScale(灰度)模式的 PNG 和 JPG 格式图片,大小为 2MB 以下。上传到官网上之后,系统会自动将提取出来的图像识别信息存储在一个数据集中,供开发人员下载使用。

2.2.2　如何获取实际物体的具体参数

现实中常常能够看到类圆柱体的物件,但是很少有非常完美、标准的圆柱体,比如生活中的水瓶、水杯、易拉罐,它们的形态都不是十分标准,但是它们的形态都十分接近圆柱体,所以开发人员可以使用它们来进行增强现实的开发。

商标是指在圆柱体上展现的图案,有些物体的商标可能只覆盖了物体的一部分,比如红酒瓶、矿泉水瓶,有的则能够将整个圆柱体覆盖住,比如易拉罐。通常个人手中并没有这些物体的具体数据和物体上商标的标准数字图片。这时需要手动测量其具体的参数,具体方法如下。

(1)使用纸带来制作模拟罐头盒、瓶子的模型

通常瓶子(罐头)的商标是 360 度覆盖在物体上的,所以首先用直尺来测量出瓶子(罐头)的准确高度,并将纸张裁剪到与其相应的高度,然后将纸张尽可能地包裹住瓶子(罐头),并在重叠的部分做上记号,最后将重叠的部分减掉即可。为了能够测量出瓶子(罐头)的周长,纸带的宽度必须为瓶子(罐头)上商标的宽度,而纸张的长度可以将其设置得长一些,以便后面测量。

(2)开始获取圆柱体需要的数据

通过上一步可以使用纸带准确地获取了瓶子(罐头)的具体尺寸,包括物体的高以及周长,接下来展开纸带,计算出需要的纸带的长和宽,在制作 TargerManager 时可以通过使用圆的周长公式求出圆柱体的顶径和底径数据,如图 2-3 所示。

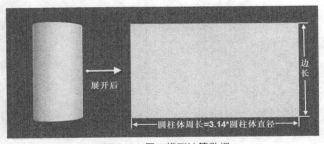

▲图 2-3　展开模型计算数据

2.2.3 如何制作自定义的商标

通常为了制作方便，识别效果好，开发过程中常常会使用一些自制的图片。在制作图片时也有许多方面需要注意，使得让追踪和识别的精度更高。下面将详细介绍对数字图片的几种处理方式，来适应开发过程中对图片的要求。

（1）数字图片的制作规格

数据测量完成后，开发人员要使用绘图工具来制作一张自己的商标图片，并且商标图片的宽高之比要与纸带的宽高比相同，看上去数字图像的形态要与纸带十分相似。一般情况，需要设置图片较短的一条边至少有 240 像素。

（2）调整图像——添加白边

也有一些瓶子（罐头）上面的商标宽度小于瓶子（罐头）的高度，并没有完全覆盖住整个瓶身，这种情况在制作数字图像时，需要在商标图片的上方和下方加上白边，使图像的宽高比能够匹配纸带的宽高之比，如图 2-4 所示。

（3）调整图像——剪切图片

如果使用的源图像的宽高比小于制作过程中所需要的宽高比，开发人员应将源图片的上方和下方裁切掉一部分，如图 2-5 所示，使其能够匹配需要的宽高比。但这是有副作用的，如果这么做就会使得图像变得不完整，会损失掉一些图像细节，一般情况下，如果没用特别重要的细节，这并不会造成严重的影响。

▲图 2-4 添加白边

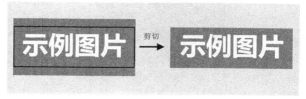

▲图 2-5 剪切图片

（4）调整图像——添加图像长度

有一些瓶子（罐头）上的商标并不会 360° 包裹瓶身，这就会导致上面商标的宽高比要小于从纸带上获取的宽高比，这时就需要在图片的左右两端添加白色区域来扩大源图像的宽高比，如图 2-6 所示，但是这么做的副作用就是，会使追踪的限制角度小于 360°。

（5）图像调整——拉伸图像

通过拉伸图像来匹配需要的宽高比，这种方法适用于上述的任何一种情况，无论源图像的宽高比和需要的宽高比相比是大是小，如图 2-7 所示。但是如果这样做的话，由于会对源图像的宽高比产生变化，从而使得图像内容变形。

▲图 2-6 添加图像长度

▲图 2-7 拉伸图像

（6）开始获取圆锥体需要的数据

首先开发人员需要展开在测量时使用的纸带，圆锥体展开的纸带应为扇形，如图 2-8 所示。

然后测量其宽度与高度，此时纸带的宽和高应为能够紧紧包裹住扇形纸带的矩形的宽和高。还需要测出锥体的顶径和底径（锥体顶径和底径不相同），用于制作 TargetManager。

▲图 2-8　锥体展开

（7）制作需要使用的数字图片

数据测量完成后，需要使用绘图工具来制作一张自己的商标图片，并且商标图片的宽高之比要与纸带的宽高比相同，看上去数字图像的形态要与纸带十分相似。一般情况，开发人员需要设置图片较短的一条边至少有 240 像素。

（8）调整图像

在制作自己的商标图片时，和圆柱体同样会碰到源图像与需要的宽高比不匹配的情况，其调整方式可以参照上面介绍的圆柱体的调整方式，包括添加白边、添加图像长度、拉伸图像等，如图 2-9 和图 2-10 所示。

▲图 2-9　添加白边　　　　　　　　　　　　　　▲图 2-10　增长图像

2.2.4　如何达到最好的效果

现今物体的识别和追踪精度并不是十分高，所以开发人员在制作增强实现类的应用程序时还需要注意一些细节，通过一些方法来使用户能够有很舒适的用户体验，在这里笔者列出了以下几点来帮助增加应用程序的识别和追踪的精度，具体方法如下。

（1）最好不要使用玻璃瓶等能够产生强烈镜面反射的物体，这样会影响到追踪和识别的精度。

（2）选用的物体上的图像最好能够覆盖住整个物体并提供很丰富的细节信息。

（3）当想要从物体的顶部或底部来识别物体，那么合理的设置物体顶部和底部的图像便尤为重要。

（4）所选用物体的表面图像不要是大量重复的或相同的图片，如果选用这样的物体，那么在识别时会对物体当前的朝向产生歧义，从而影响到实际体验。

2.3　多目标识别——MultiTargets

除了上述的图片识别和圆柱体识别之外，还可以使用立方体盒子作为识别的目标。立方体是由多个面组成的，一张图片的 ImageTarget 就无法实现，这就需要使用到多目标识别技术（Multi-Targets），即将所要识别的立方体的 6 个面以及长、宽、高等数据上传，下面来详细介绍此种方法的相关知识。

2.3.1 多目标识别原理

多目标对象为立方体，共有 6 个面。每一个面都可以被同时识别，这是因为它们所组成的结构形态已经被定义好。并且当它的任意一个面被识别时，整个立方体目标也会被识别出来。虽然是将立方体的 6 个面作为数据上传，但是这 6 个面是不可分割的，系统识别的目标为整个立方体，如图 2-11 所示。

所要识别的立方体目标其实是由数张 Image Target 组成的。这些 Image Target 之间的联系是由 Vuforia 目标管理器或者是由 XML 数据配置文件负责，并且存储在 XML 文件中。开发者可以修改这个 XML 文件，并且也可以配置立方体目标。

多目标识别作为增强现实技术最基础的识别方法之一，与图片识别相比，用户可以扫描身边的具体物体，更加具体也更加富有乐

▲图 2-11 多目标识别效果图

趣，但缺点是不如图片识别方便快捷，通常用于产品包装的营销活动、游戏和可视化产品展示等。

2.3.2 对多目标识别的选择建议

多目标识别的识别对象由 Vuforia 目标管理器创建，支持 JPG 与 PNG 格式的 RGB 和灰度图，并且上传的目标图片大小都不得超过 2MB。系统将这些图片中的特征提取并存储在一个数据库中，可以下载以及与应用程序打包在一起。

对于目标识别体的选择也十分重要，影响目标识别体的易识别性的因素有两个，即立方体的深度和几何一致性，如图 2-12 所示。建议多目标的深度至少为宽度的一半，这是因为多目标识别在检测和追踪目标的时候，如果物体旋转，系统必须找到一定数量的特性的多目标对象，即各个面的图片。

几何一致性是指保证各个部分的目标之间的空间关系不发生改变。比如，移开盒子的顶面，立方体的几何形象就会发生改变。在这种情况下，系统会假定被移动的部分仍存在。具体做法是，系统会保留已经被移动的部分，或者将已移动的部分创建为一个单独

▲图 2-12 立方体的深度

的图像目标。

系统的这种处理方法允许应用程序可以在立方体即使是在被撕裂的情况下，仍然可以单独地追踪已经被移动的部分，而不影响立方体目标的识别性能。多目标识别的用途广泛，具体应用案例将在下一章进行详细介绍与演示。

2.4 标记框架——Frame Markers

除了基于图片特征的检测和追踪之外，Vuforia SDK 还提供一种特殊的基准类型——标记框架，把标记框架图像的边界进行二进制编码，使其成为标记框架的唯一 ID。相比其他传统的基准标记，该技术效果看起来更加自然。

当图片尺寸非常小或者有几张图片需被同时识别时，可以采用标记框架技术。在官方提供的 512 张标记框架图片中，每张图片的边界都不相同，如图 2-13 和图 2-14 所示。可以将任何图片放置在标记框架标记内，因为该图片不会被用于检测和追踪。

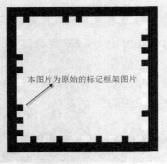

本图片为原始的标记框架图片

▲图 2-13　原始的标记框架图片

黄色图片为框架填充图片
Sample

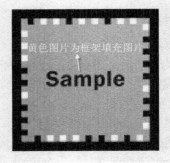

▲图 2-14　整体的标记框架图片

> **说明**　放置于标记框架内的图片不应该使标记框架图片边界的图案变得模糊，否则会影响标记框架的性能。官网提供的 512 张标记框架位置为 Vuforia\Editor\FrameMarkerTextures 目录下的压缩包中，将压缩包解压到任意目录下，再将所需要的标记框架图片导入 Unity 编译器即可。

官方自带的标记框架案例向开发人员展示了如何定义和配置标记框架技术，并且还讲解了如何使用 Vuforia API 去动态地创建和销毁标记框架，这些内容将在后面的章节中详细讲解。在开发过程中，一个理想的标记框架包括以下几个属性。

- 物理尺寸：图片的适宜大小为 3～8cm，较小尺寸的标记框架图片可以作为游戏扑克牌。
- 尺寸参数：官方建议整张标记框架图片尺寸的大小和实物的比例为 1:1。
- 框架内部图片：使用和标记框架图片有明显对比度、并且明亮度较高的图片填充。
- 扫描环境：图像目标应被放置在漫反射灯光照射的适度明亮的环境中，标记框架整张图片表面应被均匀照射，这样图像的信息才会被更有效地收集，更加有利于 Vuforia SDK 的检测和追踪。

2.5 文字识别——Text Recognition

Vuforia SDK 不仅可以通过扫描图片进行识别，还提供了文本识别功能。该 SDK 一共提供了约十万个常用的单词列表，Vuforia 可以识别属于单词列表中的一系列单词。此外，开发人员可对该列表进行扩充。在开发过程中，可以将文本识别作为一个单独的功能或者将其和目标结合在一起共同使用。

2.5.1　可识别字体格式

文本识别引擎可以识别打印和印刷的字体，无论该文本是否带有下划线。字体格式包括正常字体、粗体、斜体格式，如图 2-15 所示。文本目标应被放置在漫反射灯光照射的适度明亮的环境中，保证该文本信息被均匀照射，更加有利于 Vuforia SDK 的检测和追踪。

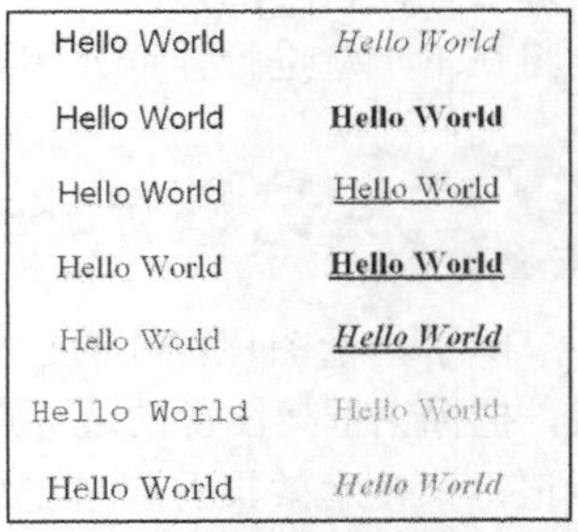
Hello World
Hello World
Hello World
Hello World
Hello World
Hello World
Hello World
Hello World
Hello World
Hello World
Hello World
Hello World
Hello World
Hello World

▲图 2-15　可识别的字体格式

2.5.2　使用文本识别

单词列表可以从一篇文章中加载，还可以手动添加应用程序所需要的其他单词，该单词列表作为应用程序识别和跟踪单词时的参考对象。Vuforia SDK 附带默认的是英语单词列表，并且该引擎也只能识别字母。开发人员在手动添加单词时应遵循以下规则，如图 2-16 所示。

❑ 可以将额外添加的单词存放在一个纯文本文件中，并将该文本文件的后缀修改为 ".lst"，这样就可以将其添加到 SDK 默认的单词列表中。

❑ 文本内容必须以 UTF-8 开头。

❑ 在该文件中每行只能有一个单词，并且单词总个数不可以超过一万个。

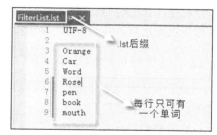

▲图 2-16　手动添加单词的规则

2.5.3　应用过滤器

在文本识别引擎中，开发人员还能自定义文本识别过滤器，排除某些词集被检测到或者保证只有特定的词才能被检测到。过滤器带有过滤器列表和过滤器模式两个元素。文本识别单词列表的整体结构如图 2-17 所示。Vuforia 定义的两种模式如表 2-1 所列。

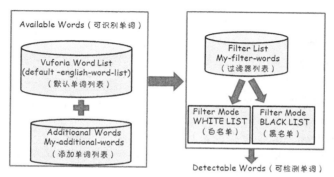

▲图 2-17　单词列表整体结构

表 2-1　　　　　　　　　　　　Vuforia 定义的两种模式介绍

参 数 名	含 义
Black-list mode——黑名单	Vuforia 将识别当前单词列表中不包含于过滤列表中的所有单词
White-list mode——白名单	Vuforia 只识别当前单词列表中包含在过滤列表中的单词

✏️说明　　制作过滤器列表所需遵循的规则与手动添加单词列表的规则相同，有需要的读者可以参考前面章节的内容，而过滤器模式的设置是在代码当中完成的，相关内容将在下面章节详细讲解。

例如在单词列表中包含 cat、dog、fish、lion、zebra 五个单词，而过滤器列表有 dog 和 lion。当过滤器模式为黑名单时，Vuforia SDK 只可以识别 cat、fish 和 zebra 三个单词。若过滤器模式为白名单时却只可以识别 dog 和 lion。

2.6　用户自定义目标——User Defined Targets

User Defined Targets（用户自定义目标）实质上就是 Image Targets（图片目标）。只不过这里用到的识别图片是用户在程序运行时使用摄像头拍摄下来的图像。它能够实现的功能和 Image Targets 大致相同，但是唯独不支持 Virtual Button（虚拟按钮）。

这样在任何时间、任何地点用户都可以随时地选取需要被识别的图像，而不需要在游戏开发过程中预先选定好需要被识别的图像，这样能够更好地为用户提供丰富的增强现实体验。

2.6.1　适合被追踪的场景和物体

为了保证应用程序追踪和识别的精度，用户也同样需要知道什么样的情况下效果最好。需要被用户捕获并设置为自定义目标的物体表面，不要产生强烈的镜面反射，周围环境应该自然明亮。下面笔者会列出几点选取目标时需要注意的事项，具体内容如下。

（1）丰富的细节，如街道、人群、体育场等复杂混乱的场景都十分合适。

（2）在光线和色彩上有很强的反差，比如颜色丰富并带有明暗效果的场景。

（3）没有大量重复的图案，比如棋盘，窗户布局相同的写字楼、居民楼和草地等。

（4）易用性，最好如名片、杂志等能够在生活中常见且具有丰富细节信息的物体。

2.6.2　介绍用户自定义目标预制件

Unity 版本的 Vuforia SDK 插件中会包括一系列的预制件供开发人员使用，其中包括 UserDefinedTargetBuilder（用户自定义目标生成器）预制件。该预制件上挂载着 UserDefinedTargetBuildingBehaviour 脚本，如图 2-18 所示。

UserDefinedTargetBuildingBehaviour 脚本主要负责处理开启或停止对目标的扫描以及对新目标的创建。在该 Inspector 面板中有如下 3 种设置供开发人员选择。如果后两项没有被启用，那么扫描模式就不会被关闭，并且当目标被创建之后立即就会对它们进行追踪，这种情况下特别适合开发多目标识别功能，即能够同时识别多个存在场景中的目标，具体设置信息如下。

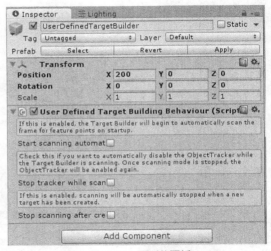

▲图 2-18　预制件面板

❑　Start scanning automat（开启自动扫描）——如果启用该功能，那么目标生成器就会自动开始对相机画面内的特征信息进行扫描。

❑　Stop tracker while scan（扫描时停止追踪）——开启该功能后当目标生成器在扫描时，图像追踪器就会自动关闭，扫面完成后就会自动开启。

❑　Stop scanning after creating a target（创建目标后停止扫描）——开启该功能后，当目标被创建之后就会自动停止扫描。

2.7　虚拟按钮——Virtual Button

虚拟按钮是通过 Vuforia SDK 插件实现与现实世界交互的一种媒介。用户可以通过对现实世界中的一些手势操作从而影响到应用程序中场景的体现。本小节笔者将向读者介绍 AR（增强现实）中虚拟按钮的具体实现细节。

2.7.1　按钮的设计以及布局

虚拟按钮提供了一项很有用的机制，即基于图像的目标互动。当要为应用程序添加虚拟按钮来增强用户体验时，虚拟按钮的尺寸和摆放的位置都需要被慎重考虑。以下几个因素会影响虚拟按钮的响应性和可用性，具体内容如下。

- ❑ 虚拟按钮的长度和宽度。
- ❑ 虚拟按钮所覆盖的目标的面积。
- ❑ 虚拟按钮相对图像边框以及其他按钮的位置。

2.7.2　虚拟按钮的相关特性

用户自定义的虚拟按钮的矩形区域应该等于或大于总体目标区域的 10%。摄像机中拍摄的画面中，当虚拟按钮下方的图像特征信息因被遮挡而减少时，就会触发相应的按钮事件。虚拟按钮的大小就是为能够很好地响应触发事件，例如一个需要被用户手指触发的按钮的大小就应该小于用户的手指。

而且虚拟按钮可以被设置不同的触发灵敏度，比如对射击游戏的开火键，高灵敏度的按钮的触发显然会高于低灵敏度的触发。而在 AR 中，虚拟按钮的灵敏度是通过虚拟按钮所需要的被遮挡的面积以及遮挡的时间来体现的。在开发过程中最好要对每一个按钮都进行灵敏度测试，以便达到最好的效果。

2.7.3　虚拟按钮的摆放

AR 中影响虚拟按钮响应的因素不仅有虚拟按钮的尺寸，虚拟按钮与图像和其他虚拟按钮的相对位置关系也都是影响虚拟按钮响应效果的重要因素，下面将对虚拟按钮在开发过程中的位置摆放进行详细讲解，使读者能够明白其中的细节。

（1）将图片放置在特征信息丰富的图像上方

虚拟按钮的触发是由于虚拟按钮下方的真实世界中的图像目标的特征信息被遮挡或变得模糊而确定的。所以需要将虚拟按钮放置在拥有丰富特征信息的图像上，以便其能够正确地触发 **OnButtonPressed** 事件。读者可以在官网的 Target Manager 页面查看图片特征信息的分布情况，如图 2-19 所示。

（2）使虚拟按钮远离图像边框

虚拟按钮不应该被放置在目标的边界上，因为基于图片的目标有一个边框大约占整个图片区域的 8%。在边框中的内容是无法被识别和追踪的，因此，如果虚拟按钮放置在边框区域，即使其下方的图片细节信息被遮挡住，按钮也不会被触发，如图 2-20 所示。

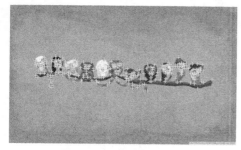

▲图 2-19　图像特征信息分布

▲图 2-20　图像边框区域

（3）避免按钮间的重叠

建议读者不要在用户面对目标时，将虚拟按钮堆叠在一起，因为用户在操作的时候程序无法识别用户需要触发哪个按钮，从而很容易引起误操作。如果需要将多个按钮堆叠在一起，那么就需要编写逻辑代码来决定哪一个按钮可以被触发，哪些按钮不能够被触发。

2.8　云识别——Cloud Recognition

云识别服务是一项在图片识别方面的企业级解决方案，它可以使开发人员能够在线对图片目标进行管理，当应用程序在识别和追踪物体时会与云数据库中的内容进行比较，如果匹配就会返回相应的信息。所以使用该服务需要良好的网络环境，且除了 Classic 类型的许可密钥外都提供云服务功能。

2.8.1　云识别的优势以及注意事项

云识别服务非常适合需要能够识别很多目标的应用程序，并且这些目标还需要频繁地进行改动。有了云识别服务，相关的目标识别信息都会存储在云服务器上，这样就不需要在应用程序中添加过多的内容，且容易进行更新管理，但目前云识别还不支持 Cylinder Targets 和 Multi-Targets。

开发人员可以在 Target Manager 中添加使用 RGB 或灰度通道的 JPG 和 PNG 格式的图片目标，上传的图片大小需要保持在 2MB 以下，添加后官方会将图片的特征信息存储在 database 中，供开发人员下载使用，关于图片目标的详细信息在前面的章节已经详细讲解。

2.8.2　云识别的两种管理方式

云识别功能支持开发人员通过 Vuforia Target Manager 和 Vuforia Web Services API 这两种渠道来对云数据库中的目标进行管理和上传，由于本书主要针对 Unity 平台对 Vuforia 的支持，所以对 Web Services 有兴趣的读者可以查看相关专业资料进行学习，具体内容如下。

1．创建云数据库

云数据库用来支持云识别服务，在其中开发人员可以添加超过一百万张图片目标用来支持应用程序的识别追踪功能，下面介绍开发人员如何在 Vuforia Target Manager 中创建一个新的云识别数据库，具体步骤如下。

（1）首先进入到 Vuforia 的官方网站（https://developer.vuforia.com/），单击导航栏中的 Develop 选项，如图 2-21 所示，登录账户并进入到 Vuforia Developer Portal 的 Target Manager 界面，如图 2-22 所示。

▲图 2-21　进入管理界面

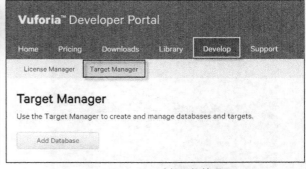

▲图 2-22　选择目标管理

（2）然后单击"Add Database"，并在弹出的窗口中选择 Cloud 选项，并在 Name 栏中添加自定义的数据库名称，需要注意的是，名称不可与其他数据库重复，最后在窗口的最下方选择开发人员申请的 License Key，单击"Create"即可，如图 2-23 所示。

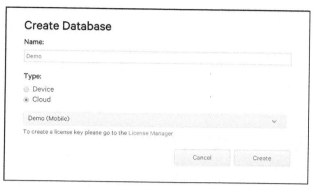

▲图 2-23　创建数据库

2. 添加图片目标到云数据库

　　云数据库创建完毕之后，开发人员就可以向其中添加所需要的图片目标。添加图片目标的方式有两种，一种是通过官网的 Target Manager 进行添加，另一种就是使用 Vuforia Web Services 提供的 API 接口进行添加，这里仅对前者进行详细介绍，添加的具体步骤如下。

　　（1）首先需要进入到 Target Manager 页面，在其中读者会看到自己账户下所创建的所有数据库，如图 2-24 所示。接下来单击创建好的云数据库，进入到目标上传界面。

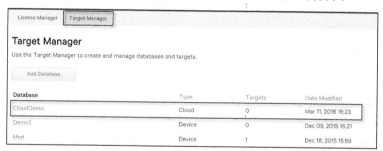

▲图 2-24　选择云数据库

　　（2）单击目标上传界面中的"Add Target"按钮，在弹出的窗口中开发人员可以选择需要上传的图片文件、设置目标宽度（目标的高度会被自动计算出来）、添加元数据（可选）以及为目标进行命名，完成后单击"Add"按钮即可上传目标，如图 2-25 所示。

▲图 2-25　添加图片目标

> **说明**　元数据其实是一个 Josn 文件，Josn 文件可以保存所有数据，包括图片链接、音乐链接等资源，云识别允许一个目标带有一个元数据文件，这样在应用程序识别该目标之后就能够获取对应的元数据，解析出其中所包含的数据加以使用，关于 Josn 文件的编写读者需要参考其他专业的资料学习了解。

2.9　智能地形——SmartTerrain

智能地形的特点是可以突破人眼视觉的能力，对现实世界进行进一步的重建与拓展。智能地形的作用是能够重建和增强场景的物理环境，创建一个全新类型的可视化应用程序。官方的 Penguin 案例使用的便是智能地形技术，如图 2-26 所示。

顾名思义，智能地形可以更加方便地制作地形，当开发者使用智能地形对现实场景进行扫描时，现实当中存在的物品都会生成地形。比如图 2-26 中的可乐罐是真实存在的，在智能地形中就会在手机端屏幕生成结冰的效果，这就是通过智能地形来实现的。

▲图 2-26　官方案例——Penguin

2.9.1　智能地形子对象

智能地形的子对象包括 Primary Surface 和 Prop Template 两部分。Prop Template 是一个静态刚性几何体，而 Primary Surface 是一个实例化的表面，是智能地形跟踪和识别对象所需的模式和细节。智能地形通过所使用的其他 Vuforia 可追踪类型（如图片目标）寻找相同类型的自然物体，如图 2-27 所示。

props 作为场景中独立的立方体对象，具有刚体组件和网格渲染组件。同样的，地形的主体——Surface 表面也具有刚体组件和网格渲染组件。开发人员可以将 props 和 Surface 面的网格属性独立地运用到渲染技术中，从而来评估它们的应用程序的逻辑性能。

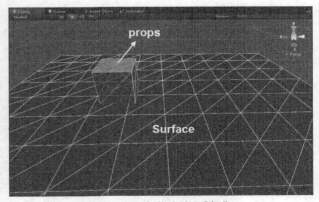

▲图 2-27　智能地形组成部分

所识别的物体最好是有贴图的、大小适中的立方体或者圆柱体，小到罐装的木糖醇，大到一个礼品盒都可以。还有一点需要注意的是，智能地形对被追踪的 props 的数量并没有严格的限制，但是最佳效果是少于 5 个物体。并且这些物体的表面不能够反光或者透明，比如玻璃。

　　智能地形的子对象的作用是当程序被运行时，开发者会扫描到已经创建并配置好的目标体，目标体所在的表面即为 surface 面，目标体周围的所有现实存在的物体都会生成 props，通过修改 Surface 和 props 的形象可以实现各种各样的地形的创建，如图 2-28 所示。

▲图 2-28　智能地形效果图

官方案例中可乐罐为目标体，所在的桌面为 Surface 面，周围的物体生成的冰块即 props。通过修改智能地形的子对象，即可实现不同地形的创建，使得地形这一本来复杂的实现变得十分简单。

2.9.2　使用范围及设备要求

　　智能地形能够对现实环境中的物体进行识别，所以对现实中的物体也有着一定的要求。对于物体来说，它们应该有着固定的几何结构，并且其表面图像能够提供丰富的特征信息，以便能够被智能地形追踪器识别和追踪。

　　智能地形技术在拥有明亮光照的静态环境下的近距离桌面上展示效果最好。而且因为智能地形案例中物体表面的特征信息是根据用户的位置决定的，位置不同，角度不同，追踪所得的精度也会有所不同。这也是为何在反射度强和较为透明的表面并不适合智能地形技术的实现。

　　对于智能地形 Surface 来说，理想的状态表面密度统一，并且在视觉上不同于相邻表面。智能地形只在多核设备上支持，并且对设备配置也有一些要求，苹果设备只支持 iPhone 4 以后的机型。而安卓设备最低配备要求如下：

- ❑　Android OS 2.3.1 或更高版本；
- ❑　设备装备支持 Cortex ARMv7 的 CPU；
- ❑　设备的 GPU 支持 OpenGL 2.0。

2.9.3　智能地形工作原理

　　智能地形的工作过程包括智能地形改造、识别物理对象表面和追踪物理对象表面特征信息 3

个步骤，最终的结果都会在 Unity 场景中通过 3D 网格表现出来。这些 Surface 面和对象的网格集合称为场景的地形。智能地形的 3 个阶段的详细说明如下。

（1）准备阶段：用户创建一个区域来添加 props，并且初始化目标。

（2）扫描阶段：智能地形跟踪器将正在使用 props 捕获并重建。

（3）追踪阶段：将 Untiy 场景中已经开发的地形进行实时扩展。

> **说明**　扫描阶段是从一个预定义的并且用于初始化地形的目标开始，该目标可以是一个在设备或云数据库上初始化的图片目标、立方体目标或者圆柱目标。一旦地形初始化完成，智能地形追踪器将开始重建 Surface 表面和所有被追踪到的 props，重建完成后将它们添加到地形上。

Vuforia 官方插件中包含了智能地形的预制件，智能地形预制件上挂载了智能地形的实现代码，如图 2-29 所示。Reconstruction Behaviour 脚本负责重建地形，并且在地形被实例化和更新时，管理场景中智能地形实例发出回调方法。下面是该组件上的一些可选项，其相关功能的具体介绍如下。

▲图 2-29　智能地形组件

❏　Autimatic Start——启用此选项后，一旦初始化目标检测，地形将开始更新。如果未选中此选项，更新将需要使用智能地形跟踪 API 的 StartMeshUpdates 方法。

❏　Create Nav Mesh——启动此选项后将会使 Primary Surface 生成一个动态导航网格来实现 A*寻路项目。

❏　Use Maximum Area——此选项将会限制在场景单元中定义好边界内的地形。

❏　Maximum Area——如果此选项被勾选，矩形中心的 x、y、宽度 W 和高度 H 将会定义地形的最大面积。在这个区域之外，则不会生成地形。

2.10　物体识别——Object Recognition

前面章节中向读者介绍了标记框架、扫描图片、多目标等技术，细心的读者会发现这些技术都是基于图片实现的。但是现实生活中有很多 3D 物体，比如玩具车、电子产品以及生活用品等，Vuforia 也提供了一套技术来实现与 3D 物体的交互。本节中，笔者将详细讲解该技术。

2.10.1　可识别物体

官方提供了一款扫描 App，利用该软件可以将 3D 物体的物理特性扫描成数字信息，该 App 所识别的 3D 物体是不透明、不变形的，并且其表面应该有明显的特征信息，这样有利于 App 去收集目标表面的特性信息。例如电子器件和玩具车，如图 2-30 和图 2-31 所示。图片目标与 3D 物体的对比如表 2-2 所列。

▲图 2-30　玩具车

▲图 2-31　电子器件

表 2-2　　　　　　　　　　　　　图片与 3D 对象目标的对比

物体目标类型	目　标　源	使　用　建　议
基于图像的目标	平面图	出版物、产品包装
3D 物体目标	根据扫描仪扫描出来的目标特性	玩具、产品、复杂的几何图形

2.10.2　下载 Vuforia 扫描仪

前面笔者提到官方有一款 App（以下简称 Vuforia 扫描仪）可以扫描并收集 3D 物体表面的物理信息，将扫描的数据上传至官网并打包下载到 Unity 编译器即可，这样就完成了 3D 物体的扫描。进入 Vuforia Developer Portal 官网，在 Downloads 下的 Tools 页面中有一个 Download APK 字样，如图 2-32 所示。

在下载到的压缩包中，将其解压到任意文件夹中，在 Media 文件夹中有两个 pdf 文件，将其复制到和 APK 同一目录下，如图 2-33 所示。官网上提示该 APK 只支持 Samsung Galaxy S5 和 Google Nexus 5，但是笔者在测试之后发现其他部分手机也可以安装并扫描成功。

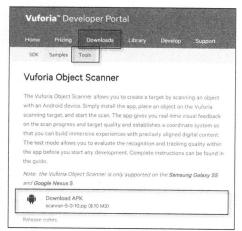

▲图 2-32　下载 APK

▲图 2-33　下载的 APK 文件夹

2.10.3　扫描 3D 物体步骤

下载并安装 Vuforia 扫描仪后，就可以利用该 App 对 3D 物体进行扫描，扫描完成后会产生一个*.od 文件，该文件包含了 3D 物体表面的物理信息。将其上传至官网打包下载数据源即可。下面笔者将详细讲解扫描 3D 物体的步骤。

（1）为了更好地对 3D 物体进行扫描，首先应搭建扫描环境。官网上建议将整个环境设置成灰色最为适宜，所以笔者搭建了一个箱子专门用来扫描 3D 物体，如图 2-34 和图 2-35 所示。将其放置于明亮的环境中，确保 3D 物体表面都被均匀照射。

▲图 2-34　扫面环境内部

▲图 2-35　扫描环境整体

（2）在开始扫描物体目标之前，需要将 APK 压缩包中附带的 Object Scanning Target.pdf 文件打印出来，如图 2-36 所示。将 3D 物体放置在该图片右上角的空白区域，并且与图中的坐标轴对齐。该图纸的作用是用来确定物体的精准位置和姿势。

（3）准备工作完成后，就可以开始 3D 物体的扫描。笔者采用的 3D 物体是一个无线鼠标。单击 Vuforia 扫描仪图标进入应用程序，如图 2-37 所示。单击"+"图标创建新的扫描会话，当物体位置摆放正确时，会出现一个矩形区域将物体包裹，如图 2-38 所示。

（4）这里需要提醒读者的是，如果只将鼠标的一部分放在空白区域，Vuforia 扫描仪就只会扫描收集位于空白区域的鼠标部分表面的数据信息，如图 2-39 所示。单击红色按钮开始对物体进行扫描，在扫描过程中不要移动 3D 物体，而是通过移动摄像机来对整个物体进行扫描。

▲图 2-36　Object Scanning Target 图片

▲图 2-37　扫描开始界面

▲图 2-38　整个矩形包裹

▲图 2-39　半个物体矩形包裹

（5）当一个表面区域被成功捕捉后，该区域会由白色变成绿色，如图 2-40 所示。可以适当改变摄像机和 3D 物体间的距离来对部分区域进行捕捉。当捕捉到大部分的表面信息后即大部分变为绿色时，再次单击录制按钮停止扫描。

（6）输入一个扫描结果名称"shubiao"，保存后会出现一个信息摘要，如图 2-41 所示。在界面底部会出现 Test 和 Cont Scan 两个按钮。可以通过单击 Test 按钮对扫描结果进行测试，测试结果如图 2-42 所示。若对扫描结果不满意可以单击 Cont Scan 继续对物体进行扫描。

（7）单击"+"旁边的设置按钮可以进行数据分享，将其分享到 PC 端会发现其是一个*.od 文件，如图 2-43 所示。将其上传至官网，具体步骤将在后面章节中详细介绍。官网会对*.od 文件信息进行处理，下载的 DateBase 数据包会缩小很多，开发人员无须担心*.od 文件影响 APK 包的大小。

▲图 2-40　物体表面颜色变化

▲图 2-41　扫描信息摘要

▲图 2-42　扫描测试结果

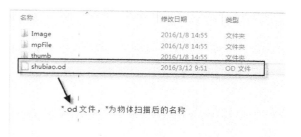

▲图 2-43　.od 文件

2.11　本章小结

本章初步介绍了 Vuforia 的几项核心功能，学习完本章读者能够对 Vuforia 的相关功能有一个初步了解，包括扫描图片、圆柱体识别、多目标识别、文字识别、云识别、物体识别等。本章对核心功能的介绍较为简单，具体的案例将在下一章中进行详细介绍。

2.12　习题

1．简述选择被扫描图片时的注意事项。
2．在圆柱体识别过程中，如何获取实际物体的具体参数？
3．简述多目标识别的原理。
4．云识别的两种管理方式是什么？
5．智能地形的工作原理是什么？
6．请自行尝试进行 3D 物体的扫描。

第3章 Vuforia 核心功能官方案例详解

前面章节中笔者介绍了增强现实的简介以及 Vuforia 核心功能的基础知识，使读者对增强现实技术，以及在开发过程中所要注意的事项有了基本了解。本章将详细讲解 Vuforia 核心功能的官方案例，通过实践使读者对增强现实的开发有更深层的了解。

3.1 官方案例下载及 ARCamera 参数讲解

本节中将着重讲解 Vuforia 核心功能的官方案例和 ARCamera 预制件中的参数，因为在每个案例中都会涉及 ARCamera 预制件的使用，所以笔者在这里将统一讲解。需要读者注意的是，在讲解每个案例的开发步骤之前，笔者都会先展示案例的运行效果，使得开发步骤思路更加清晰。

（1）前面章节中笔者介绍了如何在 Vuforia 官网注册用户账号，打开 Vuforia 官网登录用户账号（因为在下载官方案例时需要登录，否则会提示用户登录）。单击导航栏中"Downloads"下的 Samples 菜单，会显示出官方的案例列表，如图 3-1 所示。

▲图 3-1 下载官方案例

（2）选择 Download for Unity 字样下载官方案例。下载完成后将该压缩包解压到当前文件夹，会显示出所有案例的 unitypackage 资源包，如图 3-2 所示。打开 Unity 3D 游戏开发引擎，在 Project 面板右击→Import Package→Custom Package，找到资源包所在位置即可将其导入进 Unity 引擎，如图 3-3 所示。

（3）资源包导入成功后，为官方的案例添加 License Key（前面章节笔者已详细讲解过如何在官网上创建 Key，不熟悉的读者可以参考前面章节），再按照 Unity 导出 APK 的步骤将官方案例导出到移动设备上即可运行，相关步骤读者可以参考 Unity 的书籍。

名称	修改日期	类型	大小
CloudReco-5-5-9.unitypackage	2016/3/5 0:58	Unity package file	39,899 KB
CylinderTargets-5-5-9.unitypackage	2016/3/5 0:59	Unity package file	37,805 KB
FrameMarkers-5-5-9.unitypackage	2016/3/5 1:00	Unity package file	35,875 KB
ImageTargets-5-5-9.unitypackage	2016/3/5 1:01	Unity package file	41,791 KB
MultiTargets-5-5-9.unitypackage	2016/3/5 1:03	Unity package file	38,318 KB
ObjectRecognition-5-5-9.unitypackage	2016/3/5 1:04	Unity package file	35,419 KB
SmartTerrain-5-5-9.unitypackage	2016/3/5 1:07	Unity package file	39,708 KB
TextReco-5-5-9.unitypackage	2016/3/5 1:09	Unity package file	38,983 KB
UserDefinedTargets-5-5-9.unitypacka...	2016/3/5 1:10	Unity package file	35,621 KB
VirtualButtons-5-5-9.unitypackage	2016/3/5 1:12	Unity package file	39,634 KB

▲图 3-2　Unitypackage 资源包

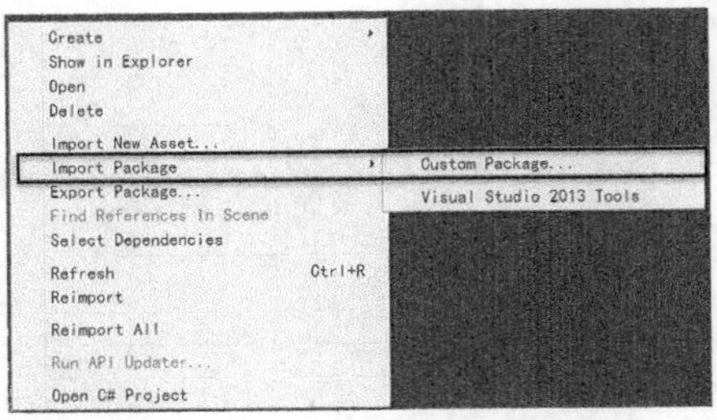

▲图 3-3　Unity 导入资源包

（4）每个案例中都会使用到 ARCamera 预制件，笔者将详细讲解 ARCamera 游戏对象上的参数。选中该游戏对象，读者会发现挂载有许多脚本，如图 3-4 所示。这些脚本用来处理数字眼睛技术、智能地形的控制等。笔者在这里将详细讲解 VuforiaBehaviour 和 DatabaseLoadBehaviour 两个脚本。

（5）VuforiaBehaviour 脚本下可以为 App 添加 License Key，如图 3-5 所示。该 Key 是该应用的标志。笔者建议每一个 Key 只能应用于一个 App，否则在设备上运行时可能会报错。在其下面可以修改摄像机的模式、可识别图像的最大数量等参数，具体内容如表 3-1 所示。

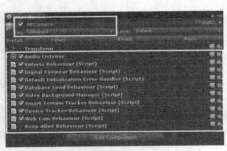

▲图 3-4　ARCamera 脚本

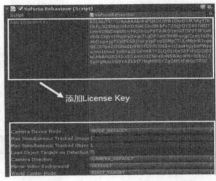

添加License Key

▲图 3-5　VuforiaBehaviour 脚本参数

表 3-1　　　　　　　　　　　　　　ARCamera 参数详解

参 数 名	含 义	参 数 名	含 义
App License Key	应用程序许可密钥	Camera Device Mode	设备相机的模式
MODE_OPTIMIZE_QUALITY	扫描质量优先模式	MODE_OPTIMIZE_SPEED	扫描速度优先模式
MODE_DEFAULT	速度和效率之间（默认模式）	Camera Direction	调用设备的摄像机
CAMERA_BACK	设备的后置摄像头	CAMERA_DEFAULT	设备的默认摄像头
CAMERA_FRONT	设备的前置摄像头	Mirror Video Background	镜像摄像影片背景
DEFAULT	允许 SDK 设置	ON	设置使用相机镜像纹理
OFF	设置不使用相机镜像纹理	World Center Mode	世界中心模式
DEVICE_TRACKING	以设备正在追踪的物体作为世界中心目标	Max Simultaneous Tracked Images	在摄像机中可以同时检测追踪到的图片目标的最大数量
SPECIFIC_TARGET	自定义一个特定目标作为世界中心目标	Max Simultaneous Tracked Objects	在摄像机中可以同时检测追踪到的物体目标的最大数量
FIRSR_TARET	以第一个进入视野的可追踪的物体作为世界中心目标	Load Object Targets on Detection	是否允许相机在检测时加载物体对象目标
CAMERA	以场景中的摄像机为世界中心目标		

（6）需要读者注意的是，在将世界中心模式选择为 SPECIFIC_TARGET 时，需要开发人员手动为其添加一个 World Center，如图 3-6 所示。在改脚本中，图像（物体）目标默认最大的可识别数量为 1。在 Datbase Load Behaviour 脚本中可以设置加载以及激活一个或者多个数据集，如图 3-7 所示。

▲图 3-6 手动添加世界中心目标

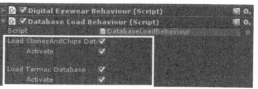

▲图 3-7 加载并激活数据集

（7）与加载并激活数据集相对应的是在 ImageTarget Behaviour 中选择数据集以及目标图像。以图像识别为例，在 ImageTarget Behaviour 脚本中修改这两个参数即可，如图 3-8 和图 3-9 所示。开发人员可在此参数中添加多个识别目标。

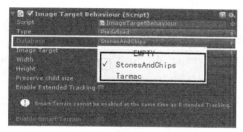

▲图 3-8 选择 Database 数据集

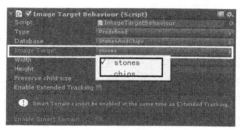

▲图 3-9 选择图片识别目标

（8）在每个官方案例中，开发人员在双击扫描界面后弹出一个界面，在该界面中可以决定是否使用扩展追踪、摄像机自动对焦，以及调用摄像机的哪个摄像头等功能，如图 3-10 所示。这些界面功能是用 Unity 实现的，有兴趣的读者可以参考 Unity 的相关书籍。

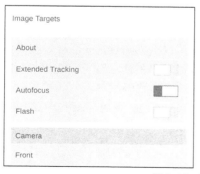

▲图 3-10 界面功能详解

3.2 扫描图片官方案例详解

扫描图片，顾名思义是通过摄像机扫描图片时在图片上方出现一些设定的 3D 物体，还可以通过编写程序实现人与物体交互的功能。前面章节中介绍了图片的要求以及一些注意事项，有需要的读者可以阅读前面章节的内容。

3.2.1　预制件通用脚本介绍

在 Vuforia 官方案例以及其 SDK 中，将很多需要用到的东西做成了预制件，如 ARCamera、ImageTarget、ObjectTarget 等，如图 3-11 所示。在预制件上都实现了其相关功能。但是在不同预制件上会有部分相同的脚本，如图 3-12 所示。笔者在这里将详细讲解这些脚本。

▲图 3-11　官方案例预制件

▲图 3-12　部分相同脚本

Turn Off Behaviour 脚本的作用是在应用程序运行时禁止场景中的物体的渲染，分别获取游戏对象上 Mesh Render 和 Mesh Filter 组件并将其销毁。需要读者注意的是，在官方案例中的大部分脚本都引用了 Vuforia 命名空间，开发人员在编写脚本时需注意。

代码位置：见官方案例 ImageTargets-5-5-9.unitypackage 下 Assets/Vuforia/Scripts/TurnOffBehaviour.cs

```
1    using UnityEngine;
2    namespace Vuforia{                              //引用 Vuforia 命名空间
3      public class TurnOffBehaviour : TurnOffAbstractBehaviour{
4        void Awake(){                               //重写 Awake 方法
5          if (VuforiaRuntimeUtilities.IsVuforiaEnabled()){
                                                      //是否获取了设备上摄像头的连接
6          MeshRenderer targetMeshRenderer = this.GetComponent<MeshRenderer>();
7          Destroy(targetMeshRenderer);            //获取游戏对象的 MeshRender 组件并将其移除
8          MeshFilter targetMesh = this.GetComponent<MeshFilter>();
9          Destroy(targetMesh);                    //获取游戏对象的 MeshFilter 组件并将其移除
10     }}}}
```

✍️说明　分别获取游戏对象上的 Mesh Render 组件和 Mesh Filter 组件并将其移除。

在摄像机扫描物体对象时，并不是任何时刻都可以扫描到对象（图片、圆柱体以及 3D 物体等），这时需一个脚本用来处理物体对象是否符合追踪状态的两种情况。在预制件上挂载的 Default Trackable Event Handle 脚本就是用来处理这种情况，具体代码如下。

代码位置：见官方案例 ImageTargets-5-5-9.unitypackage 下的 Assets/Vuforia/Scripts/ DefaultTrackableEventHandler.cs

```
1    using UnityEngine;
2    namespace Vuforia{                              //继承 ITrackableEventHandler 接口
3      public class DefaultTrackableEventHandler : MonoBehaviour, ItrackableEvent Handler{
4        private TrackableBehaviour mTrackableBehaviour;      //声明该类的实例
5        void Start(){
6          mTrackableBehaviour = GetComponent<TrackableBehaviour>();
                                                      //对类的实例进行初始化
7          if (mTrackableBehaviour){
8          mTrackableBehaviour.RegisterTrackableEventHandler(this);
                                                      //注册追踪事件处理监听
9        }}
```

```
10      public void OnTrackableStateChanged(TrackableBehaviour.Status previousStatus,
11      TrackableBehaviour.Status newStatus){                        //实现接口的方法
12      if (newStatus == TrackableBehaviour.Status.DETECTED ||       //当状态为检测
13        newStatus == TrackableBehaviour.Status.TRACKED ||          //当状态为追踪
14        newStatus == TrackableBehaviour.Status.EXTENDED_TRACKED){
                                                                    //当状态为扩展追踪
15          OnTrackingFound();                                      //执行物体可追踪方法
16        }else{OnTrackingLost(); }}                                //执行物体追踪丢失方法
17      private void OnTrackingFound(){
                                        //当符合追踪状态时，获取子物体的 Render 和 Collider 组件
18        Renderer[] rendererComponents = GetComponentsInChildren<Renderer>(true);
19        Collider[] colliderComponents = GetComponentsInChildren<Collider>(true);
20        foreach (Renderer component in rendererComponents){ //遍历渲染器组件数组
21            component.enabled = true;                       //将每个渲染器都置为可用
22        }
23        foreach (Collider component in colliderComponents){
24            component.enabled = true;      //遍历碰撞器数组并将其置为可用
25        }}
26      private void OnTrackingLost(){        //当不符合追踪状态时，获取渲染组件和碰撞器组件
27        Renderer[] rendererComponents = GetComponentsInChildren<Renderer>(true);
28        Collider[] colliderComponents = GetComponentsInChildren<Collider>(true);
29        foreach (Renderer component in rendererComponents){   //遍历渲染器组件数组
30            component.enabled = false;                        //将每个渲染器都置为不可用
31        }
32        foreach (Collider component in colliderComponents){
33            component.enabled = false;       //遍历碰撞器数组并将其置为不可用
34  }}}}
```

❏　第 1-4 行引用 Vuforia 命名空间并声明 TrackableBehaviour 类的实例。

❏　第 5-9 行重写 Start 方法，对 mTrackableBehaviour 变量进行实例化并注册追踪事件处理监听。

❏　第 10-16 行实现该类继承接口中的方法，当符合摄像机追踪状态时执行物体可追踪方法，否则执行物体追踪丢失的方法。

❏　第 17-19 行当符合追踪状态时，获取子物体的 Render 组件和 Collider 组件。

❏　第 20-25 行遍历渲染器和碰撞器组件数组，并将其置为可用。

❏　第 26-34 行表示当物体不符合追踪状态时，在获取渲染组件与碰撞器组件后将其置为不可用。

3.2.2　运行效果

在官方扫描图片案例中利用 3 幅不同的图片（关于图片的选择要求已在前面章节讲过）从而扫描出 3 种不同的茶壶模型。其中有一个数据包中包含了两张图片，在 ImageTarget 组件选项中需要选择不同的图片。案例的运行效果如图 3-13 和图 3-14 所示。

▲图 3-13　扫描出的茶壶模型

▲图 3-14　扫描出的高楼模型

3.2.3　开发流程

通过观察案例效果图读者可以发现在使用 Extended Tracking 之后，原来的 3D 茶壶模型会变换为高楼模型。扩展功能的寓意为即使摄像机不完全超出扫描图片范围时，3D 物体也可以在原来的基础上继续呈现。案例的开发过程如下。

（1）打开 Unity 3D 游戏开发引擎，新建游戏场景并将 Vuforia SDK 导入 Unity。删除掉场景中原有的摄像机，在 Prefab 文件夹中找到 ARCamera 预制件，将其拖曳到场景中。登录 Vuforia 官方，获取 License Key，将其复制到 ARCamera 游戏对象 Vuforia Behavior 组件下的 Key 位置。

（2）细心的读者会发现，在 ImageTarget 官方案例中，有两张图片放在了同一个数据包中，另外一张单独一个数据包。笔者这里只讲解第一种情况。打开官网的 Develop 菜单栏下的 Target Manager（目标管理器），如图 3-15 所示。

（3）单击该页面的 Add Database 按钮为其添加数据包，在弹出的 Create Database 面板输入数据包的名称，并且选择 Device 类型，如图 3-16 所示。创建完成后会跳转回 Target Manager 页面，单击刚创建的数据包名称，为其添加图片，如图 3-17 所示。

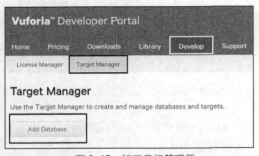
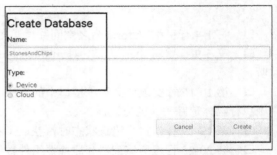

▲图 3-15　打开目标管理器　　　　　　　　　　　　▲图 3-16　创建数据包

▲图 3-17　目标管理器目标

（4）单击添加图片目标按钮，跳转到添加目标图片页面，在该页面可以添加图片、立方体、圆柱以及 3D 物体数据，在本章节中选择图片类型，单击"Browse"按钮根据路径选择所需的图片，并在下面输入该图片的宽度，如图 3-18 所示。单击"Add"按钮上传图片。

（5）单击目标管理页面的数据包的名称，会出现目标图片的详细信息，如图 3-19 所示。按照步骤 4 为该数据包再次添加一张图片，添加完成后返回到目标管理器页面，在该页面可以看到两张图片的简要信息，可以获取每张图片的评估等级，如图 3-20 所示。

▲图 3-18 添加图片目标

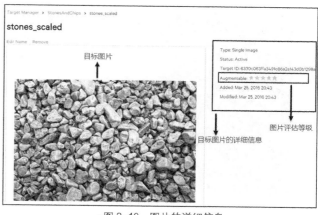

▲图 3-19 图片的详细信息

▲图 3-20 图片的简要信息

（6）选择两张图片目标，单击右上角的下载按钮，选择 Unity Editor 将该数据包下载到本地，如图 3-21 所示。将下载的 StonesAndChips.unitypackage 数据包导入 Unity 开发引擎，读者可以观察图片资源所在的文件夹，如图 3-22 所示，方便在后面的开发中使用。

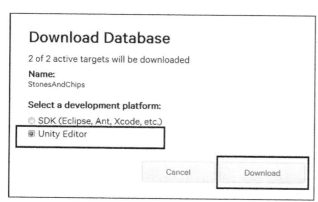

▲图 3-21 选择 Unity Editor 下载

▲图 3-22 导入资源包框图

（7）选中 ARCamera 游戏对象，选中其 Database Load Behavior 脚本中的加载以及激活数据包选项，如图 3-23 所示。在 Prefabs 文件夹中找到 ImageTarget 预制件，将其拖曳到游戏组成对象列表中，将茶壶与高楼 3D 模型拖曳为 ImageTarget 的子对象，并将 3D 模型置为不可见。

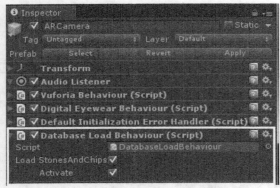

▲图 3-23　勾选加载数据包选项

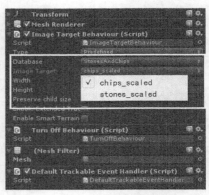

▲图 3-24　选择数据包

（8）选中 ImageTarget 对象，在其 Image Target Behaviour 组件下选择数据包以及图片目标选项，如图 3-24 所示。细心的读者会发现，同一个数据包中有多个不同图片目标时，可以选择不同的图片来对应各自的物体目标。

（9）在 Unity 开发引擎中创建名为"ModelSwap"的脚本，该脚本作用就是当启用界面中的扩展追踪时，来修改 3D 物体的 Active 属性。具体代码如下。重复上述的部分步骤，在场景中再次创建 ImageTarget 游戏对象，并选择不同的数据包与图片目标。由于篇幅限制，笔者在这里将不再赘述。

代码位置：见官方案例 ImageTargets-5-5-9.unitypackage 下的 Assets/Scripts/ ModelSwap.cs

```
1    using UnityEngine;
2    using System.Collections;
3    public class ModelSwap : MonoBehaviour{           //模型互换脚本
4      private GameObject mDefaultModel;               //声明当前默认的模型变量
5      private GameObject mExtTrackedModel;            //声明可扩展的模型变量
6      private GameObject mActiveModel = null;         //声明当前被选中的模型变量
7      private TrackableSettings mTrackableSettings = null;
                                                       //声明 TrackableSetting 实例变量
8      void Start (){                                  //重写 Start 方法
9       mDefaultModel = this.transform.FindChild("teapot").gameObject;
                                                       //对当前模型变量进行初始化
10      mExtTrackedModel = this.transform.FindChild("tower").gameObject;
                                                       //可扩展模型变量进行初始化
11      mActiveModel = mDefaultModel;                  //将当前默认模型置为被选中的模型
12      mTrackableSettings = FindObjectOfType<TrackableSettings>();
                                                       //对 Trackable Setting 进行初始化
13      }
14      void Update (){                                //重写 Update 方法
15        if (mTrackableSettings.IsExtendedTrackingEnabled() && (mActiveModel == m
           DefaultModel)){
16      mDefaultModel.SetActive(false);   //当在界面中置为可扩展时，将当前的模型置为不可见
17      mExtTrackedModel.SetActive(true);              //将可扩展的模型置为可见
18      mActiveModel = mExtTrackedModel;               //并将可扩展模型变为被选中的模型
19      }else if (!mTrackableSettings.IsExtendedTrackingEnabled()
20        && (mActiveModel == mExtTrackedModel)){      //当在界面中置为不可扩展时
21      mExtTrackedModel.SetActive(false);             //将可扩展模型置为不可见
22      mDefaultModel.SetActive(true);                 //将默认模型置为可见
23      mActiveModel = mDefaultModel;                  //将默认模型变为被选中的模型
24      }}}
```

> **说明**　该脚本的功能较为简单，通过检测是否使用可扩展追踪以及判断当前模型是哪个模型两个条件来对茶壶和高楼模型进行交换，只需将当前被选中模型置为可见，未被选中的模型置为不可见。

3.3　圆柱识别案例详解

上面笔者已经对Vuforia插件所能够提供的核心功能进行了介绍，在这一节中将开始对Vuforia官方提供的圆柱体识别案例进行详细介绍，其中包括官方案例运行效果的展示，以及读者如何自行实现该案例中所呈现的效果。

3.3.1　运行效果

首先读者需要打开官方提供的工程文件，并在Vuforia官网上获取License Key（许可密钥），将其添加在案例中ARCamera对象下的App License Key中，并导出APK安装到手机上运行。该案例能够通过AR摄像机识别现实世界中与数据集中匹配的圆柱体，并让一个足球围绕着圆柱体进行旋转，案例效果如图3-25和图3-26所示。

▲图3-25　小球围绕圆柱实体旋转　　　　　　▲图3-26　圆柱实体挡住虚拟的球体

3.3.2　开发流程

前面展示了官方圆柱体识别案例的运行效果，下面笔者将一步步介绍如何使用 Vuforia 插件来实现圆柱体识别，由于找不到和官方案例中包装效果相同的圆柱体，所以在案例演示时，笔者识别的是 Unity 中官方提供的圆柱体模型，制作的具体步骤如下。

（1）首先打开 Vuforia 的官方网站（https://developer.vuforia.com/），然后单击导航栏中的 DownLoads 按钮，进入到 Vuforia 插件的下载界面，在该页面中读者可以下载 Vuforia 的插件包以及官方案例，如图3-27所示，这里笔者将不详细介绍相关案例及插件的下载。

▲图3-27　案例下载

（2）Vuforia SDK 下载完成后，需要将该 SDK 导入到 Unity 的项目工程中，打开 Unity 集成开发环境，在 Project 面板下单击鼠标右键，依次单击 Import Package→Custom Package，如图 3-28 所示。在打开的窗口中选择下载好的 SDK，并单击 Import 按钮，如图 3-29 所示。

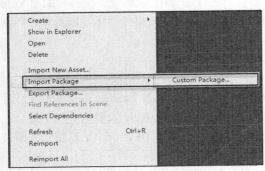

▲图 3-28　选择 SDK

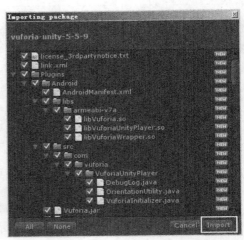

▲图 3-29　导入资源文件

（3）等待 SDK 导入完成，完成后会在 Console 面板中打印多个提示信息，读者可以通过阅读这些信息完成一些基本设置，如图 3-30 所示。在 Assets 面板中 Vuforia 文件夹下的 Prefabs 文件夹中可以找到 Vuforia 提供的所有功能的预制件，如图 3-31 所示，读者可以选择自己需要使用的预制件。

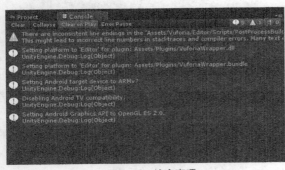

▲图 3-30　注意事项

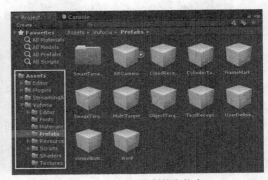

▲图 3-31　预制件文件夹

（4）需要注意的是，如果现在将 ARCamera 预制件添加到场景中时，Unity（64-bit）可能会报错。如果出现错误，解决的办法是在 Plugins 文件夹中新建一个文件夹，并命名为 "x86"，将 Plugins 文件夹下的 "VuforiaWrapper.dll" 文件放到 x86 文件夹下即可，如图 3-32 所示。

（5）将 ARCamera 和 CylinderTarget 预制件添加到场景中，调整 CylinderTarget 使其处于摄像机视野中央，单击 CylinderTarget 对象，并单击 Inspector 面板中的 "No target defined...." 按钮，如图 3-33 所示。这是需要读者在 Vuforia 的 Target Manager 中添加圆柱体目标。

（6）单击后会打开 Vuforia 的官方网站，读者需要登录申请的账号，关于账号的创建这里不做阐述。登录后单击网页导航栏中的 Target Manager 按钮，打开目标管理页面，单击 Add Database 按钮，在打开的窗口中为自己的数据库命名，选择 Device 选项并单击 "Create" 按钮完成数据库的创建，如图 3-34 所示。

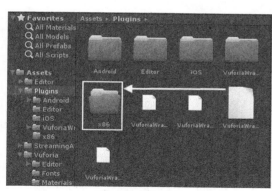

▲图 3-32 移动文件

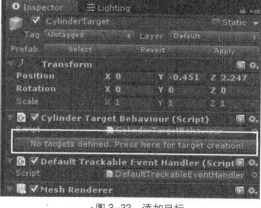

▲图 3-33 添加目标

▲图 3-34 创建数据库

（7）创建完成后，单击创建的数据库，进入到数据库管理页面。在其中读者可以添加各种目标，以达到不同的需求，单击"Add Target"按钮，在弹出的页面中选择 Cylinder，接下来读者需要添加被识别的圆柱体的顶部直径数据、底部直径数据、圆柱体边长以及目标名称，如图 3-35 所示。

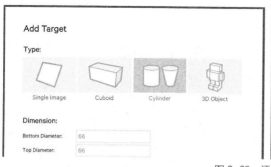

▲图 3-35 添加目标数据

（8）数据添加完毕后，单击"Add"按钮完成创建，之后读者就可以在创建的数据下看到该目标，接下来要为目标添加纹理，单击创建的目标，会打开纹理上传窗口，如图 3-36 所示。单击页面右侧的"Upload Side"按钮，在打开的窗口中选中需要上传的图片，并单击"Upload"按钮添加，完成后效果如图 3-37 所示。

▲图 3-36　纹理上传页面　　　　　　　　　　　▲图 3-37　添加纹理

（9）上传完成后返回到数据库页面，这时读者就可以下载该数据集了，如图 3-38 所示，单击"Download Dataset"按钮，在弹出的窗口中选择 Unity Editor 选项，最后单击"Download"按钮即可开始下载，下载的是以数据库名称命名的 unitypackage 文件。

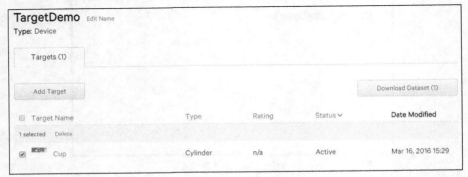

▲图 3-38　下载数据集

（10）下载完成后，将下载的文件导入到 Unity 工程中即可，导入完成后单击 Hierarchy 面板中的 CylinderTarget 对象，此时其 Inspector 面板中的情况如图 3-39 所示。单击 Database 选项，在弹出的下拉菜单中选择相应的数据库名称即可，完成后场景中的圆柱体就会被自动添加纹理贴图，如图 3-40 所示。

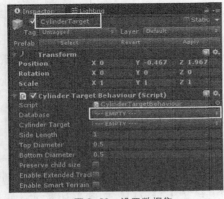

▲图 3-39　设置数据集　　　　　　　　　　　▲图 3-40　设置完成后效果

（11）接下来需要在场景中创建一个球体并贴上纹理，使其成为 CylinderTarget 对象的子物体，如图 3-41 所示。调整球体的位置以及大小，使其位于圆柱体的一侧，如图 3-42 所示。此时如果导出 APK 并安装到手机上，程序就能够识别该圆柱体并在其一侧显示一个球体。

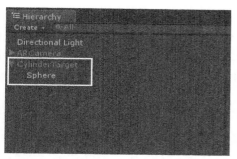

▲图 3-41 添加球体

▲图 3-42 调整大小及位置

（12）下面将要实现的是球体围绕着圆柱体目标能够旋转，这就需要使用简单的代码来控制球体的运动，具体代码如下。

```
1    using UnityEngine;
2    public class Rotate : MonoBehaviour{
3      void Update () {
4        Transform parentTransform = transform.parent;
5        transform.RotateAround(parentTransform.position, parentTransform.up, -60 *
         Time.deltaTime);
6    }}
```

💡说明　　这里使用的是 Unity 内置的 RotateAround 函数来实现小球的旋转，该函数第一个参数是旋转的中心点，第四行获取了圆柱体目标的位置，第二个参数是设置旋转轴，这里是绕 y 轴来旋转，Unity 中 Y 向上，第三个变量设置旋转的速度。

（13）最后一步既要在 Vuforia 官网上获取用户自己申请的许可密钥，并添加到 ARCamera 对象中的 App License Key 处，还需要加载数据集，如图 3-43 所示，如果没有密钥，那么 APK 将无法正常启动。许可密钥在网站的 License Manager 页面，如图 3-44 所示，读者可以创建多个许可密钥。

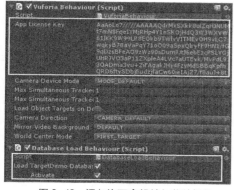

▲图 3-43 添加许可密钥并加载数据集

▲图 3-44 获取密钥

3.4 多目标识别案例详解

上面已经基本介绍了多目标识别，读者对它应该有了一定的了解，在本节中将对多目标识别的案例进行详细介绍。MultiTarges 与之前的 Cylinder Target 类似，可以用在包装盒中，同样具有虚实遮挡的功能。

3.4.1　运行效果

多目标识别案例是官方提供的核心功能中的一个案例，基本实现的效果是扫描一个立方体盒子，生成一个碗，并围绕着盒子旋转的效果，如图 3-45 和图 3-46 所示。多目标识别具有虚实遮罩的效果，即虚拟的物体会和现实中的目标相互遮挡。

▲图 3-45　官方案例效果

▲图 3-46　替换模型效果

3.4.2　开发流程

下面来介绍这个案例的制作过程，多目标识别的制作过程和圆柱体识别的制作过程大致类似，包括创建数据包、下载数据包、导入 Unity 项目、调整等，读者可以根据步骤来自行操作。

（1）首先需要在 Vuforia 官网上创建一个 Target 数据包，在官网上的 Develop 一项中找到 Target Manager，然后单击"Add Database"按钮，如图 3-47 所示。Target Manager 页面中列有之前已创建好的数据包及数据包信息，包括数据包名称、数据包类型、数据包中识别图数量和修改时间，如图 3-48 所示。

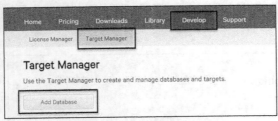

▲图 3-47　添加数据包

▲图 3-48　Target Manager 页面介绍

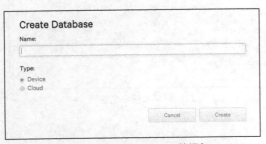

▲图 3-49　创建 Datebase 数据包

（2）单击"Add Database"按钮后，显示出创建数据包的界面，如图 3-49 所示。在 Name 一栏中输入数据包的名称，仅支持英文大小写、阿拉伯数字 0~9、下划线"_"和连字符"-"。因为此案例中没有涉及云服务，所以类型选择 Device 一项，最后单击"Create"按钮。

（3）创建好数据包后，然后单击已经创建好的数据包，进入该数据包的页面。现在还没有在数据包中添加 Target，如图 3-50 所示，单击"Add Target"按钮，弹出 Target 的设置界面。Target 在创建的时候可以根据需要来选择不同的类型，多目标识别也就是立方体识别，选择 Cuboid 一项，如图 3-51 所示。

▲图 3-50   添加 Target

▲图 3-51   Target 设置页面

> **说明** 在这里需要填写立方体的相关信息，包括立方体的长宽高和名称，开发者只需按照想要制作的立方体识别目标的大小来填写即可，但是需要注意，长宽比最好不要改变相对比例，否则会引起贴图的变形，影响识别效果。

（4）创建完毕以后，单击刚刚创建好的 Target 对象，然后开始为立方体目标贴图，如图 3-52 所示。在界面左侧有立方体的整体形象展示，右侧为立方体展开图。然后单击前面开始上传立方体的贴图，如图 3-53 所示。在上传的时候注意将各个面匹配好，防止将贴图贴错位置。

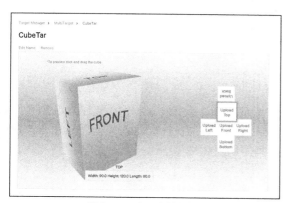

▲图 3-52   贴图上传界面

▲图 3-53   上传贴图

> **说明** 上传贴图时，需要注意贴图必须是 8bit 或者 24bit 的 .PNG 或者 .JPG 格式的 RGB 图或者灰度图，每张贴图体积最大不得超过 2.25MB。并且如果开发者没有上传全部 6 个面的贴图，是没有办法下载数据包的。

（5）上传完成前面的贴图以后，立方体形象展示和展开图也会相应地改变，如图 3-54 所示。然后依次上传每个面的贴图即可。在此界面中还可以单击"Edit Name"按钮重新编辑 Target 的名字或单击 Remove 按钮者移除 Target，如图 3-55 所示。

▲图 3-54　上传单张贴图

▲图 3-55　重命名或移除 Target

（6）贴图上传完成后，还可以对贴图进行更换和删除，在左侧的立方体展示中单击需要修改的贴图，就会显示该贴图的详细信息，包括贴图的评级、上传日期、修改日期等，识别如图 3-56所示。单击图片下方的"Change"按钮可以重新选择图片，单击"Remove"按钮可以移除贴图。

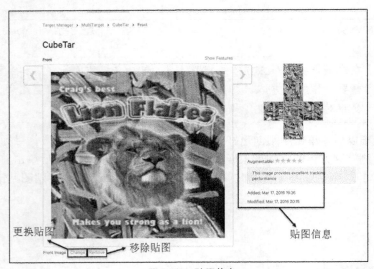

▲图 3-56　贴图信息

（7）立方体 Target 制作完成以后，返回 Target 页面，如图 3-57 所示，选中刚制作好的立方体Target，然后单击右上方的"Download Dataset"按钮开始下载 Target 的数据包，然后选择数据包类型，在 Unity 3D 端使用需要下载 Unity Editor 类型，如图 3-58 所示。

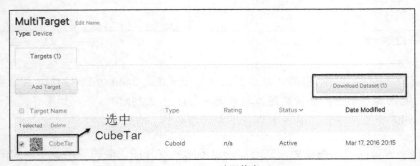

▲图 3-57　贴图信息

（8）数据包是.unitypackage 格式，如图 3-59 所示。到这里数据包的创建工作就完成了，然后需要做的是去申请一个 License Key，之前已经介绍过如何申请，在这里就不进行讲解了。申请完 License Key 之后，准备工作也就完成了。

▲图 3-58　选择 Unity Editor 类型

▲图 3-59　下载好的数据包

（9）接下来就打开 Unity 客户端，新建一个项目，将 Vuforia 的 SDK 导入到 Unity 场景当中。在 SDK 中有各种 Target 的预制件，找到多目标预制件，如图 3-60 所示。然后将它拖到 Unity 场景当中，这时会在场景中出现一个空的立方体目标，其下的子对象均为空，如图 3-61 所示。

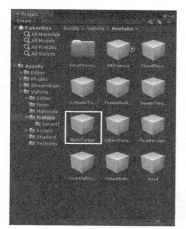

▲图 3-60　多目标预制件

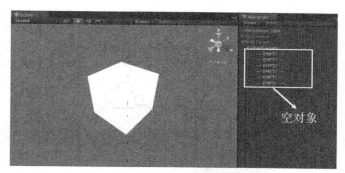

▲图 3-61　导入多目标预制件

（10）接下来将刚下载好的多目标识别数据包导入 Unity 项目中，导入完成以后单击项目中的 MultiTarget。然后找到参数面板中的 Data Set 一项，将其修改为刚导入的多目标识别数据包，如图 3-62 所示。场景中的立方体就会变成之前制作的立方体目标，并且其下自动生成的子对象分别对应每个面，如图 3-63 所示。

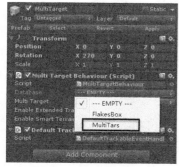

▲图 3-62　修改目标数据包

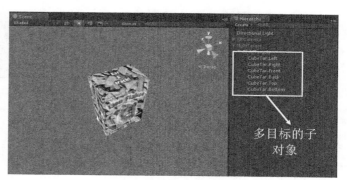

▲图 3-63　场景中的立方体目标

（11）到这一步立方体目标就已经搭建完成，然后可以进行相关的效果实现，官方案例中是在立方体目标周围放置一个碗的模型，并使碗不断地旋转。这个效果的实现也很简单，就是导入碗的模型作为 MultiTarget 的子对象，并挂载上旋转的代码，如图 3-64 所示。

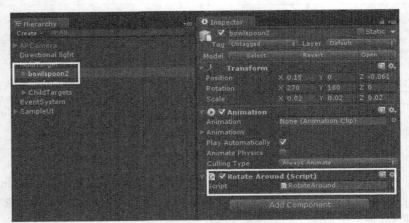

▲图 3-64　碗模型的参数

> **说明**　此处碗的旋转实现起来较为简单，就不再进行介绍。在实际开发当中，通过多目标识别想要达到的效果往往各不相同，相关特效的开发就需要开发者自行编写代码实现，这就要靠开发者的 Unity 开发能力来决定了。

（12）多目标识别其实就是升级变形版的图片识别，两者的区别就是，作为目标进行识别的物体不同。将官方案例中的碗模型直接替换，或者使用 SDK 中的预制件就能很轻松地完成创建。创建完成后根据要实现的效果，可以导入模型、动画、粒子系统等作为 MultiTarget 的子对象就能实现和官方案例同等的效果，如图 3-65 所示。

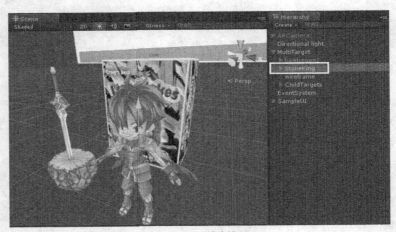

▲图 3-65　替换模型

> **说明**　不管想要实现什么样的效果，都需要将模型作为 MultiTarget 的子对象才可以，否则在其他的对象关系下，是不会实现扫描立方体就生成该模型的效果。

通过上面的介绍，相信读者都能发现，多目标识别是通过立方体来实现的，而每一个立方体又是由 6 个面组成，也就是说多目标识别的本质还是图片识别。并且相对于圆柱体识别来说，多目标识别从不同的面看上去，看到的场景是不同的。而圆柱体是一个整体的场景，也就是说它只是一个面。

上面对于多目标的识别已经介绍完毕，总体来说还是一种较为简单的识别方式。因为多目标识别是基于立方体的 6 个面，这种形式可以用在包装盒上，而现在的包装盒最基本的图片识别就已经足够了，所以市面上的应用较少。

相反，其实多目标识别可以应用在游戏当中，由于它的原理是通过扫描现实中的物体，然后生成虚拟的物体，在手机或平板这些终端上呈现是虚拟物体和现实物体相遮挡的最终效果。利用它这一点虚实遮挡的功能，再加上物理引擎，这样可以通过模拟游戏场景来使最终的效果呈现更加真实。

3.5　标记框架案例详解

Vuforia 官方中的许多案例都是基于图片特征的检测和追踪，除此之外还提供一种将标记框架图像的边界进行二进制编码并成为框架的唯一标识，这样会使框架图像扫描起来更加自然。接下来笔者将详细讲解其相关内容。

3.5.1　运行效果

在官方标记框架案例中一共有 4 张图片，每个图片上方放置着不同的 3D 物体。细心地读者会发现这 4 张图片是一样的。而这也正是笔者想提醒读者的，标记框架这项技术的优点就是不需要将图片上传至官网再下载数据包，而是直接读取图片的 ID 编号。案例效果如图 3-66 所示。

▲图 3-66　标记框架运行效果

3.5.2　开发流程

细心的读者会发现当摄像机扫描图片时，整张图片的外部边框是不同的，这也就是前面笔者提到的整张图片的唯一 ID。该技术在商业的用途不是特别广泛，除非是特别的需求。下面笔者将详细讲解案例的开发过程，使得读者更加熟练地掌握该技术。

（1）打开 Unity3D 游戏开发引擎，将 Vuforia SDK 导入 Unity。删除场景中自带的 Camera，将 Prefabs 文件夹中的 ARCamera 预制件拖曳进场景中。登录 Vuforia 官方，获取 License Key，将其复制到 ARCamera 游戏对象 Vuforia Behavior 组件下的 Key 位置。

（2）在 Prefabs 文件夹中找到 FrameMarker 预制件，将其拖曳进游戏组成对象列表。利用快捷键 Ctrl+D 快速创建 4 个相同的游戏对象，修改其名称由 FrameMarker0 到 FrameMarker3，在其每个图片上方摆放不同的 3D 物体（官方利用的 4 个字母）。

（3）接下来是重点部分，选中任意一个 FrameMarker 游戏对象，观察其属性列表，如图 3-67 所示。在 Marker Behaviour 组件下有一个 Marker ID，该 ID 号与框架图片的 ID 号是相对应的（官方提供 512 张标记框架图片）。

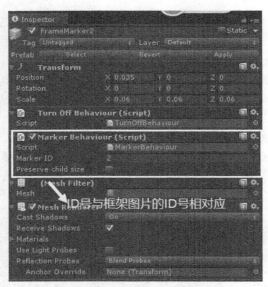

▲图 3-67　Marker Behaviour 组件

3.6 文字识别案例详解

官方的文字识别案例只可以识别英文，官方一共提供了大约十万个常用的单词列表。该技术目前只支持打印和印刷的字体，无论是粗体、斜体还是正常字体。通过该技术虽然不可以将英文翻译过来，但是可以将识别到的单词区别开来。

3.6.1　运行效果

将官方案例导入进 Unity，添加 License Key 之后导出 APK。运行到手机扫描一系列的英文文章或者单词，笔者这里扫描的是 Vuforia 官网中 Library 下的文章，扫描效果如图 3-68 和图 3-69 所示。每行只存在一个单词。除此之外，开发人员还可以额外添加英语单词。

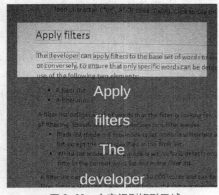

▲图 3-68　文字识别矩形区域

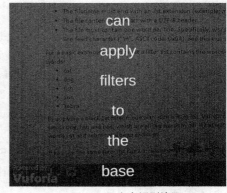

▲图 3-69　文字识别效果

3.6.2 开发流程

细心的读者会发现在案例运行效果中，文字识别会在检测到的英语单词周围画上包围框，在检测和追踪矩形区域下方会出现所识别到的英语单词。下面笔者将详细讲解该案例，使读者尽快的掌握该技术，既可以单独开发一款 App 也可以与其他功能结合使用。

（1）打开 Unity 3D 游戏开发引擎，将 Vuforia SDK 导入 Unity。删除场景中自带的 Camera，将 Prefabs 文件夹中的 ARCamera 预制件拖曳进场景中。登录 Vuforia 官方，获取 License Key，将其复制到 ARCamera 游戏对象 Vuforia Behavior 组件下的 Key 位置。

（2）在官方案例中会有一个文字识别界面，该界面是由 UGUI 搭建而成。Unity 的相关知识读者可以参考其他相关书籍，笔者在这里不在赘述。游戏对象组成列表如图 3-70 所示，搭建效果如图 3-71 所示。其中的 Word 在文字识别中将会被检测到的英文代替。

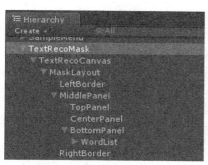

▲图 3-70 游戏对象组成列表

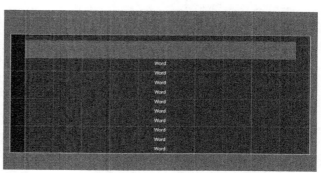

▲图 3-71 UI 界面效果

（3）在新建的场景中将 TextRecognition 预制件拖入进场景中时会出现如图 3-72 所示的警告。这时开发人员只需要从官方案例中 Assets\StreamingAssets\QCAR 目录下将 Vuforia-English-word 复制进该项目中，该文件必须放置于同样的目录文件夹中，否则 SDK 无法识别，效果如图 3-73 所示。

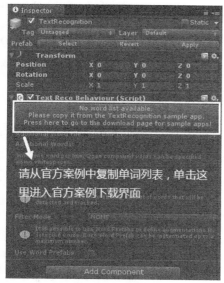

▲图 3-72 没有单词列表警告

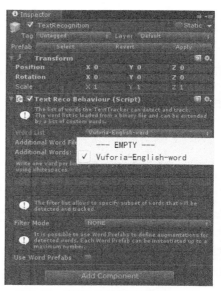

▲图 3-73 将默认的单词列表复制进项目

（4）在开发过程中开发人员还可以额外添加单词列表，将列表的后缀修改为.lst 即可，有需要的读者可以参考前面章节详细的列表规则。除此之外，还可以为其添加设置过滤模式的单词列表，选择过滤模式并选择相应的单词列表，如图 3-74 所示。

（5）在 TextRecognition 游戏对象上挂载有 Text Event Handler 脚本，其是处理文字识别功能的主要脚本，在该脚本下需要将前面搭建的文字识别画布挂载到 Text Reco Canvas 中，如图 3-75 所示。该脚本的代码如下所示。

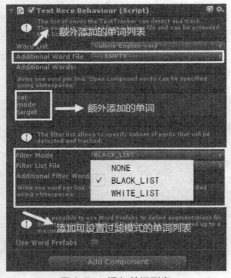

▲图 3-74　添加单词列表

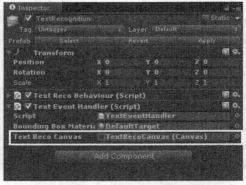

▲图 3-75　挂载文字识别画布

代码位置: 见官方案例 ImageTargets-5-5-9.unitypackage 下的 Assets/Scripts/ TextEventHandler.cs

```
1    ......//此处省略了一些导入相关类的代码，读者可自行查阅官方案例中的源代码
2    public class TextEventHandler : MonoBehaviour, ITextRecoEventHandler,
3      IVideoBackgroundEventHandler{                //继承这两个接口，实现其相关方法
4      private float mLoupeWidth = 0.9f;                  //屏幕中查询文字框架的宽度
5      private float mLoupeHeight = 0.15f;                //屏幕中查询文字框架的高度
6      private float mBBoxLineWidth = 3.0f;         //被识别单词四周组成矩形线的宽度
7      ......//此处省略了部分声明变量的代码，读者可自行查阅官方案例中的源代码
8      public void Start(){                                    //重写 Start 方法
9      mBoundingBoxTexture = new Texture2D(1, 1, TextureFormat.ARGB32, false);
                                                         //创建文字边框
10     mBoundingBoxTexture.SetPixel(0, 0, mBBoxColor);        //设置边界框的像素颜色
11     mBoundingBoxTexture.Apply(false);
12     mBoundingBoxMaterial = new Material(boundingBoxMaterial); //设置材质球
13     mBoundingBoxMaterial.SetTexture("_MainTex", mBoundingBoxTexture);
                                                         //设置材质球
14     var trBehaviour = GetComponent<TextRecoBehaviour>();
                                                 //获取 TextRecoBehaviour 组件
15     if (trBehaviour){
16       trBehaviour.RegisterTextRecoEventHandler(this); //注册文字识别事件处理监听
17     }                                        //获取 VuforiaBehaviour 组件
18     VuforiaBehaviour vuforiaBehaviour = FindObjectOfType<VuforiaBehaviour>();
19     if (vuforiaBehaviour){
20       vuforiaBehaviour.RegisterVideoBgEventHandler(this);//注册视频背景改变事件监听
21     }
22     mDisplayedWords = textRecoCanvas ? textRecoCanvas.
23     GetComponentsInChildren<Text>(true) : new Text[0]; //初始化用来展示用的单词列表
24     }
25     void Update(){                                         //重写 Update 方法
26       if (mIsInitialized){
27         if (mVideoBackgroundChanged){            //摄像机背景发生改变( 摄像机重新聚焦)
28           TextTracker textTracker = TrackerManager.Instance.GetTracker<TextTracker> ();
```

```
29        if (textTracker != null){              //若获取文字追踪信息后
30          CalculateLoupeRegion();               //绘制识别文字的矩形大小
31          textTracker.SetRegionOfInterest(mDetectionTrackingRect, mDetectionTrac
            kingRect);
32        }                                       //定义查询和追踪文字的面积
33        mVideoBackgroundChanged = false;        //摄像机背景发生变化置为false
34      }foreach (var dw in mDisplayedWords){      //对用来展示的单词列表进行循环
35        dw.text = "";                           //清除上一次的单词记录
36      }
37      int wordIndex = 0;                        //定义单词列表索引
38      foreach (var word in mSortedWords){        //循环刚被识别单词的列表
39        if (word.Word != null && wordIndex < mDisplayedWords.Length){
40          mDisplayedWords[wordIndex].text = word.Word.StringValue;
                                                  //获取读取到的单词
41        }
42        wordIndex++;                            //索引自加
43    }}}
44    public void OnInitialized(){                //当文字识别完成初始化后被调用
45      ......//此处省略了具体实现代码，将在后面进行详细讲解
46    }
47    public void OnWordDetected(WordResult wordResult){//当每个新单词被检测到时调用该方法
48      ......//此处省略了具体实现代码，将在后面进行详细讲解
49    }
50    public void OnWordLost(Word word){           //当检测丢失文字时
51      ......//此处省略了具体实现代码，将在后面进行详细讲解
52    }
53    private void RemoveWord(Word word){          //当移除单词时调用的方法
54      ......//此处省略了具体实现代码，将在后面进行详细讲解
55    }
56    private bool ContainsWord(Word word){        //是否在刚被检测到的单词列表中
57      ......//此处省略了具体实现代码，将在后面进行详细讲解
58    }
59    private void CalculateLoupeRegion(){         //定义用来追踪和检测单词的矩形
60      ......//此处省略了具体实现代码，将在后面进行详细讲解
61    }}
```

❏　第 1-7 行导入相关类并且声明一些查询文字边框的变量，由于篇幅限制，在此笔者省略了部分变量，读者可以参考官方案例中的源代码。

❏　第 8-12 行重写 Start 方法，对扫描文字边界框的变量以及其颜色、材质球进行初始化。

❏　第 13-17 行对边界框材质球的 Texture 进行初始化，获取 TextRecoBehaviour 组件，并且注册文字识别事件处理监听。

❏　第 18-21 行获取 VuforiaBehaviour 组件，并注册视频背景改变事件监听。

❏　第 22-24 行初始化用来展示用的单词列表，使其在文字识别扫描完成后展示在屏幕中。

❏　第 25-32 行重写 Update 方法，获取文字追踪信息后绘制识别文字的矩形大小，并且定义查询和追踪文字矩形的面积。

❏　第 33-36 行当摄像机背景发生变化时，对用来展示的单词列表进行循环，以用来清除上一次的单词记录，使其不影响下一次的文字展示。

❏　第 37-43 行循环刚被识别单词的列表，以此对用来展示单词的列表进行赋值。

❏　第 44-52 行定义了当文字识别完成初始化以及每个新单词被检测到时调用的一些方法，由于篇幅限制，相关代码笔者将在下面详细讲解。

❏　第 53-61 行定义了将单词移除单词列表的方法、检测到的方法是否包含在刚被检测到的单词列表中，以及用来追踪和检测所识别单词的矩形的方法。

（6）上述简介了 TextEventHandler 脚本中的部分方法，其中定义的一些变量在 Start 方法中已经被初始化。其部分方法笔者只是简单介绍了其主要作用，并没有详细讲解其主要实现方法。下面笔者将详解讲解其相关内容，具体代码如下。

代码位置：见官方案例 ImageTargets-5-5-9.unitypackage 下的 Assets/Scripts/ TextEventHandler.cs

```
1    public void OnInitialized(){                 //当文字识别完成初始化后被调用
```

```
2         CalculateLoupeRegion();                                  //绘制识别文字矩形
3         mIsInitialized = true;                                   //初始化完成标志位置为 true
4     }
5   public void OnWordDetected(WordResult wordResult){//当每个新单词被检测到时调用该方法
6       var word = wordResult.Word;
7       if (ContainsWord(word))                                    //当单词列表包含该单词时
8         AddWord(wordResult);                                     //调用添加单词方法
9   }
10  public void OnWordLost(Word word){                             //定义文字丢失方法
11      if (!ContainsWord(word))                                   //当不包含在刚被检测到的列表中时
12        RemoveWord(word);                                        //将所检测到的单词移除
13  }
14  private void RemoveWord(Word word){                            //移除单词的方法
15      for (int i = 0; i < mSortedWords.Count; i++){              //对刚被检测到的列表进行检测
16        if (mSortedWords[i].Word.ID == word.ID){                 //当单词 ID 相同时
17          mSortedWords.RemoveAt(i);                              //将所检测的单词移除
18          break;
19  }}}
20  private bool ContainsWord(Word word){                          //是否在刚被检测到的单词列表中
21      foreach (var w in mSortedWords)                            //对该列表进行遍历
22        if (w.Word.ID == word.ID)
23          return true;                                           //若存在则返回 true
24          return false;                                          //否则返回 false
25  }
26  private void CalculateLoupeRegion(){                           //定义用来追踪和检测单词的矩形
27      var loupeWidth = mLoupeWidth * Screen.width;               //查询文字矩形的宽度
28      var loupeHeight = mLoupeHeight * Screen.height;            //查询文字矩形的高度
29      var leftOffset = (Screen.width - loupeWidth) * 0.5f;       //定义左上角的偏移量并绘制矩形
30      var topOffset = leftOffset;
31      mDetectionAndTrackingRect = new Rect(leftOffset, topOffset, loupeWidth,
    loupe Height);
32  }
```

❑　第 1-4 行定义文字识别完成初始化的方法，绘制识别文字矩形并将初始化完成标志位置为 true。

❑　第 5-9 行定义当每个单词被检测到时所调用的方法，当单词列表包含该单词调用添加单词方法。

❑　第 10-13 行定义文字丢失方法，不包含在刚被检测到的列表中时将所检测到的单词移除。

❑　第 14-19 行定义移除单词列表的方法，对列表进行循环遍历，单词的 ID 号相同时则将单词移除。

❑　第 20-25 行定义是否列表中包含该单词的方法，将所检测到的单词传至该方法，对该列表进行遍历，当单词 ID 号相同时返回 true，否则返回 false。

❑　第 26-32 行定义用来追踪和检测单词的矩形，定义其矩形的高度和宽度，根据其左上角以及上方的偏移量绘制文字查询矩形的形状。

> ✏️ 说明　　由于篇幅限制，笔者只是讲解了重要的实现方法，还有部分代码读者可以参考官方案例中脚本的具体实现代码。

3.7　自定义目标识别案例详解

自定义目标识别，顾名思义就是允许用户自己选择什么样的画面作为识别目标。在这一节中笔者将开始对 Vuforia 官方提供的用户自定义目标识别案例进行详细介绍，其中包括官方案例运行效果的展示以及对其中关键脚本的讲解。

3.7.1 运行效果

首先读者需要打开官方提供的工程文件，并在 Vuforia 官网上获取 License Key，将其添加在案例中 ARCamera 对象下的 App License Key 中，并导出 APK 安装到手机上运行。该案例中读者可以将手机摄像头拍摄到的画面作为识别画面，从而显示茶壶模型，案例效果如图 3-76 和图 3-77所示。

▲图 3-76　拍摄效果

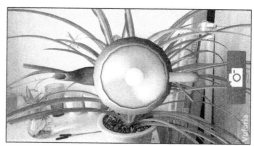

▲图 3-77　识别效果

3.7.2 开发流程

前面笔者向读者展示了官方用户自定义目标识别案例的运行效果，下面笔者将对官方案例中如何实现这个效果进行讲解，并且会展示出如何仿照官方案例制作一个简单的用户自定义目标识别的程序。这个程序仅实现了对目标识别的功能，其中对官方案例中的 UI 界面的搭建以及错误信息的处理有兴趣的读者可以查看官方案例的工程进行学习，这里将不过多赘述，案例制作流程如下。

（1）首先需要新创建一个工程，并将 Vuforia 的 SDK 导入到 Unity 集成开发环境当中，并将官方提供的 3 个预制件添加到场景中，其分别为 "ARCamera" "ImageTarget" "UserDefinedTargetBuilder"，然后再使用 UGUI 在屏幕中创建一个 Button 控件，来当做拍摄按钮，完成后如图 3-78 所示。

（2）之后向项目中添加一个需要被显示的模型，并使其成为 ImageTarget 的子对象。单击 ImageTarget 对象，在其 Inspector 面板中将 Image Target Behavior 组件下的 Type 修改为 "User Defined"，并在下面的 Target Name 中为目标命名，如图 3-79 所示。

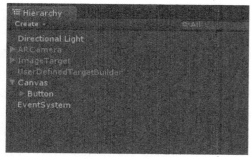

▲图 3-78　添加预制件

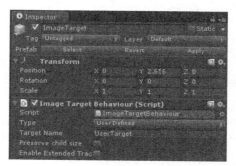

▲图 3-79　修改 ImageTarget 组件参数

（3）用户自定义目标案例需要用户编写脚本来配合使用才能够发挥作用，下面笔者将对官方案例中相关的脚本进行讲解，首先讲解的是 UDTEventHandler 脚本，该脚本主要实现对数据集的创建以及对可识别目标的添加等功能，是本案例最重要的脚本代码，代码的具体框架如下。

代码位置：见官方案例 UserDefinedTargets-5-5-9.unitypackage 下的 Assets/Scripts/UDTEvent Handler.cs

```
1    ......//此处省略了一些导入相关类的代码，读者可自行查阅官方案例中的源代码
2    public class UDTEventHandler : MonoBehaviour, IUserDefinedTargetEventHandler{
3      public ImageTargetBehaviour ImageTargetTemplate;    //ImageTarget 脚本
4      public int LastTargetIndex{                          //最新的目标的索引
5        get { return (mTargetCounter - 1) % MAX_TARGETS; }
6      }
7      private const int MAX_TARGETS = 5;                   //数据集所能存储的最大目标数量
8      private UserDefinedTargetBuildingBehaviour mTargetBuildingBehaviour;
9      private QualityDialog mQualityDialog;                //照片质量提示窗口
10     private ObjectTracker mObjectTracker;                //物体追踪器
11     private DataSet mBuiltDataSet;           //定义数据集，需要被识别的目标将会被存储在其中
12     private ImageTargetBuilder.FrameQuality mFrameQuality =
13     ImageTargetBuilder.FrameQuality.FRAME_QUALITY_NONE;//判断画面是否适合被制作成目标
14     private int mTargetCounter;                          //图像目标的数量
15     private TrackableSettings mTrackableSettings;        // TrackableSettings 脚本
16     public void Start() {
17       ....../该方法主要负责对事件进行注册以及帧画面质量提示窗口的设置，在后面会详细介绍
18     }
19     public void OnInitialized (){
20       ....../该方法主要负责对追踪器的获取以及数据集的创建，在后面会详细介绍
21     }
22     public void OnFrameQualityChanged(ImageTargetBuilder.FrameQuality frameQuality){
23       mFrameQuality = frameQuality;                      //获取帧画面质量
24       if (mFrameQuality == ImageTargetBuilder.FrameQuality.FRAME_QUALITY_LOW){
25         Debug.Log("Low camera image quality");           //如果质量过低，打印提示信息
26     }}
27     public void OnNewTrackableSource(TrackableSource trackableSource){
28       ....../该方法主要负责对新的追踪源进行添加，以及对旧追踪源的删除，在后面会详细介绍
29     }
30     public void BuildNewTarget(){
31       ....../该方法主要负责用户单击拍摄按钮后对新目标的构建，在后面会详细介绍
32     }
33     public void CloseQualityDialog(){                    //负责对信息提示窗口的关闭
34       if (mQualityDialog) mQualityDialog.gameObject.SetActive(false);
35     }
36     private void StopExtendedTracking(){
37       ....../该方法主要负责对拓展追踪的设置，有兴趣的读者可以查看官方脚本进行学习
38   }}
```

❑　第 3-15 行主要负责对各种变量的定义，其中包括多个脚本的引用，例如 QualityDialog、ImageTargetBehaviour 和 TrackableSettings。还有设置数据集中可存储的目标数量、物体追踪器以及图像质量等。

❑　第 16-18 行重写 Start 方法，当脚本被加载时会被调用，负责对事件回调进行注册以及对帧画面质量提示窗口的隐藏，当画面可识别率较低时才会被显示。

❑　第 19-21 行 OnInitialized 方法会获取物体追踪器，并创建数据集，使用时动态创建的可追踪目标都会被存储在数据集中。

❑　第 22-26 行 OnFrameQualityChanged 方法会在程序运行时被定期调用，用来检测当前画面帧的质量是否过低，如果质量过低就会打印相关提示信息。

❑　第 27-32 行两个函数相关联，当执行到其中的 BuildNewTarget 函数时，OnNewTrackable Source 脚本也会被调用，其具体功能会在后面进行详细介绍。

❑　第 33-38 行中 CloseQualityDialog 函数负责控制画面帧质量提示界面的关闭，在官方案例中单击画面帧质量提示界面中的关闭按钮就会调用此方法。StopExtendedTracking 函数用来控制拓展追踪的开启与关闭，有兴趣的读者可以参考官方案例脚本进行学习。

（4）下面笔者将详细介绍 UDTEventHandler 脚本中的 Start 函数，该函数在脚本被加载后会被调用，负责事件监听回调的注册以及提示界面的关闭，具体代码如下。

代码位置：见官方案例 UserDefinedTargets-5-5-9.unitypackage 下的 Assets/Scripts/UDTEvent

Handler.cs

```
1    public void Start(){
2     mTargetBuildingBehaviour = GetComponent
3     <UserDefinedTargetBuildingBehaviour>();    //获取UserDefinedTargetBuilding
       Behaviour组件
4     if (mTargetBuildingBehaviour){
5      mTargetBuildingBehaviour.RegisterEventHandler(this);//如果存在就对其进行事件注册
6      Debug.Log("Registering User Defined Target event handler."); //打印注册信息
7     }
8     mTrackableSettings = FindObjectOfType<TrackableSettings>();
                                                    //获取Trackable Settings脚本
9     mQualityDialog = FindObjectOfType<QualityDialog>();     //获取带有Quality
       Dialog的对象
10    if (mQualityDialog){mQualityDialog.gameObject.SetActive(false);
                                                    //关闭画面帧质量提示界面
11    }}
```

> **说明** 首先获取UserDefinedTargetBuildingBehaviour组件，然后调用其RegisterEvent Handler函数来对事件处理进行注册，其参数中的脚本需要继承IuserDefinedTarget Event Handler，当UserDefinedTargetBuildingBehaviour被初始化成功后就会调用该脚本中的OnInitialized函数。TrackableSettings脚本与案例的UI界面有关，这里不进行讲解。最后获取带有QualityDialog脚本的对象，并将画面帧质量提示界面关闭。

（5）下面笔者将讲解UDTEventHandler脚本中的OnInitialized函数。该函数主要负责对程序中对象追踪器的获取以及数据集的操作，具体脚本如下。

代码位置：见官方案例UserDefinedTargets-5-5-9.unitypackage下的Assets/Scripts/UDTEvent Handler.cs

```
1    public void OnInitialized (){
2     mObjectTracker = TrackerManager.Instance.GetTracker<ObjectTracker>();
                                                    //获取对象追踪器
3     if (mObjectTracker != null){
4      mBuiltDataSet = mObjectTracker.CreateDataSet();     //创建新的数据集
5      mObjectTracker.ActivateDataSet(mBuiltDataSet);      //激活数据集
6     }}
```

> **说明** 当UserDefinedTargetBuildingBehaviour被初始化成功后就会调用OnInitialized函数。首先从追踪器管理类中获取对象追踪器，这样程序才能识别现实世界中的图像，然后创建一个数据集并激活，在后面动态添加的可追踪目标都会存储在其中。

（6）下面笔者将讲解UDTEventHandler脚本中的OnFrameQualityChanged函数。该函数每当UserDefinedTargetBehaviour报告一次画面帧质量的时候就会被调用，具体代码如下。

代码位置：见官方案例UserDefinedTargets-5-5-9.unitypackage下的Assets/Scripts/UDTEvent Handler.cs

```
1    public void OnFrameQualityChanged(ImageTargetBuilder.FrameQuality frameQuality){
2     mFrameQuality = frameQuality;                //获取当前画面的质量
3     if (mFrameQuality == ImageTargetBuilder.FrameQuality.FRAME_QUALITY_LOW){
4      Debug.Log("Low camera image quality");      //如果画面质量过低就打印提示信息
5     }}
```

> **说明** OnFrameQualityChanged函数的参数就是当前获取的画面帧的质量，这个函数会被自动调用，不需要读者对其进行手动调用，获取画面帧的质量后会与图像目标构建器中的枚举变量FrameQuality中的变量进行对比，如果质量过低就会在后台打印相关信息。

（7）下面笔者将讲解UDTEventHandler脚本中的OnNewTrackableSource函数，该函数负责将

新的目标添加到数据集中，当开发人员使用 UserDefinedTargetBuildingBehaviour 脚本的 BuildNewTarget 函数构建新的目标时就会被自动调用，具体代码如下。

代码位置：见官方案例 UserDefinedTargets-5-5-9.unitypackage 下的 Assets/Scripts/UDTEventHandler.cs

```
1    public void OnNewTrackableSource(TrackableSource trackableSource){
2      mTargetCounter++;                                       //当前目标数量增加
3      mObjectTracker.DeactivateDataSet(mBuiltDataSet);    //首先停用数据集
4      if (mBuiltDataSet.HasReachedTrackableLimit() || mBuiltDataSet.GetTrackables().
       Count()
5      >= MAX_TARGETS){      //当数据集中已存在 5 个自定义目标或者数据集满了就删除最先存储的目标
6        IEnumerable<Trackable> trackables = mBuiltDataSet.GetTrackables();
                                                              //获取所有可追踪目标
7        Trackable oldest = null;
8        foreach (Trackable trackable in trackables){        //遍历其中所有可追踪的目标
9          if (oldest == null || trackable.ID < oldest.ID)      oldest = trackable;
                                                              //判断当前目标是否是最旧的
10       }
11       if (oldest != null){                              //如果存在最旧的可追踪目标
12         Debug.Log("Destroying oldest trackable in UDT dataset: " + oldest.Name);
                                                              //打印删除信息
13         mBuiltDataSet.Destroy(oldest, true);              //将可追踪目标从数据集中删除
14     }}
15     ImageTargetBehaviour imageTargetCopy = (ImageTargetBehaviour)Instantiate
       (Image TargetTemplate);
16     imageTargetCopy.gameObject.name = "UserDefinedTarget-" + mTargetCounter;
17     mBuiltDataSet.CreateTrackable(trackableSource, imageTargetCopy.gameObject);
18     mObjectTracker.ActivateDataSet(mBuiltDataSet);       //激活数据集
19     StopExtendedTracking();                              //停止拓展追踪
20     mObjectTracker.Stop();                               //停止追踪器
21     mObjectTracker.ResetExtendedTracking();              //重置拓展追踪
22     mObjectTracker.Start();                              //开启追踪器
23   }
```

❑　第 2-3 行该函数每被调用一次计数器就自加，并关闭数据集准备添加数据。因为该函数每当 BuildNewTarget 函数被调用时就会被调用，也就意味着每被调用一次就需要向数据集中添加一个可追踪的目标。

❑　第 4-14 行首先判断当前数据集是否存满或当前数据集中可追踪的目标数量是否大于预定值。如果符合条件就获取所有的可追踪的目标，并根据 ID 来判断当前目标是否是最早被添加进来的，如果找到就通过 Destroy 函数来销毁目标，使用该函数时数据集必须被停用。

❑　第 15-18 行首先按照场景中的 ImageTargetTemplate 为模板来实例化一个新的图像目标，并为这个目标进行命名，通过 CreateTrackable 函数创建一个可追踪目标并激活数据集。

❑　第 19-23 行是对拓展追踪的设置，由于目前版本用户自定义目标仅支持对一个目标实现拓展追踪，所以，当用户添加新的目标时就需要将拓展追踪和追踪器关闭，并对拓展追踪进行重置。

（8）脚本编辑完成后保存并将其挂载到 UserDefinedTargetBuilder 对象上，并将 ImageTarget 对象挂载到脚本上，如图 3-80 所示。由于本节制作的案例并没有官方案例那么完善，关于 UI 以及拓展追踪都没有添加，所以需要对官方的 UDTEventHandler 脚本中的部分内容进行删减后方可使用。

（9）完成后需要为场景中的拍摄按钮添加按钮监听，单击 Button 控件并在其 Inspector 面板的 Button 组件中添加监听方法，本案例中需要当用户单击按钮之后会调用 UDTEventHandler 脚本中的 BuildNewTarget 函数，如图 3-81 所示。

（10）完成后只需要在 ARCamera 对象上添加许可密钥即可导出 APK 并在手机端运行该应用程序，如果读者想要学习官方提供的更加完善的程序，可到 Vuforia 官网中下载当前最新版本的官方案例来参考学习。

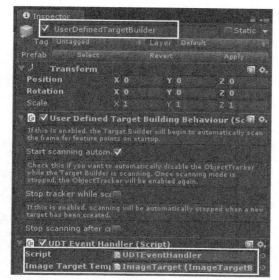

▲图 3-80 挂载脚本

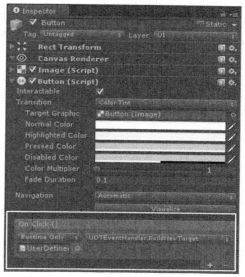

▲图 3-81 UDTEventHandler 脚本

3.8 虚拟按钮案例详解

虚拟按钮是一种对增强现实程序的一种辅助功能，其最大的特点是，用户可以通过对现实中识别目标的特定区域的特征点进行遮挡，从而可以影响到应用程序的运行效果。在这一节中将开始对 Vuforia 官方提供的虚拟按钮案例进行详细介绍。

3.8.1 运行效果

首先读者需要打开官方提供的工程文件，并在 Vuforia 官网上获取 License Key（许可密钥），将其添加在案例中 ARCamera 对象下的 App License Key 中，并导出 APK 安装到手机上运行。该案例中可以将手指放在图片的不同颜色区域，从而可以改变茶壶的颜色。也可以将手指放置在屏幕中足球模型的位置，可以踢动场景中的足球模型，案例效果如图 3-82 和图 3-83 所示。

▲图 3-82 踢足球

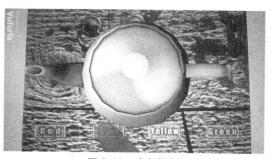

▲图 3-83 改变茶壶颜色

3.8.2 开发流程

前面向读者展示了官方虚拟按钮案例的运行效果，下面将对官方案例中如何实现这个效果进行讲解，并且会展示出如何使用 Vuforia SDK 插件来仿照官方案例制作一个简单的虚拟按钮案例。案例的具体制作过程如下。

（1）首先需要新创建一个工程，并将 Vuforia 的 SDK 导入到 Unity 集成开发环境当中，并将官方提供的 3 个预制件添加到场景中，其分别为"ARCamera""ImageTarget""VirtualButton"，以及需要变色的茶壶模型。完成后 Hierarchy 面板结构如图 3-84 所示。

（2）完成后，读者将需要被识别的两张图片分别在 Vuforia 官网中上传到同一个数据库中并下载下来，将其导入到 Unity 工程当中。设置 ImageTarget 对象的数据集以及可识别图像目标，如图 3-85 所示。最后将各个虚拟按钮调整其为合适的大小，遮挡图片中对应的颜色特征区，如图 3-86 所示。

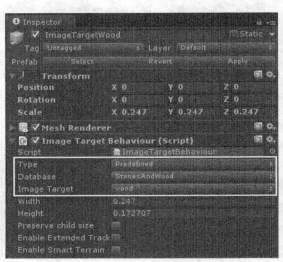

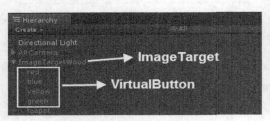

▲图 3-84　结构图　　　　　　　　　　　　　　　▲图 3-85　设置图片目标

（3）摆放完成后，为每一个虚拟按钮按其代表的颜色命名，这样在后面通过脚本代码来获取到虚拟按钮时，便能够根据它们的名字来区别它们所代表的颜色，单击虚拟按钮对象，在其 Inspector 面板中的 Virtual Button Behavior 组件下修改 Name 参数的内容，如图 3-87 所示。

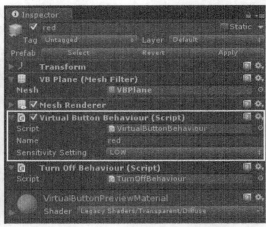

▲图 3-86　放置茶壶和虚拟按钮　　　　　　　　　▲图 3-87　VirtualButton 组件参数

（4）下面就需要开发人员来编写事件处理脚本，使得当用户选择不同的颜色时，程序中的茶壶模型能够变化成相应的颜色。这里所讲述的是官方案例中所包含的脚本——"VirtualButton EventHandler"，下面将详细介绍脚本的具体内容，具体代码如下。

代码位置: 见官方案例 VirtualButtons-5-5-9.unitypackage 下的 Assets/Scripts/ VirtualButtonEvent Handler.cs

```
1    ......//此处省略了一些导入相关类的代码,读者可自行查阅官方案例中的源代码
2    public class VirtualButtonEventHandler : MonoBehaviour,
3                                             IVirtualButtonEventHandler{
4      public Material[] m_TeapotMaterials;           //材质数组,存储不同的茶壶材质
5      private GameObject mTeapot;                     //茶壶游戏对象
6      private List<Material> mActiveMaterials;        //用来存放已激活的材质的列表
7      void Start(){
8        VirtualButtonBehaviour[] vbs =
9          GetComponentsInChildren<VirtualButtonBehaviour>();
                                               //获取 VirtualButton Behaviour 组件
10       for (int i = 0; i < vbs.Length; ++i){          //遍历所有组件
11         vbs[i].RegisterEventHandler(this);           //对该脚本进行注册
12       }
13       mTeapot = transform.FindChild("teapot").gameObject;  //获取茶壶游戏对象
14       mActiveMaterials = new List<Material>();        //实例化列表
15     }
16     public void OnButtonPressed(VirtualButtonAbstractBehaviour vb){
                                               //当虚拟按钮被按下时调用
17       Debug.Log("OnButtonPressed: " + vb.VirtualButtonName);  //打印相关信息
18       if (!IsValid()){return;}                       //判断茶壶、材质等是否为空
19       switch (vb.VirtualButtonName){                 //判断被按下的按钮的名称
20         case "red":
21           mActiveMaterials.Add(m_TeapotMaterials[0]);break;
                                               //如果是红色就将红色材质放入列表
22         ......//这里省略了其他颜色材质的移除代码,有兴趣的读者可以参考官方案例中的脚本
23       }
24       if (mActiveMaterials.Count > 0)                //如果列表中有材质
25         mTeapot.GetComponent<Renderer>().material =
26         mActiveMaterials[mActiveMaterials.Count - 1];  //切换当前茶壶的材质
27     }
28     public void OnButtonReleased(VirtualButtonAbstractBehaviour vb){
                                               //当虚拟按钮被释放时调用
29       if (!IsValid()){return;}                       //判断茶壶、材质等是否为空
30       switch (vb.VirtualButtonName){                 //判断被按下的按钮的名称
31         case "red":                                  //如果是红色按钮
32           mActiveMaterials.Remove(m_TeapotMaterials[0]);break;
                                               //将红色材质从列表中移除
33         ......//这里省略了其他颜色材质的移除代码,有兴趣的读者可以参考官方案例中的脚本
34       }
35       if (mActiveMaterials.Count > 0)                //如果还有被激活的材质
36         mTeapot.GetComponent<Renderer>().material =
37         mActiveMaterials[mActiveMaterials.Count - 1];  //切换茶壶材质
38       else
39         mTeapot.GetComponent<Renderer>().material =
40         m_TeapotMaterials[4];                        //没有就切换为默认材质
41     }
42     private bool IsValid(){
43       return m_TeapotMaterials != null &&
                                 //判断材质是否为空,数量是否为 5,是否获取到茶壶对象
44         m_TeapotMaterials.Length == 5 &&
45           mTeapot != null;
46   }}
```

❑ 第 2-6 行首先本脚本继承了 **IVirtualButtonEventHandler** 接口,该接口中定义了两个方法,需要在该脚本中进行实现,分别为 **OnButtonPressed** 和 **OnButtonReleased** 函数,当虚拟按钮被按下或释放时自动调用相应的函数,并声明了 3 个变量用来获取茶壶和不同的材质。

❑ 第 7-16 行重写了 Start 函数,当脚本被加载之后会被调用,首先会获取所有虚拟按钮上的 **VirtualButtonBehaviour** 组件,并对本类进行注册,当虚拟按钮状态发生改变时会调用该脚本中的 **OnButtonPressed** 或 **OnButtonReleased** 函数,然后获取茶壶游戏对象。

❑ 第 17-28 行首先调用 IsValid 函数来判断茶壶对象是否被获取、材质是否被添加,并且数量为 5 个。如果都没有问题就使用 Swith 根据不同的虚拟按钮来将相应的材质添加到列表中,并在最后为茶壶游戏对象更换材质。

❑　第 29-42 行当按钮被释放后会被调用，首先也是调用 IsValid 函数来判断条件是否齐备，然后使用 Swtich 来根据所获取的不同按钮从列表中删除相应的材质，最后为茶壶更改材质。

❑　第 43-47 行 IsValid 用来检查材质是否被添加（本案例中材质需要读者自己手动添加），是否添加了 5 个材质并且是否获取到了茶壶游戏对象，并返回相应的布尔值。

（5）官方案例中不仅可以更改茶壶的材质，还有一个图片目标，当程序识别到该图像时会在屏幕上出现一个足球模型，用户触摸小球可以将小球弹开，下面笔者将介绍如何开发此功能。这里就需要使用到前面添加到数据集中的另一张图片。在场景中再添加一个图片目标并将图像设置为另一张图片，如图 3-88 所示。

（6）添加完后，为了防止足球会脱离图片的区域，官方案例中在图片目标的四周添加了 4 个碰撞器防止足球飞出可视区域，如图 3-89 所示。完成后将准备好的足球模型添加到场景中，使其成为图片目标的子对象并摆放在图片的中间，调整为合适的大小，如图 3-90 所示。

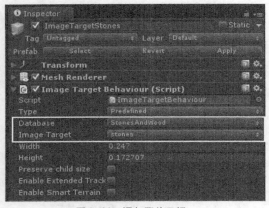
▲图 3-88　添加图片目标

▲图 3-89　添加碰撞器

▲图 3-90　添加足球模型

（7）完成后需要为足球模型添加球体碰撞器和刚体，使足球在受到力后能够产生正确的物理运动。再次添加一个虚拟按钮，使其成为足球对象的子对象并调整其大小和位置，在足球模型的正下方，如图 3-91 所示。最后在虚拟按钮的 Virtual Button Behavior 组件中设置该虚拟按钮的名字，如图 3-92 所示。

（8）完成后还需要编写脚本，当用户手指处于虚拟按钮的区域内时，对足球模型施加一个随机方向的力来踢开足球，官方案例中该脚本叫做"VBSoccerballEventHandler"，下面将对该脚本进行详细地讲解，具体代码如下。

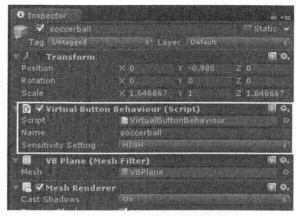

▲图 3-91　摆放虚拟按钮　　　　　　　　　　▲图 3-92　修改虚拟按钮名称

代码位置: 见官方案例 VirtualButtons-5-5-9.unitypackage 下的 Assets/Scripts/ VBSoccerballEvent Handler.cs

```
1       ......//此处省略了一些导入相关类的代码，读者可自行查阅官方案例中的源代码
2       public class VBSoccerballEventHandler : MonoBehaviour, IVirtualButtonEventHandler{
3          private GameObject mSoccerball;              //足球游戏对象
4          private bool mIsRolling = false;             //判断球是否在滚动标志位
5          private float mTimeRolling = 0.0f;           //足球滚动时间
6          private float mForce = 0.4f;                 //踢球的力度
7          public void OnButtonPressed(VirtualButtonAbstractBehaviour vb){
                                                        //当按钮被按下时被调用
8            Debug.Log("OnButtonPressed");              //打印信息
9             KickSoccerball();                         //踢球方法
10         }
11         public void OnButtonReleased(VirtualButtonAbstractBehaviour vb){
12            Debug.Log("OnButtonReleased");            //当按钮被释放时打印信息
13         }
14         void Start(){
15           mSoccerball = transform.FindChild("soccerball").gameObject;//获取足球游戏对象
16           VirtualButtonBehaviour vb =                //获取 VirtualButtonBehaviour 组件
17             GetComponentInChildren<VirtualButtonBehaviour>();
18           if (vb){vb.RegisterEventHandler(this);}    //注册事件回调
19             mForce *= transform.localScale.x;        //设置力的大小
20         }
21         void Update(){
22           mTimeRolling += Time.deltaTime;            //叠加足球滚动的时间
23           if (mIsRolling && mTimeRolling > 1.0f &&   //足球滚动、滚动时间大于 1 并且速度小于 5
24             mSoccerball.GetComponent<Rigidbody>().velocity.magnitude < 5){
25               mSoccerball.GetComponent<Rigidbody>().Sleep();   //让刚体休眠，足球停止运动
26               mIsRolling = false;                    //改变滚动标志位
27         }}
28         private void KickSoccerball(){
29           Bounds targetBounds = this.GetComponent<Collider>().bounds;
                                                        //获取图片目标的轴对称边界框
30           Rect targetRect = new Rect( -targetBounds.extents.x,
                                                        //定义一个和目标大小相同的矩形
31             -targetBounds.extents.z,
32             targetBounds.size.x,
33             targetBounds.size.z);
34           Vector2 randomDir = new Vector2();         //定义二维向量、定义足球的受力方向
35           for (int i = 0; i < 20; i++){
36             randomDir = Random.insideUnitCircle.normalized;   //返回单位圆内的随机一个点
37             Vector3 pos = mSoccerball.transform.localPosition *
                                                        //找出足球处于当前目标范围内的位置
38               this.transform.localScale.x;
39             Vector2 finalPos = new Vector2(pos.x, pos.z) +
                                                        //推测如果在当前得到的方向上踢球
40               randomDir * mForce * 1.5f;             //球停下来后所处在的最终位置
41             if (targetRect.Contains(finalPos)){break;}
```

```
                                                     //如果最终位置在图像目标内时，就停止尝试
42            }
43         Vector3 kickDir = new Vector3(randomDir.x, 0, randomDir.y).normalized;
                                                     //确定球的运动方向
44         Vector3 torqueDir = Vector3.Cross(Vector3.up, kickDir).normalized;
                                                     //设置球的扭矩
45         Rigidbody rb = mSoccerball.GetComponent<Rigidbody>();   //获取刚体组件
46         rb.AddForce(kickDir * mForce, ForceMode.VelocityChange); //在给定的方向上施加力
47         rb.AddTorque(torqueDir * mForce, ForceMode.VelocityChange);   //添加扭矩
48         mIsRolling = true;                        //改变滚动标志位
49         mTimeRolling = 0.0f;                      //重置滚动时间
50      }}
```

❏　第 2-6 行首先本类同样继承了 IVirtualButtonEventHandler 接口，并声明了 4 个变量，分别为足球游戏对象、滚动判定标志位、滚动时间变量、踢球力度变量。

❏　第 7-13 行重写 OnButtonPressed 和 OnButtonReleased 两个函数，当虚拟按钮被触摸后调用 KickSoccerball 函数来踢球，虚拟按钮被释放后本案例并不需要做什么，就仅仅打印了一条信息。

❏　第 14-20 行重写 Start 函数，当脚本被加载之后会被调用，首先获取足球游戏对象和虚拟按钮上的 VirtualButtonBehaviour 组件。对本类进行注册，最后设置一个踢球的力度大小。

❏　第 21-27 行重写 Update 函数，该函数在程序运行后的每一帧都会被调用，记录足球滚动的时间，当时间大于 1 并且滚动的速度过小之后就停止足球的滚动。

❏　第 29-34 行首先获取图片目标的矩形区域，并根据这片区域定义一个足球可运动区域。并定义一个变量，用来存储足球受力的方向。

❏　第 35-42 行通过 for 循环来确认踢球的合理方向，首先获取一个二维单位圆内随机的一个点，作为踢球的方向，并根据球当前的位置以及力的方向来推断出足球最终的落点，如果足球在图片矩形区域内，就将当前获取的方向记录下来，作为最终施力方向。

❏　第 43-49 行根据确定的二维方向转换为三维世界中的方向，并获取到足球对象上的刚体组件，通过 AddForce 和 AddTorque 来对足球施加力和力矩，改变滚动判定标志位并重置足球的滚动时间。

（9）编写完成后保存脚本，在官方案例中本节所介绍的两个脚本均被挂载到两个不同的图片目标上，如图 3-93 所示。而且控制茶壶变色的 VirtualButtonEventHandler 脚本还需要在图片目标的 Inspector 面板中手动进行添加材质，添加 5 个即可，如图 3-94 所示。

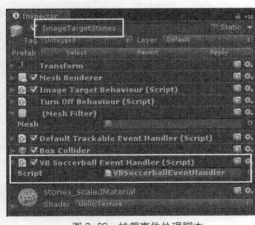

▲图 3-93　挂载事件处理脚本

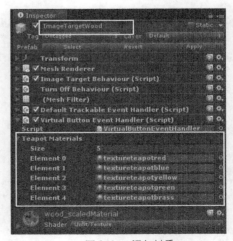

▲图 3-94　添加材质

（10）完成后还需要将 ARCamera 对象下的 Database Load Behaviour 组件中的 Load

StonesAndWood 和 Activate 参数勾选，如图 3-95 所示。最后导出 APK 安装包安装到手机上运行即可，读者如果使用的是 32 版本的 Unity，也可以直接在编辑环境下运行，使用计算机的摄像头。

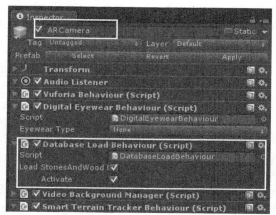

▲图 3-95　修改 ARCamera 参数

3.9　云识别案例详解

云识别功能是 Vuforia 官方提供的在线服务，开发人员只需要将程序中所需要被识别的图片，上传到开发人员在 Vuforia 申请的云数据库中即可，不需要再下载数据集，在这一节中将开始对 Vuforia 官方提供的虚拟按钮案例进行详细介绍。

3.9.1　运行效果

官网提供的云服务案例中，读者只需要在 ARCamer 中添加许可密钥即可导出使用。手机或计算机运行该案例时需要连接网络。识别图片在案例的 Asset/Editor/VuforiaForPrint 文件夹下，运行后就会对屏幕中图像的特征点进行读取并显示在屏幕上，如果匹配成功就显示茶壶模型，如图 3-96 和图 3-97 所示。

▲图 3-96　显示图像特征点

▲图 3-97　显示茶壶模型

3.9.2　开发流程

前面向读者展示了官方云识别案例的运行效果，下面笔者将对官方案例中如何实现这个效果进行讲解，并且会展示出如何使用 Vuforia SDK 插件来仿照官方案例制作一个简单的云识别案例，案例的具体制作过程如下。

（1）首先需要新创建一个工程，并将 Vuforia 的 SDK 导入到 Unity 集成开发环境当中，并将官方提供的 3 个预制件添加到场景中，其分别为"ARCamera""ImageTarget""CloudRecognition"，以及需要变色的茶壶模型。完成后 Hierarchy 面板结构如图 3-98 所示。

（2）单击 ImageTarget 对象，在其 Inspector 面板中将 Image Target Behavior 组件下的 Type 修改为"Cloud Reco"，下面的"Preserve child size"（保持子物体的尺寸）选项对于云识别来说并不会起作用（就目前版本来说），如图 3-99 所示。

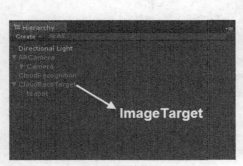

▲图 3-98　结构图

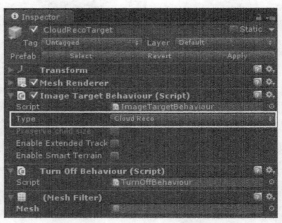

▲图 3-99　修改目标来源类型

（3）为了能够实现功能，读者还需要编写 3 个脚本，这 3 个脚本在官方案例中分别是"CloudRecoEventHandler""CloudRecoTrackableEventHandler"和"ContentManager"。由于 ContentManager 脚本在本案例中并没有重要的作用，所以下面将详细介绍其他两个脚本的代码。

（4）首先是 CloudRecoTrackableEventHandler 脚本，该脚本继承了 ITrackableEventHandler 接口，需要实现其中的 OnTrackableStateChanged 函数。其主要功能是当追踪状态发生改变时，控制茶壶模型的显示与隐藏，具体代码如下。

代码位置：见官方案例 CloudReco-5-5-9.unitypackage 下的 Assets/Scripts/ CloudRecoTrackable EventHandler.cs

```
1    ......//此处省略了一些导入相关类的代码，读者可自行查阅官方案例中的源代码
2    public class CloudRecoTrackableEventHandler : MonoBehaviour, ITrackableEventHandler{
3      private TrackableBehaviour mTrackableBehaviour;      //抽象类，用于追踪可识别目标
4      void Start(){
5        mTrackableBehaviour = GetComponent<TrackableBehaviour>();
                                                   //获取 Trackable  Behaviour 组件
6        if (mTrackableBehaviour){
7        mTrackableBehaviour.RegisterTrackableEventHandler(this);   //注册事件处理
8      }}
9      public void OnTrackableStateChanged(
10       TrackableBehaviour.Status previousStatus,
11       TrackableBehaviour.Status newStatus){        //当追踪状态发生改变被调用
12       if (newStatus == TrackableBehaviour.Status.DETECTED ||
13        newStatus == TrackableBehaviour.Status.TRACKED ||
14        newStatus == TrackableBehaviour.Status.EXTENDED_TRACKED){
15          OnTrackingFound();                 //判断是否识别到物体
16          }
17       else if (previousStatus == TrackableBehaviour.Status.UNKNOWN &&
                                                   //目标未知或没有找到
18          newStatus == TrackableBehaviour.Status.NOT_FOUND){return;}
                                                   //不继续执行
19       else{OnTrackingLost();}                //否则调用 OnTrackingLost 函数
20       }}
21      private void OnTrackingFound(){
```

```
22    Renderer[] rendererComponents =
23       GetComponentsInChildren<Renderer>(true);          //获取子对象所有的渲染器
24    Collider[] colliderComponents =
25       GetComponentsInChildren<Collider>(true);          //获取子对象所有的碰撞器
26    foreach (Renderer component in rendererComponents){
27       component.enabled = true;                          //启用所有的渲染器组件
28    }
29    foreach (Collider component in colliderComponents){
30       component.enabled = true;                          //启用所有的碰撞器组件
31    }
32    ObjectTracker objectTracker = TrackerManager.Instance.GetTracker<Object
      Tracker>();
33    if (objectTracker != null){objectTracker.TargetFinder.Stop();}   //停止追踪器
34    Debug.Log("Trackable " + mTrackableBehaviour.TrackableName + " found");
                                                            //打印相关信息
35    }
36    private void OnTrackingLost(){
37    Renderer[] rendererComponents =
38       GetComponentsInChildren<Renderer>(true);          //获取子对象所有的渲染器
39    Collider[] colliderComponents =
40       GetComponentsInChildren<Collider>(true);          //获取子对象所有的碰撞器
41    foreach (Renderer component in rendererComponents){
42       component.enabled = false;                         //遍历所有的渲染器并禁用
43    }
44    foreach (Collider component in colliderComponents){
45       component.enabled = false;                         //遍历所有的碰撞器并禁用
46    }
47    ObjectTracker objectTracker = TrackerManager.
48       Instance.GetTracker<ObjectTracker>();//获取对象追踪器
49    if (objectTracker != null){
50       objectTracker.TargetFinder.ClearTrackables(false);
                                                            //清除可识别目标，不销毁游戏对象
51       objectTracker.TargetFinder.StartRecognition();     //开启识别
52    }
53    Debug.Log("Trackable " + mTrackableBehaviour.TrackableName + " lost");
                                                            //打印相关信息
54    }}
```

❑ 第 3-8 行首先声明 TrackableBehaviour 类型变量，该抽象类负责在程序运行期间追踪可识别目标，并对注册的事件处理进行回调。

❑ 第 9-20 行实现了 ITrackableEventHandler 接口中的 OnTrackableStateChanged 方法，当追踪状态发生改变时判断当前的状态类型，如果为拓展追踪、识别等情况，就将茶壶模型渲染在屏幕上，如果目标丢失就将茶壶模型隐藏起来。

❑ 第 21-35 行为 OnTrackingFound 函数，如果追踪器识别到了目标就会调用此方法。首先遍历子对象获取所有的渲染器组件和碰撞器组件，并将它们全部启用，这样茶壶就会显示出来，然后停止追踪器继续识别，并打印相关信息。

❑ 第 36-52 行为 OnTrackingLost 函数，当目标消失之后就会调用该函数。首先遍历所有自对象获取它们的渲染器和碰撞器组件，并将它们设置为停用，这样茶壶就会在屏幕上消失，然后删除所有已经创建的图片目标，最后开启云识别并打印提示信息。

（5）接下来是 CloudRecoEventHandler 脚本，此脚本负责该案例的事件处理。首先将自己注册到 CloudRecoBehaviour，这样当有新的搜索结果或者错误信息出现时该脚本便能够得知，并使用 TargetFinder 的 API 来对搜索结果进行处理，由于代码过长，这里笔者将首先介绍代码框架，具体代码如下。

代码位置：见官方案例 CloudReco-5-5-9.unitypackage 下的 Assets/Scripts/ CloudRecoEventHandler.cs

```
1    ......//此处省略了一些导入相关类的代码，读者可自行查阅官方案例中的源代码
2    public class CloudRecoEventHandler : MonoBehaviour, ICloudRecoEventHandler{
3       private ObjectTracker mObjectTracker;                //目标追踪器
4       private ContentManager mContentManager;              //ContentManager 脚本
```

```
5        private TrackableSettings mTrackableSettings;            //TrackableSettings 脚本
6        private bool mMustRestartApp = false;                    //是否需要重启 App 标志位
7        private GameObject mParentOfImageTargetTemplate;
8        public ImageTargetBehaviour ImageTargetTemplate;         //ImageTargetBehaviour 脚本
9        public Canvas cloudErrorCanvas;                          //UGUI 画布
10       public UnityEngine.UI.Text cloudErrorTitle;              //两个用于显示文本的 Text 组件
11       public UnityEngine.UI.Text cloudErrorText;
12       void Start(){
13       ......//Start 函数负责将该脚本注册到 CloudRecoBehaviour
14       }
15       public void OnInitialized(){                    //当 TargetFinder 初始化成功后被调用
16       ......//负责获取追踪器以及 ContentManager
17       }
18       public void OnInitError(TargetFinder.InitState initError){
                                                //当云识别初始化失败后被调用
19       ......//当云识别初始化失败后负责判断错误类型并打开提示窗口
20       }
21       public void OnUpdateError(TargetFinder.UpdateState updateError){
                                                //云识别更新错误后被调用
22       ......//当云识别更新失败后负责判断错误信息的类型并打开提示窗口
23       }
24       public void OnStateChanged(bool scanning){      //当程序开始扫描时被调用
25       ......//负责当程序开始扫描时，删除已存在的可识别目标
26       }
27       public void OnNewSearchResult(TargetFinder.TargetSearchResult targetSearchResult){
28       ......//负责当有新的搜索结果被返回时对图片目标的操作
29       }
30       public void CloseErrorDialog(){
31       ......//负责关闭由 UGUI 实现的错误提示窗口，有兴趣的读者可以参考官方案例中的源代码
32       }
33       private void ShowError(string title, string msg){
34       ......//负责通过 UGUI 实现的窗口来显示错误信息，有兴趣的读者可以参考官方案例中的源代码
35       }
36       private void RestartApplication(){
37       ......//负责当设备没有网络连接时对程序的重启，有兴趣的读者可以参考官方案例中的源代码
38    }}
```

❏ 第 3-11 行声明脚本需要使用到的变量，其中包括需要使用到的脚本，标志位以及显示错误信息所需的 UI 组件。

❏ 第 12-14 行的 Start 函数在脚本加载后被调用，负责将脚本注册到 CloudRecoBehaviour。

❏ 第 15-17 行 OnInitialized 函数在 TargetFinder 初始化成功后被调用，负责获取追踪器以及 ContentManager 对象。

❏ 第 18-20 行 OnInitError 函数当云识别初始化失败后被调用，负责判断错误信息并将其需要提示的信息显示在屏幕上面，笔者会在后面进行详细介绍。

❏ 第 21-23 行 OnUpdateError 函数在云识别更新错误后被调用，负责判断错误信息并将其需要提示的信息显示在屏幕上面，会在后面进行详细介绍。

❏ 第 24-26 行 OnStateChanged 函数当程序开始扫描时被调用，负责删除旧的可识别目标，但不删除已经创建的 ImageTarget 对象，会在后面进行详细介绍。

❏ 第 27-29 行 OnNewSearchResult 函数在程序有新的搜索结果产生时被调用，负责对图片的识别目标进行处理，会在后面进行详细介绍。

❏ 第 30-38 行的 3 个函数均是辅助函数，负责关闭和显示程序所提示的错误信息以及应用程序的重启，这里读者将不进行讲解，有兴趣的读者可以参考官方案例中的源代码。

✐ 说明　此脚本继承了 ICloudRecoEventHandler 接口，所以在改脚本中必须实现接口中所定义的方法，它们分别为 OnInitialized、OnInitError、OnUpdateError、OnStateChanged 以及 OnNewSearchResult 函数。

（6）接下来将介绍 CloudRecoEventHandler 脚本中的 Start 和 OnInitialized 这两个函数，这两个函数负责整体的初始化工作，具体代码如下。

代码位置：见官方案例 CloudReco-5-5-9.unitypackage 下的 Assets/Scripts/ CloudRecoEventHandler.cs

```
1    void Start(){
2      mTrackableSettings = FindObjectOfType<TrackableSettings>();       //获取带有
       TrackableSettings 的对象
3      mParentOfImageTargetTemplate = ImageTargetTemplate
4        .gameObject;                          //获取带有 ImageTargetBehaviour 的游戏对象
5      CloudRecoBehaviour cloudRecoBehaviour =
6        GetComponent<CloudRecoBehaviour>();           //获取 CloudRecoBehaviour 组件
7      if (cloudRecoBehaviour){
8        cloudRecoBehaviour.RegisterEventHandler(this);        //注册事件处理
9    }}
10   public void OnInitialized(){                         //当 TargetFinder 初始化成功后被调用
11     Debug.Log("Cloud Reco initialized successfully.");     //打印信息
12     mObjectTracker = TrackerManager.Instance.GetTracker<ObjectTracker>();
                                                           //获取追踪器
13     mContentManager = FindObjectOfType<ContentManager>();
                                                           //获取 ContentManager 对象
14   }
```

> 💬 **说明**　首先获取带有 TrackableSettings 的对象，TrackableSettings 脚本主要负责的是 UI 界面的设置，然后获取 ImageTargetBehaviour 用来设置图片目标，之后将自己注册到 CloudRecoBehaviour。在 OnInitialized 函数中获取追踪器和 ContentManager，ContentManager 主要负责对 Josn 文件的处理，在本案例中并没有用到。

（7）下面将介绍 OnInitError 和 OnUpdateError 这两个函数，这两个函数都是负责对错误信息的处理，包括没有网络连接、授权失败、请求超时、服务器不可用、时钟同步错误等，只不过负责的错误信息的来源不同，具体代码如下。

代码位置：见官方案例 CloudReco-5-5-9.unitypackage 下的 Assets/Scripts/ CloudRecoEventHandler.cs

```
1    public void OnInitError(TargetFinder.InitState initError){
                                                      //当云识别初始化失败后被调用
2      Debug.Log("Cloud Reco initialization error: " + initError.ToString());
                                                      //打印错误信息
3      switch (initError)                             //判断错误类型{
4        case TargetFinder.InitState.INIT_ERROR_NO_NETWORK_CONNECTION:{
5          mMustRestartApp = true;                    //当没有网络连接后显示错误信息提示框
6          ShowError("Network Unavailable",
7          "Please check your internet connection and try again.");
8          break;
9        }
10       case TargetFinder.InitState.INIT_ERROR_SERVICE_NOT_AVAILABLE:
11         ShowError("Service Unavailable",
12          "Failed to initialize app because the service is not available.");
13         break;                                     //当服务器不可用时打印错误信息提示框
14   }}
15   public void OnUpdateError(TargetFinder.UpdateState updateError){
                                                      //当云识别更新错误后被调用
16     Debug.Log("Cloud Reco update error: " + updateError.ToString());//打印错误信息
17     switch (updateError){                          //判断错误类型
18       case TargetFinder.UpdateState.UPDATE_ERROR_AUTHORIZATION_FAILED:
19         ShowError("Authorization Error",
20          "The cloud recognition service access keys are incorrect or have expired.");
21         break;                                     //授权失败，缺少 access keys
22       case TargetFinder.UpdateState.UPDATE_ERROR_NO_NETWORK_CONNECTION:
23         ShowError("Network Unavailable",
24          "Please check your internet connection and try again.");
25         break;                                     //网络不可用
26       case TargetFinder.UpdateState.UPDATE_ERROR_PROJECT_SUSPENDED:
```

```
27          ShowError("Authorization Error",
28            "The cloud recognition service has been suspended.");
29          break;                                            //授权失败，云识别服务功能暂停
30        case TargetFinder.UpdateState.UPDATE_ERROR_REQUEST_TIMEOUT:
31          ShowError("Request Timeout",
32            "The network request has timed out, please check your internet
                connection and try again.");
33          break;                                            //请求超时
34        case TargetFinder.UpdateState.UPDATE_ERROR_SERVICE_NOT_AVAILABLE:
35          ShowError("Service Unavailable",
36            "The service is unavailable, please try again later.");
37          break;                                            //服务不可用
38        case TargetFinder.UpdateState.UPDATE_ERROR_TIMESTAMP_OUT_OF_RANGE:
39          ShowError("Clock Sync Error",
40            "Please update the date and time and try again.");
41          break;                                            //时钟同步错误
42        case TargetFinder.UpdateState.UPDATE_ERROR_UPDATE_SDK:
43          ShowError("Unsupported Version",
44            "The application is using an unsupported version of Vuforia.");
45          break;                                            //使用的 Vuforia 版本不支持云识别
46    }}
```

❑　第 1-14 行的 OnInitError 函数在云识别初始化错误之后被调用，其中包括了两种错误，分别为设备没有网络连接和服务器不可使用，当错误发生后调用 ShowError 函数在设备屏幕上显示相应的提示信息。

❑　第 15-25 行的 OnUpdateError 函数在云识别更新发生错误时会被调用，其中包括授权失败缺少 access keys 和当前设备没有网络连接，当错误发生后调用 ShowError 函数，在设备屏幕上显示相应的提示信息。

❑　第 36-33 行包含云识别更新时会发生的两种错误，分别为云识别服务暂停和由于网络环境不稳定所引发的请求超时，当错误发生后调用 ShowError 函数，在设备屏幕上显示相应的提示信息。

❑　第 34-46 行包含云识别更新时会发生的 3 种错误，分别为云识别服务不可用、时钟同步错误以及当前用户所使用的 Vuforia 版本不支持云识别，当错误发生后调用 ShowError 函数在设备屏幕上显示相应的提示信息。

（8）下面将介绍 OnStateChanged 和 OnNewSearchResult 两个函数，这两个函数分别在程序开始扫描和有新的扫描结果被返回时被调用，具体代码如下。

代码位置：见官方案例 CloudReco-5-5-9.unitypackage 下的 Assets/Scripts/ CloudRecoEventHandler.cs

```
1     public void OnStateChanged(bool scanning){                //当程序开始扫描时被调用
2       if (scanning){
3         mObjectTracker.TargetFinder.ClearTrackables(false);  //清除已创建的可追踪目标
4         mContentManager.ShowObject(false);                   //隐藏物体
5       }}
6     public void OnNewSearchResult(TargetFinder.TargetSearchResult targetSearchResult){
7       if (targetSearchResult.MetaData == null){              //判断元数据是否为空
8         Debug.Log("Target metadata not available."); return;}  //打印相关信息
9       mObjectTracker.TargetFinder.ClearTrackables(false);    //清空所有可追踪目标
10      ImageTargetBehaviour imageTargetBehaviour =
11        mObjectTracker.TargetFinder.EnableTracking(targetSearchResult,
12        mParentOfImageTargetTemplate) as ImageTargetBehaviour;
                                                               //获取 Image TargetBehaviour
13      if (mTrackableSettings && mTrackableSettings.IsExtendedTrackingEnabled()){
                                                               //拓展追踪是否启用
14        imageTargetBehaviour.ImageTarget.StartExtendedTracking();  //开启拓展追踪
15    }}
```

✏️说明　　OnStateChanged 函数在程序开始扫描时将可识别目标删除并将现在显示在屏幕上的物体隐藏，OnNewSearchResult 函数在有新的搜索结果返回时会被调用，首

先判断是否有元数据，如果没有就停止执行，之后清除现在的目标，并根据返回的结果来创建一个 ImageTargetBehaviour。最后判断用户是否开启拓展追踪，并调用 StartExtendedTracking 来开启拓展追踪。

（9）这 3 个脚本在官方案例中分别被挂载到了 CloudRecognition 对象、ContentManager 对象和 CloudRecoTarget 对象上。读者可以打开官方的云识别案例来查看这些脚本的完整内容。而官方案例所识别的图片在 Assets\Editor\Vuforia 目录下。

3.10 智能地形案例

上一章中介绍了智能地形的相关知识，在本节中将对智能地形的官方案例进行介绍，并介绍一下智能地形的制作和使用流程。Vuforia 官方给出的智能地形的案例包括两个，除了核心功能中的基础案例还有一个滑雪的企鹅案例，将在下面分别进行介绍。

3.10.1 基础案例

智能地形是 Vuforia 的核心功能中较为复杂的一个功能，视觉上看起来虽然较为炫酷，但是目前开发尚不成熟，市面上关于智能地形的案例和应用也相当匮乏，官方案例中对此项功能也并没有太多的发挥，相信官方会在将来完善这一功能。

1. 智能地形效果

官方提供的核心功能案例中包括智能地形的案例，如图 3-100 所示。创建一个新的项目，将其导入场景中，然后在项目资源下找到智能地形的场景，如图 3-101 所示。双击打开场景，此案例中仅演示了智能地形的基础结构，并没有什么效果的实现。

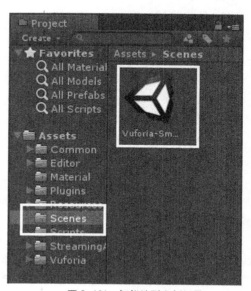

▲图 3-100　智能地形案例压缩包　　　　▲图 3-101　智能地形案例场景

运行案例，用摄像头扫描图片目标，会看到图片目标周围生成一片紫色区域，这片区域就是之前提到的 Surface，如图 3-102 所示。现实当中周围的物体会生成一个蓝色的立方体，这就是 Props，如图 3-103 所示。

▲图 3-102　生成 Surface 面

▲图 3-103　生成 Prop

　　智能地形和图片识别、圆柱体识别、多目标识别等都可以同时使用，并且开发者不需要自己组建智能地形，在 SDK 提供的预制件中就有搭配好的 Smart Terrain 和 Prop，如图 3-104 所示，直接拖曳到场景中并进行设置即可使用。

　　智能地形会和场景中的模型共同存在，达到虚实遮罩的效果，如图 3-105 所示，前面的地形会将战士模型挡住，并且战士也会挡住后面的地形，这样一来就符合了真实世界中的物理规律。此项功能在游戏领域比较有开发前途，如果通过智能地形来搭建场景，会实现相当逼真的效果。

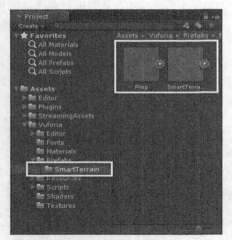

▲图 3-104　智能地形预制件

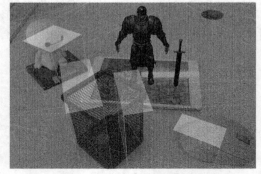

▲图 3-105　智能地形遮罩效果

2.　智能地形讲解

　　Vuforia 的 SDK 中提供了智能地形的预制件，包括 SmartTerrain 预制件和 Prop 预制件，不需要开发者自己组装智能地形。将 SDK 导入 Unity 中，找到预制件的文件夹，然后将预制件拖曳到场景中就可以直接使用。

　　首先介绍一下 Surface 对象组件，如图 3-106 所示。脚本 1 是 Surface 的功能实现脚本，内部代码隐藏。脚本 3 是控制线的生成，脚本 2 的功能是控制生成 Surface 面上的线，即上面演示效果时看到的生成的地面上的线，可以调整下面的"Line Color"调整线的颜色，或者去掉"Show Lines"一项，去掉地面上显示的线，如图 3-107 所示。

> ✏️ 说明　　Surface 面上显示的线是为了方便显示而设计的，在日常的开发过程中，如果不显示线不太容易观察效果，所以除非因为效果要求需要去掉，不建议去掉线的显示。

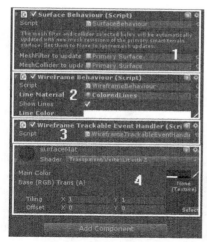

▲图 3-106   Primary Surface 组件

去掉了Surface的线

▲图 3-107   更改 Surface 面的效果

通过组件的第 4 部分可以来修改地形的渲染效果，如图 3-108 所示。Unity 系统提供了一些简单的着色器，可以更改地面的颜色效果等。在实际的开发中，想要实现一些比较逼真的特殊地形，这就需要开发者可以自己编写着色器来修改地形的效果，比如官方案例中的冰面效果，如图 3-109 所示。

▲图 3-108   着色器组件

▲图 3-109   冰面效果

下面介绍一下 Prop Temple 的组件，如图 3-110 所示，类似于 Surface 对象组件，脚本 1 是 Prop 的功能实现脚本，内部代码隐藏。脚本 3 是控制线的生成，脚本 2 的功能是控制生成 Prop 上的线，可以调整线的颜色和是否显示等，如图 3-111 所示。

开发者不能修改 Props 的外形，只能通过 Unity 默认的着色器修改其颜色，使用 Unity 自带的着色器就能达到更改颜色，并使它达到半透明的效果。如果想要实现更高级更炫酷的效果，就需要开发者使用着色器编程实现了。

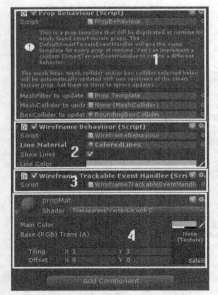

▲图 3-110　Prop Temple 组件

去掉Prop的线框

▲图 3-111　更改 Prop 的效果

3.10.2　Penguin 案例

目前市面上的关于智能地形的案例相当匮乏，除了 Vuforia 官方给出的视频，暂时还没有这个功能的有趣的应用和案例。原因就是这个技术开发不成熟，并且没有什么很显著的商业价值，而且如果想要实现 Penguin 案例的效果还需要连接官方的外设，有兴趣的可以查询 Vuforia 官网。

首先去官网上下载 Penguin 案例的 package，在官网中单击"Downloads"进入下载界面，然后单击 Samples 进入案例的下载界面，如图 3-112 所示。在 Best Practices 中选择下载 Unity 类型，这个包中包含 Books 和 Penguin 两个案例，在这里也有相关介绍，如图 3-113 所示。

▲图 3-112　官方案例界面

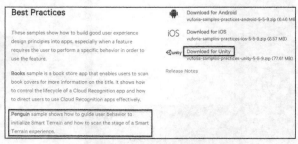

▲图 3-113　下载案例

下载完成以后，将下载好的压缩包解压，就可以得到两个案例的 package 包，如图 3-114 所示。然后在 Unity 中创建一个新项目，将 Penguin 案例的 package 包导入项目中即可，如图 3-115 所示。本案例中共包含 3 个场景，读者可以在导入后自行查看。

本案例中的目标对象是一个圆柱的罐子，但是大多数在学习过程中是没有条件打印目标体，并且目前在国内也没有办法买到这个材料，所以在这里将目标对象改成图片，下面来介绍修改的过程。

（1）首先去官网上传一张图片作为识别对象，然后将 Target 包下载到本地，导入到刚创建好的 Unity 项目中。然后在场景中找到识别目标 CylinderTarget，并勾掉参数面板前面的对勾，将其隐藏，如图 3-116 所示。

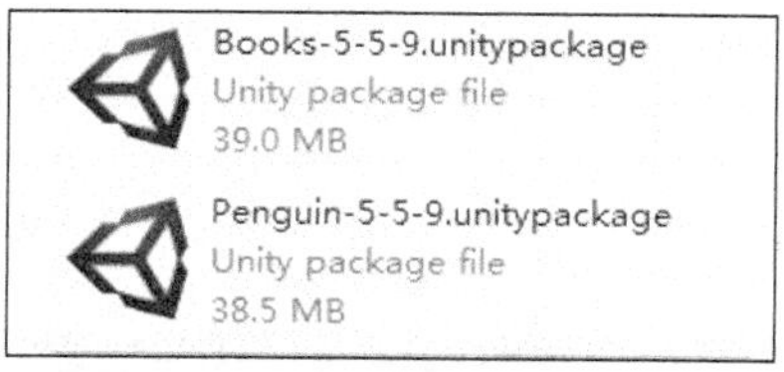

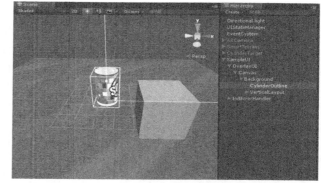

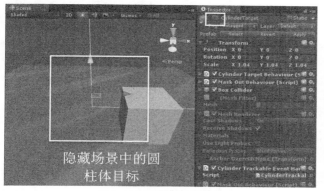

▲图 3-114 案例 package 包

▲图 3-115 Penguin 案例项目

隐藏场景中的圆
柱体目标

▲图 3-116 隐藏圆柱体目标

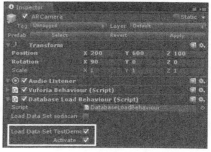

▲图 3-117 修改读取的目标数据

（2）向场景中导入 Image Target 的预制件，并将其修改成刚导入的图片数据。然后找到 ARCamera，在其参数面板中找到数据加载的脚本，将案例中原本识别的数据包去掉，勾选并激活刚导入的数据包，如图 3-117 所示。这样，目标对象就从之前的圆柱体改为现在的图片，如图 3-118 所示。

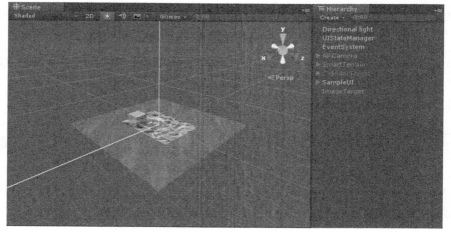

▲图 3-118 修改为图片识别

（3）然后在 Image Target 的参数面板中修改 Image Target 的大小。此时扫描图片目标是不支持显示智能地形的，需要进行相关的设置。在 Image Target 对象的参数面板中勾选"Smart Terrain"

一项，如图 3-119 所示。

（4）Penguin 案例中还加入了好多效果，包括下雪的粒子效果、生成冰山的效果、企鹅从冰山中滑出等，这些我们也可以添加到本项目中，如图 3-120 所示。添加完成后填写 License Key 后运行案例，扫描之前修改的图片目标，即可观察到本案例的效果，如图 3-121 和图 3-122 所示。

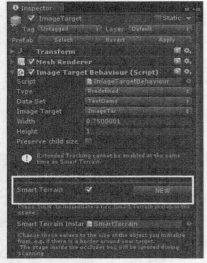

▲图 3-119　设置支持智能地形

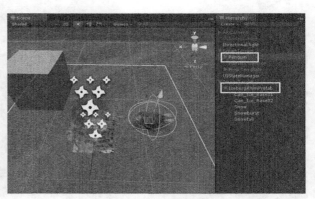

▲图 3-120　添加效果

▲图 3-121　企鹅案例效果图 1

▲图 3-122　企鹅案例效果图 2

> 💬说明　　本案例的效果是单击屏幕上的智能地形，企鹅会与读者进行互动。即读者可以单击冰面上任何一个位置，企鹅会立即移动到该位置。

3.11　3D 物体识别案例详解

前面大多数案例都是基于图片实现的，但是在现实生活中存在许多 3D 物体，有时开发人员需要通过扫描这些 3D 物体来实现部分功能。通过官方提供的 App 再加上适宜的扫描环境就可以实现该功能，下面笔者将详细讲解该功能。

3.11.1　运行效果

在下载的官方案例中并没有给定合适的案例，所以笔者开发了一个案例用来讲解其实现的具体过程。在前面章节中笔者详细介绍了扫描 3D 物体 App 的下载以及具体的扫描过程（有需要的读者参考前面章节的内容），开发完成后的案例效果如图 3-123 所示。

▲图 3-123 案例运行效果

3.11.2 开发流程

扫描 3D 物体是一项十分高端的技术，Vuforia SDK 为开发人员已经封装的较为简单。笔者只需要进行简单操作与修改即可实现。读者可以发现在鼠标光标的上方存在着一个圆球，该圆球与鼠标光标的距离是在项目中设置好的。案例的开发步骤如下。

（1）打开官方提供的 ObjectRecognition 案例，会发现在 ObjectTarget 游戏中的 Object Target Behaviour 游戏组件有一行提示，如图 3-124 所示。所以笔者只能利用开发的例子为读者讲解该部分内容。依然以鼠标为例，按照笔者讲解的相关步骤对其进行扫描，结果如图 3-125 所示。

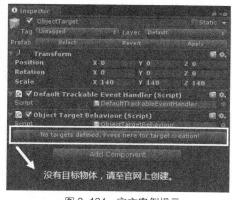

▲图 3-124 官方案例提示

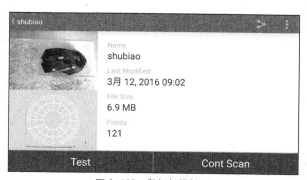

▲图 3-125 鼠标扫描结果

（2）扫描完成后可以将该数据分享到计算机，打开 Vuforia 官网，进入 Target Manager 界面添加数据包。选择 3D Object 类型在 File 一栏选择导入的扫描文件，单击 Add 按钮将其上传至官网，如图 3-126 所示。稍等一段时间将扫描数据上传完成。

（3）刷新浏览器界面，使其上传数据包的状态变为 Active 即可，如图 3-127 所示，在该界面选中鼠标数据包，单击 Download Database 按钮选择 Unity Editor 进行下载。下载完成后将 unitypackage 文件数据包导入进 Unity 3D 游戏开发引擎。

（4）打开 Unity3D 游戏开发引擎，将 Vuforia SDK 导入 Unity。删除场景中自带的 Camera，将 Prefabs 文件夹中的 ARCamera 预制件拖曳进场景中。登录 Vuforia 官方，获取 License Key，将其复制到 ARCamera 游戏对象 Vuforia Behavior 组件下的 Key 位置。

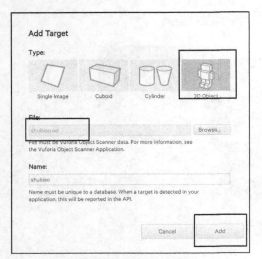

▲图 3-126　上传扫描数据

▲图 3-127　状态变为 Active

▲图 3-128　错误提示

（5）在官方案例中存在有 UGUI 搭建的界面，用来提示数据包丢失或者是提示开发人员扫描物体并且下载数据包，如图 3-128 所示。有兴趣的读者可以参考 Unity 的相关书籍，笔者在这里不在赘述。有一相关脚本专门用来控制该界面的显示，具体代码如下。

代码位置：见官方案例 ImageTargets-5-5-9.unitypackage 下的 Assets/Scripts/ TextEventHandler.cs

```
1    ......//此处省略了一些导入相关类的代码，读者可自行查阅官方案例中的源代码
2    public class DatabaseCheck : MonoBehaviour {
3      void Start(){                              //重写 Start 方法，注册 Vuforia 完全启动时的方法
4        VuforiaBehaviour.Instance.RegisterVuforiaStartedCallback(FindDatasets);
5      }
6      public void CloseErrorDialog() {           //关闭错误提示方法
7        Canvas errorCanvas = GetComponentsInChildren<Canvas>(true)[0];
8        if(errorCanvas) {                        //找到其下带有画布的子对象
9          errorCanvas.enabled = false;           //将错误提示画布标志为不可用
10         errorCanvas.gameObject.SetActive(false);   //并且标为不可见
11         errorCanvas.transform.parent.position = 2 * Vector3.right * Screen.width;
                                                   //设置其父对象的位置
12      }}
13     private void FindDatasets() {              //定义 Vuforia 启动后回调的方法
14       ObjectTracker tracker = TrackerManager.Instance.GetTracker<ObjectTracker>();
15       if (tracker == null) {                   //找到场景中 ObjectTracker 组件
16         ShowError();                           //当没有发现该组件时调用错误提示方法
17       }else{
18         IEnumerable<DataSet> datasets = tracker.GetDataSets();
                                                   //搜寻项目中的 Database 数据
19         if(datasets.Count() == 0) {            //若未发现项目中有 Databse，则展示提示方法
20           ShowError();
21       }}}
22     private void ShowError() {                 //定义错误提示方法
23       Canvas errorCanvas = GetComponentsInChildren<Canvas>(true)[0];
24       if(errorCanvas){                         //找到带有画布组建的游戏对象
25         errorCanvas.enabled = true;            //将错误提示画布标志为可用
26         errorCanvas.gameObject.SetActive(true);    //并且标为不可见
27         errorCanvas.transform.parent.position = Vector3.zero;  //设置其父对象的位置
28      }}}
```

❑　第 1-5 行重写 Start 方法，并且注册 Vuforia 完全启动时的回调方法。

❑ 第 6-12 行定义关闭错误提示界面的方法，找到其下带有画布的子对象，将其标志为不可用的同时也标志为不可见。

❑ 第 13-21 行定义了 Vuforia 完全启动时的回调方法,若没有带有 ObjectTracker 组件的对象,则弹出错误提示按钮。否则直接搜寻项目中的 Database,若没有数据则直接弹出错误提示。

❑ 第 22-28 行定义错误提示的方法,找到带有画布组件的游戏对象将其置为不可用与不可见。

（6）unitypackage 文件导入完成后，ObjectTarget 游戏对象中的 Object Target Behaviour 组件就会出现选择数据包的选项。选择下载的 shubiao_OT 文件以及目标图片，如图 3-129 所示。将 ObjectTarget 游戏对象下的 Cube 删除。

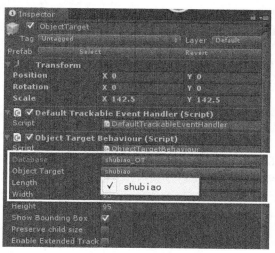

▲图 3-129 选择数据包文件

（7）选中 ObjectTarget 游戏对象，在场景中会出现一个立方体框架，如图 3-130 所示。开发人员只要将模型放置在该框架的上方，并且使其变为 ObjectTarget 的子对象。笔者添加了一个普通的圆球，如图 3-131 所示。

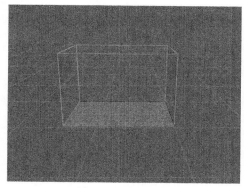

▲图 3-130 立方体框架

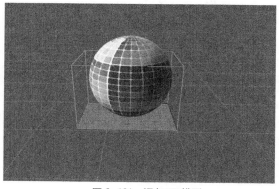

▲图 3-131 添加 3D 模型

（8）3D 模型添加完成后，在 ARCmaera 游戏对象中的 Database Load Behaviour 脚本中选择加载的数据包并将其激活，如图 3-132 所示。在扫描时设备可以会在移动过程中发生抖动，所以笔者开启了扩展追踪，选中 ObjectTarget，勾选该选项即可，如图 3-133 所示，设置完成后，运行即可。

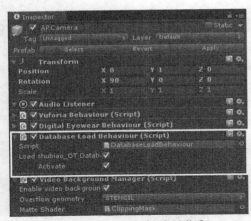

▲图 3-132　勾选数据包并激活

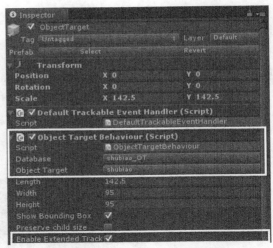

▲图 3-133　勾选可扩展追踪选项

3.12　本章小结

　　本章详细讲解了 Vuforia 的几项核心功能，学习完本章后，读者能够对 Vuforia 的相关功能有一个更深层的了解，包括扫描图片、圆柱体识别、多目标识别、文字识别、云识别、物体识别等，使得读者在开发过程中可以灵活地应用该方面的知识。

3.13　习题

　　1．试列举 ARCamera 的详细参数并进行解释。

　　2．试述 SDK 中 TurnOffBehaviour 脚本的具体功能。

　　3．根据选择被扫描图片的规则选取图片，模仿 3.2 节的案例自行制作图片的扫片项目。

　　4．试操作执行 3.4 节多目标识别案例。

　　5．试操作执行 3.5 节标记框架案例。

　　6．试操作执行 3.6 节文字识别案例。

　　7．试自行制作虚拟按钮。

　　8．试自行开发调试 3D 物体识别项目。

第4章　EasyAR 概述

前面的章节已经向读者介绍了美国高通公司提供的 AR 解决方案——Vuforia，读者应该从中体会到了 AR 的魅力。通过 AR 可以将真实世界与虚拟世界无缝地融为一体，大大提升用户的体验。本章将向读者介绍另一款国产的免费 AR 开发工具包——EasyAR。

4.1　EasyAR 基础知识讲解

作为新型的人机接口和仿真工具，AR 受到的关注日益广泛，并且已经发挥了重要作用，显示出了巨大的潜力，随着科技的不断发展，其内容也势必将不断增加。作为国内首个投入应用的免费 AR 引擎，其关注度不容置疑，下面笔者将详细讲解其相关内容。

4.1.1　EasyAR 基本介绍

EasyAR 是国内首个免费 AR 引擎，其用于增强现实互动营销技术和解决方案，服务遍布手机 App 互动营销、户外大屏幕互动活动、网络营销互动等领域，包括网络推广、发布会以及主题公园等，并且也开发出了部分成功案例。

本书讲解的是基于 Unity 开发的相关内容，首先读者需要将 Unity 开发环境搭建完成。EasyAR 允许运行时创建、加载图集，这意味着无需登录到第三方网站来创建管理图集，同时允许增量、异步加载图集，对 App 运行流畅度有很大帮助。开发人员只需从官网上获取 License Key 添加到 App 中即可，具体步骤将在后面详细讲解。

4.1.2　EasyAR SDK 下载及官方案例导入

学习 EasyAR 插件之前，开发人员需要做相关准备工作，包括其 SDK 的下载以及其相关案例的导入。SDK 是 Software Development Kit 的缩写，是为软件包、软件框架、硬件平台等建立应用软件时的开发工具的集合，相关步骤如下。

（1）EasyAR 的官网地址是 http://www.easyar.cn/，进入官网并注册一个账号，具体步骤与其他网站的账号注册步骤相同，笔者不再赘述。在官网的右上角可以修改网页的显示语言，读者根据个人需要选择合适的语言即可。

（2）在官网首页中，开发人员可以单击网页中的演示视频来了解 EasyAR 的基本功能，如图 4-1 所示，也可以单击立即下载按钮进入下载界面，如图 4-2 所示。在该界面可以进行 EasyAR SDK 和官方案例的下载。

（3）EasyAR 下载界面一共包含两个案例可供下载，分别是 EasyAR Unity Sample 和 EasyAR Native Sample，读者只下载 EasyAR Unity Sample 即可。将压缩包解压，EasyAR SDK 文件夹中 unity 目录下的 unitypackage 是 SDK 文件，如图 4-3 所示。并且在案例中有官方说明书，如图 4-4 所示。

▲图 4-1　官方首页下载按钮

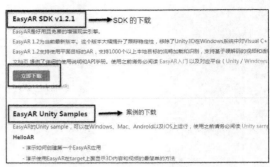

▲图 4-2　下载界面

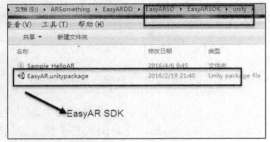

▲图 4-3　EasyAR SDK 文件

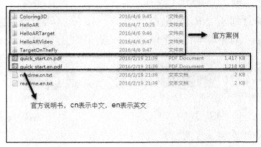

▲图 4-4　官方案例文件

（4）打开 Unity 3D 游戏开发引擎，将 EasyAR.unitypackage 导入进 Unity，如图 4-5 所示，选择所有的文件，单击 Import 按钮即可导入。在打开官方案例项目时，选择 Open 菜单，根据案例目录选择所需要打开的案例项目，使用 Unity 5.x 打开项目时会提示项目升级，如图 4-6 所示，升级即可。

▲图 4-5　导入 SDK 文件

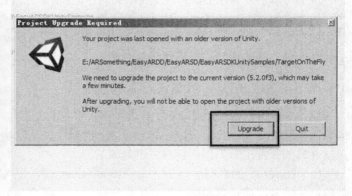

▲图 4-6　升级案例

（5）在新建的项目场景中，将官方自带的 EasyAR Prefab 拖曳到场景中时，发现其自身并没有输入 Key 的位置，如图 4-7 所示。读者可以从官方案例中导出或者是编写该脚本，然后挂载到摄像机上。详细内容会在后面的小节中详细介绍。

> ✎ 说明　　编写脚本后，需要将在官网注册的 Key 值复制到其文本区域中，用来初始化 EasyAR。读者也可以编写代码增加其他功能，同样在 ImageTarget 预制件中也可以利用同样的方法，读者可以查看下载 SDK 或者官方案例中的说明。

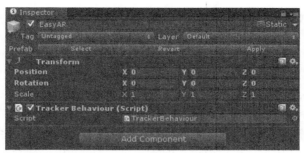

▲图 4-7 预制件不含该脚本

（6）下面笔者详细讲解官方网站的部分功能，以便读者在开发过程中更好地获取信息进行开发。在官方首页中可以了解 EasyAR 的基本信息，以及其未来将要添加的特性，笔者在这里不再赘述。单击网页导航栏中的文档按钮进入文档界面。

（7）在该界面中可以了解 EasyAR 的最新动态，了解每个版本更新的主要内容有助于项目的开发。如图 4-8 所示，在该页面的左侧有 5 类基本内容，分别是入门指南、使用指南、参考手册、常见问题以及发行说明，如图 4-9 所示。

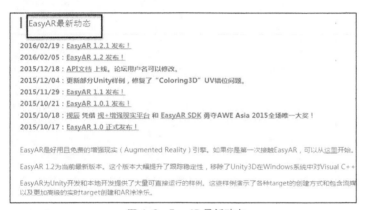

▲图 4-8 EasyAR 最新动态　　　　　　　　　　　▲图 4-9 5 类基本内容

（8）单击 EasyAR 入门选项，会在下方出现其相关信息，如图 4-10 所示，在该界面读者可以了解如何注册账户、下载 SDK 以及运行第一个官方案例，步骤十分详细，笔者不再赘述，读者可以查看其中的内容来增加对 EasyAR 的了解。

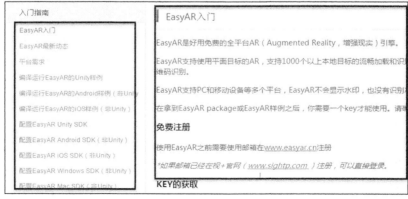

▲图 4-10 EasyAR 入门指南

（9）另外一个比较重要的就是参考手册，在该页面介绍了案例中相关脚本的基本信息，由于是中文界面，方便开发人员查阅。在开发过程中读者可以到此界面学习每个预制件的基本功能以及相关脚本的详细信息。

（10）下载界面读者在前面已经了解，就是官方 SDK 以及其相关案例的下载。开发人员可以在开发页面中获取 Key 值，单击右上角的创建应用按钮，创建第一个 Key，如图 4-11 所示。开发人员需要在第一栏中输入应用名称。

（11）第二栏需要输入 Bundle ID，其与 Unity 中 PlayerSettings 属性栏中的 Bundle Identifier 是相对应的，如图 4-12 所示。该栏中填写的信息应与 Unity 中保持一致，一般是 com.公司的名称.产品的名称。创建完成后会在列表中显示，单击显示按钮显示应用的 Key 值，如图 4-13 所示。

▲图 4-11　创建第一个 Key

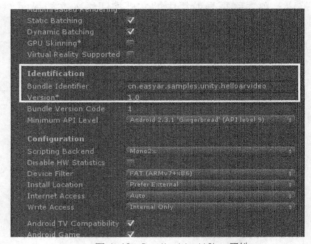

▲图 4-12　Bundle Identifier 属性

▲图 4-13　显示 Key 值

（12）在社区页面中有 EasyAR 引擎教程以及 SDK 问题解答区，开发人员可以在其中进行提问与交流。在应用导出 Android 和 iOS 时需要设置 Graphics API，将其设置为 OpenGL ES2，如图 4-14 所示，否则在导出 APK 时出现问题。

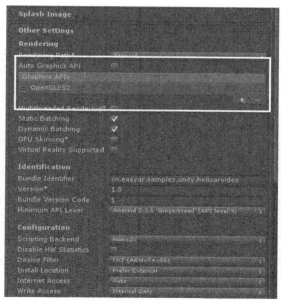

▲图 4-14　设置 Graphics API

4.2　EasyAR 图片识别功能

EasyAR 可以对图片进行扫描和识别，通过摄像机扫描目标图片，在图片上方出现一些特定的 3D 物体或者播放视频。很有特色的是，播放的视频还可以包含 Alpha 透明度通道，用以实现一些特殊的效果。这一功能实现起来也较为简单，下面将向读者介绍 EasyAR 图片识别功能案例。

4.2.1　案例效果

官方案例中提供了 EasyAR 最基础的图片识别功能，即扫描目标图片会在图片上方显示出相关的模型，在 EasyAR 中需要被识别图片并不需要上传到官网中，具体的案例内容将在下面进行介绍，案例运行效果如图 4-15 和图 4-16 所示。

▲图 4-15　案例效果图 1

▲图 4-16　案例效果图 2

4.2.2　案例详解

前面笔者向读者展示了官方案例 HelloARTarget 的运行效果，下面笔者将对官方案例中如何实现这个效果进行讲解，将着重讲解其中的"HelloARTarget"脚本和"Easy Image Target Behaviour"脚本，它们主要负责 EasyAR 的初始化和控制模型的显示与隐藏。

（1）打开 HelloARTarget 项目，并在 Assets\HelloARVideo\Scenes 目录下打开 HelloARTarget

场景。可以看到场景中包含 EasyAR、ImageTarget 和环境光，如图 4-17 和图 4-18 所示。每个 ImageTarget 都包含模型作为其子对象。

▲图 4-17　案例中的对象　　　　　　　　　　　　▲图 4-18　案例场景

（2）EasyAR 对象是场景中的摄像机，它包含两个脚本——Tracker Behavior 和 HelloARTarget。Tracker Behavior 组件负责控制场景中的 ImageTracker，不需要进行修改，笔者将详细介绍 HelloARTarget 组件，该组件控制着 EasyAR 的初始化，具体代码如下。

代码位置：见官方案例 HelloARTarget\Assets\HelloARTarget\Scripts 下的 HelloARTarget.cs 脚本

```
1    using UnityEngine;
2    using System.Linq;
3    using EasyAR;                                        //导入脚本相关类
4    namespace EasyARSample{
5      public class HelloARTarget : MonoBehaviour{
6        public string Key;                                //声明字符串变量许可密钥
7        ......//此处省略了一些变量声明的代码，读者可自行查阅随书附带的源代码
8        private void Awake(){
9          if (Key.Contains(boxtitle)){                    //如果开发者没有填写许可密钥
10           UnityEditor.EditorUtility.DisplayDialog(title, keyMessage, "OK");
                                                            //显示原始对话框
11         }
12         ARBuilder.Instance.InitializeEasyAR(Key);        //激活许可密钥
13         ARBuilder.Instance.EasyBuild();                  //创建 AR 环境
14       }
15       void CreatTarget(string targetName, out EasyImageTargetBehaviour
         targetBehaviour){
16         GameObject Target = new GameObject(targetName);  //创建一个 target 对象
17         Target.transform.localPosition = Vector3.zero;   //设置 target 位置
18         targetBehaviour = Target.AddComponent<EasyImageTargetBehaviour>();
                                                            //将 target 对象设为 ImageTarget
19
20       }
21       void Start(){                                      //重写 Start 方法
22         EasyImageTargetBehaviour targetBehaviour;        //声明 ImageTarget 对象
23         TrackerBehaviour tracker = FindObjectOfType<TrackerBehaviour>();
24         CreatTarget("argame01", out targetBehaviour);    //自动加载图片类型的 Target
25         targetBehaviour.Bind(tracker);                   //加载图片追踪器
26         targetBehaviour.SetupWithImage("sightplus/argame01.jpg", StorageType.Assets,
27           "argame01", new Vector2());                    //为 Target 设置图片、类型、方向等参数
28         GameObject duck02_1 = Instantiate(Resources.Load("duck02")) as GameObject;
29                                                          //实例化鸭子模型
30         duck02_1.transform.parent = targetBehaviour.gameObject.transform;
31                                                          //将鸭子模型作为 Target 的子对象
32         CreatTarget("argame00", out targetBehaviour);    //自动加载 json 类型的 Target
33         targetBehaviour.Bind(tracker);                   //加载图片追踪器
34         targetBehaviour.SetupWithJsonFile("targets.json", StorageType.Assets, "argame");
35           "argame");                                     //为 Target 设置图片、类型、图片名等参数
36         GameObject duck02_2 = Instantiate(Resources.Load("duck02")) as GameObject;
```

```
37                                        //加载并实例化鸭子模型
38    duck02_2.transform.parent = targetBehaviour.gameObject.transform;
39                                        //设置鸭子模型为 ImageTarget 对象的子对象
40    string jsonString = @"{              //从 jason 类型的字符串中加载 Target
41      """"images"""" :[{""""image"""" : """"sightplus/argame02.jpg"""",""""name"""" : "
      "argame02" "}]}";
42    CreatTarget("argame02", out targetBehaviour);
43    targetBehaviour.Bind(tracker);        //加载图片追踪器
44    targetBehaviour.SetupWithJsonString(jsonString, StorageType.Assets,
      "argame 02");
45                                         //为 Target 设置 json 信息、类型、图片名等参数
46    GameObject duck02_3 = Instantiate(Resources.Load("duck02")) as GameObject;
47                                         //加载并实例化鸭子模型
48    duck02_3.transform.parent = targetBehaviour.gameObject.transform
49                                         //将鸭子模型设置为 ImageTarget 对象的子对象
50    ......//此处省略了从 json 文件中加载所有 Target 的代码，读者可自行查阅随书附带的源代码
51    }}}
```

❑ 第 1-7 行的主要功能是与导入相关类，定义命名空间并且声明一些基本变量，由于篇幅限制，在此笔者省略了部分变量，读者可以参考官方案例中的源代码。

❑ 第 8-13 行对许可密钥进行了判定，如果玩家没有填写许可密钥，将在该栏中显示如何获取密钥的相关信息，如果玩家填写了许可密钥，将为接下来的 AR 开发创建 AR 环境。

❑ 第 15-20 编写了创建 Target 的方法，通过传入 Target 的名字字符串创建一个对象，设置 Target 的位置并为其添加 ImagetTarget 组件等。

❑ 第 24-31 行的主要功能是自动加载图片类型的 Target，然后加载图片追踪器，设置 Target 的参数并且实例化模型等。

❑ 第 32-39 行和上面加载图片类型的 Target 类似，不同的是此处是加载 json 类型的 Target，json 类型的文件和设置方法会在下面进行介绍。

❑ 第 40-49 行是直接加载 json 文件的具体内容，即 json 文件中的字符串。

（3）HelloARTarget 脚本中提示了开发者该如何申请许可密钥，如图 4-19 所示，按照上面的提示进行操作，首先去 EasyAR 官网申请一个许可密钥，申请完成以后，将许可密钥复制并替换到该组件的文本栏中，即可运行程序。

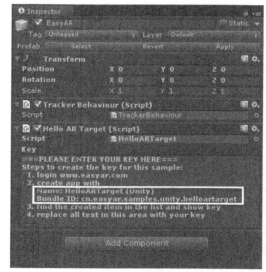

▲图 4-19 申请 key 值的提示

（4）申请许可密钥的时候需要注意应用名称要填写"HelloARTarget"，Bundle ID 要填写"cn.easyar.samples.unity.helloartarget"，如图 4-20 所示。这一点在官方案例中也有说明，如果填写错误，会导致项目黑屏等问题。

▲图 4-20 申请许可密钥

（5）然后找到场景中的 Image Target，其上挂载了"Easy Image Target Behaviour"脚本，该脚本的主要功能是系统在识别到某一 Target 的信息时，能够将其子对象激活并显示在屏幕上，下面来介绍该脚本的详细内容，具体代码如下。

代码位置：见官方案例 HelloARTarget\Assets\HelloARTarget\Scripts 下的 EasyImageTarget Behaviour.cs 脚本

```
1    using UnityEngine;                                      //导入脚本相关类
2    namespace EasyAR{
3      public class EasyImageTargetBehaviour : ImageTargetBehaviour, ITargetEventHandler{
4        protected override void Start(){                    //重载 Start 方法
5          base.Start();
6          HideObjects(transform);                           //隐藏该物体
7        }
8        void HideObjects(Transform trans){                  //隐藏物体方法
9          for (int i = 0; i < trans.childCount; ++i)        //遍历物体子对象
10           HideObjects(trans.GetChild(i));                 //隐藏子对象
11         if (transform != trans)
12           gameObject.SetActive(false);                    //隐藏该物体
13       }
14       void ShowObjects(Transform trans){                  //显示物体方法
15         for (int i = 0; i < trans.childCount; ++i)        //遍历物体子对象
16           ShowObjects(trans.GetChild(i));                 //显示子对象
17         if (transform != trans)
18           gameObject.SetActive(true);                     //显示该物体
19       }
20       void ITargetEventHandler.OnTargetFound(Target target){  //如果找到 Target 对象
21         ShowObjects(transform);                           //显示 Target 及子对象
22       }
23       void ITargetEventHandler.OnTargetLost(Target target){//如果丢失 Target 对象
24         HideObjects(transform);                           //隐藏 Target 及子对象
25       }
26       void ITargetEventHandler.OnTargetLoad(Target target, bool status){
                                                             //打印已加载 Target 信息
27         Debug.Log("Load target (" + status + "): " + target.Id + " -> " +
           target.Name);
28       }
29       void ITargetEventHandler.OnTargetUnload(Target target, bool status){
                                                             //打印未加载 Target 信息
30         Debug.Log("Unload target (" + status + "): " + target.Id + " -> " +
           target.Name);
31   }}}
```

❏　第 1-7 行的主要功能是导入相关类、定义命名空间，并对 Start 方法进行了重载。在初始状态下，先将 Target 隐藏。

❏　第 8-13 行的主要功能是编写隐藏物体及其子对象的方法。先获取了物体子对象，然后遍历子对象，将各个子对象隐藏。

❏　第 14-19 行的主要功能是编写显示物体及子对象的方法。先获取了物体子对象，然后遍历子对象，将各个子对象激活。

❏　第 20-25 行是监听系统是否识别出 Target 对象，如果识别出 Target，就显示 Target 及子对象，反之，就将 Target 及子对象隐藏。

❏　第 26-30 行是打印项目信息，便于观察和调试。

✏说明　　　此脚本中仅仅是将 Target 显示和隐藏，其中使用到了 EasyAR 中的封装类，这些类都是隐藏的，开发者无法查看。

（6）本案例中有两个 Image Target，它们分别采用了不同的图片存储方法。如果需要更改图片，只需修改 Image Target 上挂载脚本的图片识别路径（Path）即可，如图 4-21 所示，Image Target 的图片存储方式有 4 种，下面将来介绍一下这 4 种路径。

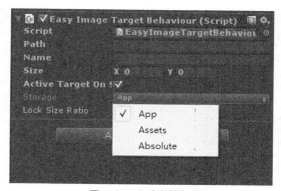

▲图 4-21　图片存储方式

❏　App 是指识别存储在手机端的文件，这种存储方式在开发过程中很少使用。

❏　Assets 是指 Unity 项目中的 Assets 文件，即图片必须在 Unity 项目中 Asset/StreamingAssets 文件夹下。在填写 Path 一栏的路径信息时，直接填写图片名加图片类型的后缀即可，比如"test.jpg"

❏　Absolute 适用于非移动平台，即填写图片在计算机上的绝对路径，但是需要将路径中的 "\\" 更改为 "/"，比如图片路径为 "E:\\test.jpg"，然后需要填写 "E:/test.jpg"。

❏　json 是指使用 json 文件来设置图片，json 文件中记录了图片的信息，如图 4-22 所示。在新版本的 EasyAR 中已经将其归为 Assets 下，如图 4-23 所示，只是将路径中填写的图片名替换成 json 文件名。

```
{ "images" : [
  {
    "image" : "sightplus/argame00.jpg",
    "name" : "argame"
  },
  {
    "image" : "idback.jpg",
    "name" : "idback",
    "size" : [8.56, 5.4],
    "uid" : "uid-string"
  }
]}
```

▲图 4-22　json 文件

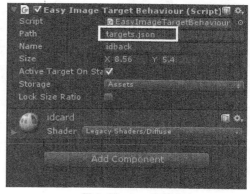

▲图 4-23　json 存储方式

4.3　EasyAR 视频播放功能

本小节中，将介绍 EasyAR 提供的官方案例——HelloARVideo。本案例主要向读者展示 EasyAR 如何实现视频的加载以及播放功能，具体实现本地视频、透明视频和流媒体视频的播放。下面笔者将对 HelloARVideo 案例进行详细的介绍。

4.3.1　案例效果

首先读者需要打开官方提供的工程文件，并在 EasyAR 官网上获取 License Key（许可密钥），然后将其添加在案例中 EasyAR 对象下的 HelloARVideo 组件中，并导出 APK 安装到手机上运行。程序可以识别官方提供的图片目标并播放视频，案例效果如图 4-24 和图 4-25 所示。

▲图 4-24　案例效果图 1

▲图 4-25　案例效果图 2

4.3.2　案例详解

前面笔者向读者展示了官方案例 HelloARVideo 的运行效果，下面笔者将对官方案例中如何实现这个效果进行讲解，将着重讲解 "HelloARVideo" "ImageTarget_DynamicLoad_AutoPlay" 和 "ImageTarget_DynamicLoad_ManualPlay" 脚本。

（1）首先打开官方提供的 HelloARVideo 工程文件，并在 Assets\HelloARVideo\Scenes 目录下打开 HelloARVideo 场景。打开后场景的 Hierarchy 面板如图 4-26 所示。其中包括一个 EasyAR 对象和 3 个图片目标，程序能够识别这 3 张图片和一张身份证背面的图片，如图 4-27 所示。

▲图 4-26　Hierarchy 结构

▲图 4-27　可识别的 4 张图片

（2）首先选中 EasyAR 对象，其有两个组件分别为 Tracker Behavior 和 HelloARVideo。Tracker Behavior 组件负责控制场景中的 ImageTracker 不需要进行修改，笔者将详细介绍 HelloARVideo 组件，该组件控制着 EasyAR 的初始化，具体代码如下。

代码位置：见官方案例 HelloARVideo\Assets\HelloARVideo\Scripts 下的 HelloARVideo.cs 脚本

```
1    using UnityEngine;
2    using EasyAR;
3    namespace EasyARSample{
4      public class HelloARVideo : MonoBehaviour{
5        [TextArea(1, 10)]
6        public string Key;                            //负责存储许可密钥的字符串
7        private const string title = "Pleaser enter KEY first!";      //提示标题
8        private const string boxtitle = "===PLEASE ENTER YOUR KEY HERE===";
                                                         //窗口标题
9        private const string keyMessage = ""          //提示信息
10         + "Steps to create the key for this sample:\n"
11         + "  1. login www.easyar.com\n"
12         + "  2. create app with\n"
13         + "     Name: HelloARVideo (Unity)\n"
14         + "     Bundle ID: cn.easyar.samples.unity.helloarvideo\n"
15         + "  3. find the created item in the list and show key\n"
16         + "  4. replace all text in TextArea with your key";
17       private ImageTarget_DynamicLoad_ManualPlay target;      //获取对象
18       private void Awake(){
```

```
19        if (Key.Contains(boxtitle)){                      //判断 Key 字符串中是否包含提示标题
20          #if UNITY_EDITOR
21            UnityEditor.EditorUtility.DisplayDialog(title, keyMessage, "OK");
                                                             //弹出窗口显示提示信息
22          #endif
23          Debug.LogError(title + " " + keyMessage);  //打印相关信息
24        }
25      ARBuilder.Instance.InitializeEasyAR(Key);          //使用许可密钥对 EasyAR 进行初始化
26      ARBuilder.Instance.EasyBuild();                     //构建 AR 场景
27      }
28      private void Start(){
29        if (!target){
30          GameObject go = new GameObject("ImageTarget-TransparentVideo-DynamicLoad");
31          target = go.AddComponent<ImageTarget_DynamicLoad_ManualPlay>();
                                                             //添加组件
32        }
33        target.ActiveTargetOnStart = false;               //开始时不激活目标
34        target.Bind(ARBuilder.Instance.TrackerBehaviours[0]);
                                                             //将 target 绑定到 TrackerBehaviours
35        target.SetupWithImage("idback.jpg", EasyAR.StorageType.Assets, "idback",
36        new Vector2(8.56f, 5.4f));
                     //对该游戏对象的 ImageTarget_DynamicLoad_ManualPlay 组件进行配置
37      }
38      private void OnDestory(){
39        if (!target) return;
40        target.UnBind(ARBuilder.Instance.TrackerBehaviours[0]);    //解除绑定
41        target.UnloadFromAllTrackers();                   //从所有的 Loader 中卸载此组件
42    }}}
```

❑   第 5-16 行首先定义了一个用于存储许可密钥的字符串，然后定义相关的提示信息用来在
Inspector 面板中提示。

❑   第 18-27 行重写了 Awake 函数，该函数在脚本被加载时会被调用，首先判断 Key 字符串
中是否包含许可密钥，如果没有就使用 DisplayDialog 函数弹出提示窗口，并打印相关信息。如果
包含就使用 InitializeEasyAR 函数初始化 EasyAR，并通过 EasyBuild 函数创建一个简单的场景。

❑   第 28-37 行首先创建一个游戏对象然后为其添加 ImageTarget_DynamicLoad_ManualPlay
组件，在开始时不激活该游戏对象，使用 Bind 函数绑定该对象，只有这样程序在运行时才能够追
踪设置的图片目标，SetupWithImage 函数就是配置添加的组件，第一个参数是路径、第二个是存
储方式，这里的 Asset 表示存储在 StreamingAssets 文件夹中，第三个参数是该目标的名称、第四
个参数是目标的大小。

❑   第 38-42 行 OnDestory 函数在对象被销毁后调用，在其中需要先解除绑定并卸载所有
Loader 中的 ImageTarget_DynamicLoad_ManualPlay 组件。

（3）上一个脚本的介绍中提到了 ImageTarget_DynamicLoad_ManualPlay 这个组件，该组件是
由一个同名脚本构成的，上一个脚本运行之后便能够识别名为 "idback.jpg" 的图片，而该脚本就
是在程序识别这个图片之后对需要播放的视频进行配置，具体代码如下。

代码位置：见官方案例 HelloARVideo\Assets\HelloARVideo\Scripts 下的 ImageTarget_Dynamic
Load_ManualPlay.cs 脚本

```
1     namespace EasyARSample{
2       public class ImageTarget_DynamicLoad_ManualPlay : ImageTargetBehaviour,
        Itarget EventHandler {
3         private bool loaded;                              //判定是否加载标志位
4         private bool found;                               //判定是否找到标志位
5         private System.EventHandler videoReayEvent;       //使用委托定义事件处理
6         private VideoPlayerBaseBehaviour videoPlayer;
                                                            //VideoPlayerBaseBehaviour 对象
7         private string video = "transparentvideo.mp4";    //视频名称
8         protected override void Start(){
9         videoReayEvent = OnVideoReady;                    //注册函数 OnVideoReady
10        base.Start();                                     //调用基类的 Start 函数
11        LoadVideo();                                      //加载视频函数
```

```
12          HideObjects(transform);                              //隐藏对象
13      }
14      public void LoadVideo(){
15          GameObject subGameObject = Instantiate(Resources.Load("TransparentVideo",
16          typeof(GameObject))) as GameObject;        //从 Resources 文件夹中加载 Transparent
                                                         Video 作为对象
17          subGameObject.transform.parent = this.transform;     //设置对象的父对象
18          subGameObject.transform.localPosition = new Vector3(0, 0.1f, 0);
                                                                 //设置位置
19          subGameObject.transform.localRotation = new Quaternion();   //设置旋转角
20          subGameObject.transform.localScale = new Vector3(0.5f, 0.2f, 0.3154205f);
                                                                 //设置尺寸
21          videoPlayer = subGameObject.GetComponent
22          <VideoPlayerBaseBehaviour>();              //获取 VideoPlayerBaseBehaviour 组件
23          if (videoPlayer){
24              videoPlayer.Storage = StorageType.Assets;        //设置存储方式
25              videoPlayer.Path = video;                        //设置视频路径
26              videoPlayer.EnableAutoPlay = false;              //设置是否启用自动播放
27              videoPlayer.EnableLoop = true;                   //设置是否启用循环播放
28              videoPlayer.Type = VideoPlayer.VideoType.TransparentSideBySide;
                                                                 //设置播放类型
29              videoPlayer.VideoReadyEvent += videoReayEvent;   //注册 videoReayEvent 函数
30              videoPlayer.Open();                              //打开视频
31      }}
32      public void UnLoadVideo(){
33          if (!videoPlayer)     return;
34          videoPlayer.VideoReadyEvent -= videoReayEvent;       //解除注册
35          videoPlayer.Close();                                 //关闭视频
36          loaded = false;                                      //改变标志位
37      }
38      void OnVideoReady(object sender, System.EventArgs e){
39          Debug.Log("Load video success");                     //打印相关信息
40          VideoPlayerBaseBehaviour player =
41          sender as VideoPlayerBaseBehaviour;                  //转换 sender 类型
42          loaded = true;                                       //改变标志位
43          if (player && found)      player.Play();             //播放视频
44      }
45      ......//此处省略了多个控制物体显示与隐藏的函数，很简单，有兴趣的读者可查看官方源代码
46  }}
```

❑　第 3-7 行首先定义两个标志位，分别用来表示是否加载和是否找到，videoReayEvent 作为事件处理，当被调用时挂载到其上的函数也会被调用 VideoPlayerBaseBehaviour 对象，在 EasyAR 中负责对视频设置，最后设置播放视频的名称，在后面作为视频加载的路径。

❑　第 8-13 行重写 Start 函数，首先将 OnVideoReady 函数注册到 videoReayEvent，调用基类 Start 函数和 LoadVideo 函数并隐藏当前对象。

❑　第 14-20 行首先在 Resource 文件夹下加载一个名为 TransparentVideo 的预制件，并转换为游戏对象，官方案例中提供了这个预制件，上面挂载着 VideoPlayerBehavior 组件。然后设置该对象的父对象、位置、旋转角以及尺寸。

❑　第 21-31 行首先获取了 VideoPlayerBaseBehaviour 组件，该组件可以对视频进行设置，设置视频的存储方式为 Asset，表示在 StreamingAssets 文件夹下、设置路径、是否自动播放、循环播放、播放类型等，并在最后打开视频。

❑　第 32-37 行 UnLoadVideo 负责视频的卸载，首先在 VideoReadyEvent 上解除 videoReayEvent 函数的注册，并关闭已经打开的视频。

❑　第 38-44 行 OnVideoReady 函数会将 sender，也就是 object 转换成 VideoPlayerBaseBehaviour，并判断 VideoPlayerBaseBehaviour 是否存在以及视频是否找到，如果符合条件就调用 Play 函数来播放指定路径下的视频。

（4）下面介绍场景中 ImageTarget-LocalVideo 和 ImageTarget-LocalTransparentVideo 两个对象，这两个对象能够播放本地的视频，每一个对象上都有 EasyImageTargetBehaviour 组件，在组件中需要配置图片信息，如图 4-28 和图 4-29 所示。

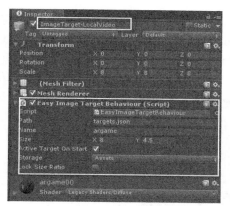

▲图 4-28 图片设置 1

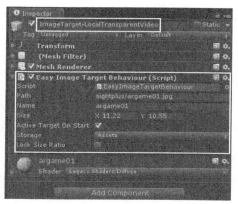

▲图 4-29 图片设置 2

> **说明** 组件中 Path 为图片的路径、Name 为设置目标的名称、Size 为图片对象的尺寸、Active Target On Start 为设置图片是否在程序开始时激活、Storge 是存储类型，其中 Assets 表示存储在 StreamingAssets 文件夹下、Lock Size Ratio 表示是否锁定尺寸比例。

（5）当 Easy Image Target Behaviour 组件设置完成后，程序就能够识别所添加的两张图片。然后在其子对象上设置视频的播放，两个子对象都要挂载 VideoPlayerBehaviour 组件来控制视频的播放，一个是在 Plan 上播放，另一个是在 Sphere 上播放，如图 4-30 和图 4-31 所示，组件参数具体信息如表 4-1 所示。

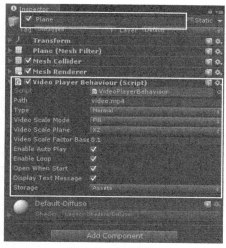

▲图 4-30 视频设置 1

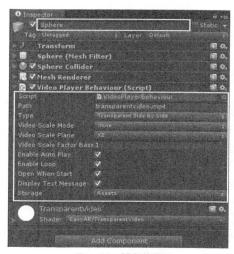

▲图 4-31 视频设置 2

表 4-1　　　　　　　　　　　　VideoPlayerBehaviour 参数详解

参　数　名	含　义	参　数　名	含　义
Path	视频路径	Type	视频类型
VideoScaleMode	视频缩放模式	VideoScalePlane	视频缩放平面
VideoScaleFactorBase	视频基础缩放系数	EnableAutoPlay	自动播放
EnableLoop	循环播放	OpenWhenStart	Start 被调用时打开视频
DisplayTextMessage	在不支持的平台上显示提示	Storage	存储类型

（6）设置完成后，当程序识别到这两张图像之后就会显示一个 Plane 或 Sphere，在指定的路径下加载并播放视频。下面介绍 ImageTarget-StreamingVideo-DynamicLoad 对象，它能够通过 Url从网络上获取视频资源并进行播放，主要的组件是 ImageTarget_DynamicLoad_AutoPlay，首先需要在 Inspector 面板中对该组件的图片资源进行配置，如图 4-32 所示。脚本的具体代码如下所示。

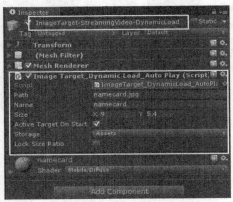

▲图 4-32　配置图片资源

代码位置：见官方案例 HelloARVideo\Assets\HelloARVideo\Scripts 下的 ImageTarget_DynamicLoad_AutoPlay.cs 脚本

```
1    namespace EasyARSample{
2      public class ImageTarget_DynamicLoad_AutoPlay : ImageTargetBehaviour, Itarget
       EventHandler{
3        private string video =                            //网络视频资源路径
4        @"http://7xl1ve.media1.z0.glb.clouddn.com/sdkvideo/EasyARSDKShow201520.mp4";
5        protected override void Start(){
6          base.Start();                                   //基类 Start 函数
7          LoadVideo();                                    //加载视频函数
8          HideObjects(transform);                         //隐藏对象函数
9        }
10       public void LoadVideo(){
11         GameObject subGameObject =          //在 Resources 文件夹下加载 VideoPlayer 预制件
12         Instantiate(Resources.Load("VideoPlayer", typeof(GameObject))) as GameObject;
13         subGameObject.transform.parent = this.transform;          //设置父对象
14         subGameObject.transform.localPosition = new Vector3(0, 0.225f, 0);//设置位置
15         subGameObject.transform.localRotation = new Quaternion();  //设置旋转角
16         subGameObject.transform.localScale = new Vector3(0.8f, 0.45f, 0.45f);
                                                                      //设置尺寸
17         VideoPlayerBaseBehaviour videoPlayer =                     //获取组件
18         subGameObject.GetComponent<VideoPlayerBaseBehaviour>();
19         if (videoPlayer){
20           videoPlayer.Storage = StorageType.Absolute;            //设置存储类型
21           videoPlayer.Path = video;                              //设置路径
22           videoPlayer.EnableAutoPlay = true;                     //启动自动播放
23           videoPlayer.EnableLoop = true;                         //启动循环播放
24           videoPlayer.Open();                                    //打开视频
25       }}
26       ......//此处省略了多个控制物体显示与隐藏的函数，很简单，有兴趣的读者可查看官方源代码
27     }}
```

❑ 第 3-9 行首先设置视频路径，EasyAR 支持网络视频的播放，只需要向其提供 Url 地址。Start 函数在脚本被加载后调用，调用了基类的 Start 函数、加载视频函数以及隐藏对象函数。

❑ 第 10-16 行首先在 Resource 文件夹下加载名为 VideoPlayer 的预制件，该预制件中包含VideoPlayerBehaviour 组件来控制视频的播放。之后设置其父对象、位置、旋转角、尺寸。

❑ 第 18-24 行获取 VideoPlayerBaseBehaviour 组件，如果组件存在就设置存储方式为Absolute，表示绝对路径或 Url。设置视频路径、启动自动播放、启动循环播放并打开视频，这样

在图片被识别之后，视频就会被下载并播放，所以运行该案例需要有网络连接。

4.4 本章小结

　　本章对国内首个免费增强现实引擎 EasyAR 进行了详细的介绍，学习完本章后读者能够对 EasyAR 的相关功能有一个大致的了解，包括扫描图片和播放视频两个基础功能，使得读者在开发过程中可以灵活地应用该方面的知识。

4.5 习题

1. 简要介绍 Easy AR。
2. 试下载 EasyAR SDK，导入官方案例并运行。
3. 利用 EasyAR 实现图片的识别功能。
4. 利用 EasyAR 实现视频播放功能。

第5章 基于 Unity 开发的 VR 设备初探

随着技术的进步，虚拟现实头盔逐步进入了大众市场，这又给我们开发者提供了一个接近消费者的平台，同时，手机游戏和游戏机玩家对虚拟现实头盔的庞大需求带动了市场对虚拟现实内容的需求，虚拟现实内容市场将在手机游戏软件市场占据越来越多的份额，开发者可以在这一崭新的平台大展拳脚。

Unity 是一个强大的集成游戏引擎和编辑器开发工具，程序员用其开发程序可提高开发效率，同时，从 Unity 5.1 版本开始对 VR 开发提供了原生支持，当前主流的 VR 设备都能通过 Unity 进行程序开发，本章将初步介绍基于 Unity 开发的 VR 设备，并着重讲解 Oculus Rift 的开发环境配置与开发流程。

5.1 基于 Unity 开发的 VR 设备

自从 Unity 5.1 版本开始，Unity 3D 游戏开发引擎中就已经对 VR 程序开发提供了原生支持，并且都能通过结合当前主流 VR 设备官方提供的 SDK 进行 VR 程序开发。

当前的主流 VR 设备分别有需要连接在计算机上使用的 Oculus Rift 系列 VR 与 HTC Vive、连接手机的 Gear VR、连接 PS4 的 PlayStation VR 和单独使用的 Microsoft HoloLens 全息眼镜，都支持通过 Unity 进行开发，下面将对以上 VR 设备进行详细介绍。

5.1.1 Oculus Rift

Oculus Rift 是一款为电子游戏设计的头戴式显示器，如图 5-1 和图 5-2 所示，随着虚拟现实（即 VR）技术的兴起，Oculus 顺应时代潮流不断推陈出新，先后开发了多种机型，比较出名的有 DK1、DK2 与 CV1，下面将进行详细介绍。

▲图 5-1 Oculus Rift 最新设备 1

▲图 5-2 Oculus Rift 最新设备 2

1. Oculus Rift DK1

首先需要说明的是，Oculus Rift 不只是一个硬件，而是包含有软件开发工具包（SDK）在内的一整套开发系统；图 5-3 展示的就是 Oculus Rift DK1，简称 Oculus 一代，它的硬件部分是一个头戴式的显示设备，通过 HDMI 或 DVI 输入，可以将计算机渲染的画面显示在面前的小屏幕里。

该设备屏幕的分辨率是 1280×800，如图 5-4 所示。使用 Oculus 时必须连接计算机，而这种全封闭的设计，虽然看起来有些笨重，但是却可以带给人以全方位的沉浸体验。Oculus 使用双眼成像原理来构建 3D 视觉效果，和全息影像不同，和 iMax 相似，但又有区别。

▲图 5-3　DK1

▲图 5-4　DK1 屏幕

- ❑　相同点：都是通过让双眼看到同一场景的不同角度的画面来创造立体感的。
- ❑　不同点：iMax 的两幅画面显示在一个屏幕里，使用偏振眼镜来区分这两幅画面。

> **提示**　　这就是为什么你在看 iMax 电影时，不戴 3D 眼镜只能看见一片模糊的原因。

Oculus 使用了更加直接的方法，把屏幕一分为二，左边显示左眼画面，右边显示右眼画面，简单粗暴但是很有效。如图 5-5 和图 5-6 所示的图片就是通过计算机输入到 DK1 的原始画面，可以看到，整个画面被平均分成了两部分，分别是左眼画面和右眼画面。

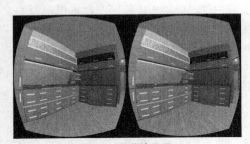

▲图 5-5　屏幕效果图 1

▲图 5-6　屏幕效果图 2

2．HD 原型机

2013 年 6 月，使用了 1080p 液晶面版的 Rift 原型机于 E3 上公开展示。此设备比 DK1 的像素数量高出 2 倍，显著减少了纱门效应，并让虚拟世界中的对象变得更为清晰，特别是在较长距离之下。HD 原型机是唯一一款展示给大众，但没有公开开发工具包的 Rift 原型机。

> **说明**　　纱门效应是像素不足的情况下，实时渲染引发的细线条舞动、高对比度边缘出现分离式闪烁。

3．水晶湾原型机

2014 年 1 月，更新后的原型机代号为“水晶湾”（Crystal Cove），于消费电子展上首次亮相，使用特殊的低反应时间 OLED 显示屏幕，以及使用外部摄影机追踪位于头套上的红外线点之新型运动追踪系统。此一新型运动追踪系统让系统能侦测弯腰或下蹲等动作，可以帮助用户减轻晕眩感。

4．Oculus Rift DK2

2014 年 3 月于游戏开发者大会（GDC）上，Oculus 公布了将上市的开发工具包第 2 代（DK2），如图 5-7 所示，DK2 的 1920×1080 OLED 面板单眼分辨率达到了 960×1080，是原有像素数量的 2 倍。OLED 暂留时间 3ms，对减轻眩晕有较大提升。相对于 DK1 除了提高分辨率外还有以下两个新特性。

❑ 位置跟踪

位置跟踪(Positional Tracking)是 DK2 最显著的新特性。它本质上是通过 Rift 上多个红外发射头，发射红外信号到接收器，如图 5-8 所示。接收器可以夹在显示器上方，或者固定在三脚架上。延迟很小，正常使用下几乎不会引起眩晕。

▲图 5-7 DK2

▲图 5-8 DK2 上的红外发射头

同时，它可以在距离接收器 0.5～2m 内的锥体空间中，跟踪人的运动位置。如果和接收器保持 1m 以上的距离，基本上一套广播体操的动作都能捕捉到位。把小范围的头部线性运动加入 VR 应用内，将会很大程度上提升沉浸感和降低眩晕概率。

❑ Direct HMD（head-mounted display）模式

这是新版 Oculus Runtime 所支持的新显示模式，以前 Rift 只能作为一个扩展桌面出现在操作系统里。要运行 3D 应用只有两种办法，一种是镜像显示器，这会让主显示器被拉伸成 Rift 的现实分辨率；二是把对应的 3D 应用拖到副显示器上，但拖入 Rift 后再进行操作会十分痛苦，通常需要睁一只眼闭一只眼。

Direct HMD 模式直接去掉了扩展桌面。运行 3D 应用时，在主显示器上显示缩小的立体图像，而 Rift 中则全屏运行应用。这样只要脱掉 Rift 就能在主显示器操作窗口，而又不会像镜像模式那样把主显示器搞得很丑，但是目前 Direct HMD 模式只在 Windows 下有效。

5. 月牙湾原型机

2014 年 9 月，在洛杉矶的 Oculus Connect 大会上，Oculus 再度展示 Rift 的升级版本，代号为"月牙湾"（Crescent Bay）。它是 Oculus Rift 的升级版，配备了更高分辨率的显示屏，内置音频，并且加入了 360 度跟踪技术。官方声称"它并不是一款消费者产品，但是已经非常接近了"。

6. Oculus Rift CV1 消费者版本

消费者版本是月牙湾原型机的改良版，各眼的显示器更新率达 90Hz，比 DK2 有更高的分辨率、360°位置追踪、集成音效、大幅提升位置追踪容量，并着重于面对消费者的人体工学与美学，如图 5-9 所示，并在 2016 年 3 月 28 日开始首批出货，售价为 599 美元。

▲图 5-9 Oculus Rift 消费者版本

其套装内包含了一个 Oculus Remote 遥控器与 Xbox One 无线手柄,玩家可通过手柄进行控制,同时还包含了一个位置跟踪摄像头,位置跟踪会使用惯性传感器的数据作为被遮挡或丢失跟踪时的后备,总的来说 CV1 可以说是 VR 领域的一个里程碑。

5.1.2　Microsoft HoloLens 全息眼镜

HoloLens 是微软最先推出的混合增强现实设备,它并不是完全的增强现实,也非完全的虚拟现实,这是一种 VR 与 AR 的结合产品,也就是 MR,如图 5-10 所示。

❑　配置上,其集合了全息透镜、深度摄像头、内置耳机等配置,均通过一个 32 位架构的 GPU 和 HPU(全息处理单元)控制,不仅如此,还配置了 2GB 的内存和 64GB 的板载储存,且同时支持蓝牙和 Wi-Fi,并且可以完全独立使用,无需同步计算机或智能手机的连接。

❑　系统上,HoloLens 的系统主要依托于窗口,其本身就搭载了 Windows 10 操作系统,该系统的设置布局与 Windows 10 PC 版一样,只不过是在 HoloLens 视图下呈现的。它采用先进的传感器、高清晰度 3D 光学头置式全角度透镜显示器以及环绕音效。

❑　交互上,其可以通过手势、语音来控制,设备上的物理控件只包含电源开关、音量按钮和对全息透镜对比度控制键。

通过 HoloLens 镜片看到的其实还是现实世界中的场景,不过除了真实场景外还能看到其为我们呈现的虚拟屏幕、模型,如图 5-11 所示。

▲图 5-10　Microsoft HoloLens 全息眼镜　　　▲图 5-11　Microsoft HoloLens 全息眼镜

5.1.3　Gear VR

Gear VR 是三星推出的一款虚拟现实头戴式显示器,新一代的 Gear VR 是三星与 Oculus 公司共同设计的。到目前为止,它们仅支持三星自家的旗舰机型——Galaxy Note 5、Galaxy Note 7、Galaxy S6 系列以及 Galaxy S7 系列。

其支持标准的蓝牙控制器,同时设备右侧位置还配置了触摸板,用户可以触摸进行菜单选择(类似于笔电的触摸板),通过轻敲进入下一级菜单,此外,触摸板上部是一个独立的返回按键,触摸板的前部则是音量控制键,只需将移动设备插入到 Gear VR 的前部即可使用,如图 5-12 和图 5-13 所示。

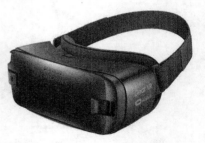

▲图 5-12　Gear VR 头盔 1　　　　　　　▲图 5-13　Gear VR 头盔 2

5.1.4 PlayStation VR

PlayStation VR（PS VR）是索尼旗下的虚拟现实头戴式显示器，这款 VR 头显选择了不高的售价，还搭配专门的处理单元帮助玩家得到更流畅的体验，它专门针对 PS4 平台打造，让我们不需要纠结计算机配置问题，只要购买一台 PS4 和 PS VR 就可以开始虚拟现实之旅了，如图 5-14 和图 5-15 所示。

▲图 5-14 PlayStation 4

▲图 5-15 PlayStation VR

这款头戴设备丰富了游戏体验的虚拟现实场景，玩家视觉感被 360°全方位包围，呈现出有压迫感的三维空间画面，加之和 3D 音频技术相结合，让玩家具有现实的临场感，如同身临其境一般。玩家既可以选择一个人沉浸在虚拟现实的游戏世界中，还可以在线和多人对战 VR 游戏。

5.1.5 HTC Vive

HTC Vive 是由 HTC 与 Valve 联合开发的一款 VR 头戴式显示设备，与 2015 年 3 月在 MWC2015 上发布，如图 5-16 所示。Vive 一直朝着大型 VR 系统的方向发展，它并不是简单的头戴设备。除了又黑又重的头盔，Vive 还有两个名为"灯塔"的激光动作追踪器，用户需将它安置在房间的两个角落中。

此外，还有一对动作控制器用于控制操作。它与普通的游戏手柄设计思路不同，不过基本的控制键都在，如扳机按钮、两个按键和一块顺滑的触控板，这块触控板可以为从 PC 转投来的用户提供像鼠标一样的精确操控，如图 5-17 所示。

▲图 5-16 HTC Vive 头盔

▲图 5-17 HTC Vive 套装

5.2 Oculus Rift 环境配置与简要介绍

接下来将介绍 Oculus Rift 的环境配置，通过此部分内容的介绍，读者可以了解到 Oculus Rift 的安装流程，以及对其运行所需相关组件的设置步骤。

读者可以根据此部分讲解的内容，对这款设备有一个比较直接的认识，熟悉其基本的使用流程。除此之外，本节还对 Oculus 官方提供的 SDK 进行了简要讲解，读者可在官方 SDK 脚本的基础上进行添加与修改，以实现不同的程序效果。

5.2.1　Oculus Rift 安装

Oculus Rift 设备的连接过程比较简单，这里不再介绍，读者可以参考 DK1 和 DK2 包装盒内的安装指导手册，对设备进行组装。需要注意的是，如果读者同时拥有 DK1 和 DK2，不要同时插入连接，这样会导致 Rift 的 App 应用程序不能正常工作。

1. 硬件要求

开始装机之前，用户要保证自己的计算机具备足够的图形处理能力，以下是 Oculus VR 为我们推荐的配置：

- ❑ 相当于 NVIDIA GTX970 / AMD290 图形处理能力或更高的显卡；
- ❑ 相当于 Intel i5-4590 处理能力或更强的处理器；
- ❑ 8GB 或更高的内存容量。

这些配置是使 Oculus Rift 游戏和应用拥有很好体验的有效保障，除此之外，为了能启动 Oculus Rift，有以下硬性要求：

- ❑ Windows 7 SP1 或更高系统；
- ❑ 两个 USB 接口；
- ❑ HDMI 接口。

2. 下载并安装 Runtime 安装程序

硬件安装完成以后，读者需从 Oculus 官网上下载并安装对应的安装程序，整个过程需持续 30～60min，总大小为 1.22GB，并需要在安装过程中全程联网，安装过程中以下组件会被安装，分别为：

- ❑ Oculus Display Driver（Oculus 显示驱动）；
- ❑ Oculus Positional Tracking Sensor Driver（Oculus 位置追踪传感器驱动）；
- ❑ Oculus Service Application（Oculus 服务应用程序）；
- ❑ Oculus System Tray Application and Configuration Utility（Oculus 系统托盘应用及配置工具）。

Runtime 的安装需要卸载计算机上已经存在的组件，安装执行程序时，会安装以上组件，安装之前需要卸载 Windows 控制面板中的程序和功能模块所有已存在的组件，如"Microsoft Visual C++ 2015 Redistributable(x64)…"，然后按照执行程序的步骤完成安装。安装过程如图 5-18 和图 5-19 所示。

▲图 5-18　安装过程 1

▲图 5-19　安装过程 2

> **说明**　在消费版 Oculus 没有发布之前，Runtime 版本已经更新到了 0.8 版本，而且下载与安装比较快捷，但消费版的 Oculus 出现后，要安装最新的 Runtime1.3 版本也就是 Oculus Home 变得非常困难。由于国内诸多因素限制，魔多 Oculus 提供了便捷的方式对其进行安装，读者请自行查阅相关资料。

3. 创建自己的 Oculus 账号

安装结束后将提示用户创建自己的 Oculus 账号，已有 Oculus 账号的可以直接登录，并与头显同步。创建好自己的 Oculus 账号可以完成对 Oculus 设备的一系列设置，创建账号的过程，用户可以结合下面教程以及实际设备完成操作完成。

（1）单击 Oculus 图标，打开 Oculus 程序，单击右下角的"Create Account"，如图 5-20 所示，开始创建自己的 Oculus 账号。按照上面的要求输入用户名、姓名等，如图 5-21 所示，输入完成单击"Continue"继续创建账号。

▲图 5-20　打开 Oculus 程序

▲图 5-21　输入用户名信息

（2）接下来两次输入自己的 E-mail 地址，并输入账号和登录密码，如图 5-22 所示。这里要注意每个 Oculus 账号只能对应一个邮箱地址。单击"Create Account"继续，这时 Oculus 会发送一封注册邮件到上一步所填写的邮箱中，如图 5-23 所示。

▲图 5-22　输入邮件地址以及密码

▲图 5-23　确认信息界面

（3）收到邮件后，读者可以按照邮件的操作，单击完成确认操作，确认完成后，网页会跳转到 Oculus 官网中，显示确认完成，如图 5-24 所示。关闭 Oculus 官网的网页后，Oculus 客户端会显示账号创建完成，如图 5-25 所示。之后进行一系列设置，即可完成账号的创建。

4. 其他相关文件下载

登录 Oculus 官网下载地址 https://developer.oculus.com/downloads，下载 Oculus 相关文件，如图 5-26 和图 5-27 所示。单击 Details 可进入下载界面，选中"I hava read and agree…"，单击 Download 选择下载位置后，即可下载。

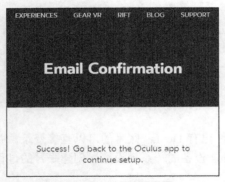

▲图 5-24　认证完成界面

▲图 5-25　Oculus 账号创建成功

▲图 5-26　下载 Oculus 相关组件 1

▲图 5-27　下载 Oculus 相关组件 2

5.2.2　Oculus 系统托盘

接下来在系统托盘中找到 Oculus 图标，单击可以进入 Oculus 系统托盘设定。有两个可以开启的界面，分别为 Rift Display Mode（Rift 显示模式）对话框和 Oculus Configuration Utility（Oculus 配置工具）。下面将详细介绍这两个界面。

1. Rift Display Mode（Rift 显示模式）

Rift Display Mode 中有两个主要的设置选项，如图 5-28 所示。分别为通过 App 直接输入头戴显示器模式、扩展桌面到头戴显示器模式和是否使用传统的 DK1 设备的确认框。该界面的设置也可以在 Oculus Configuration Utility 的 Tools 菜单中起作用。

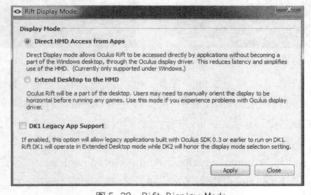

▲图 5-28　Rift Display Mode

❑ Direct HMD Access from Apps（直接显示模式）：此模式为推荐模式，Rift 连接到 PC 上将不会被识别为外接显示器，即将程序的画面直接输出到头戴式显示器中，并且可以自动被支持 Rift 的应用程序调用。

❑ Extend Desktop to the HMD（扩展桌面模式）：此模式为调试时使用，将 Rift 屏幕作为扩展桌面来使用，如果使用直接输入头戴显示器模式出现问题则需要使用此模式。

❑ DK1 Legacy App Support：确认框的作用是勾选此确认框，允许使用 DK1 的用户可以继续用 Oculus0.3.1 SDK 或更早的版本 SDK 制作的 Oculus 应用。但这些应用在 DK2 设备上不能运行。当运行高版本的 SDK，如 Oculus SDK 0.4.1 或者更新的版本，此设置需要关闭。

2. Oculus Configuration Utility（Oculus 配置工具）

Oculus Configuration Utility 用于配置 Oculus 头戴显示器，生成设备和用户配置文件，配置文件允许用户通过增加 Rift 应用程序的舒适度、表现力和沉浸感来调整和设置个性化的 VR 体验。Oculus SDK 提供了一组合理的默认体验数据，但是在使用过程中用户也可以自行设置。

对于 Oculus Configuration Utility 的主界面，界面上半部分为设备设定，下半部分为用户设定，用户插好设备开启电源后，将立刻看到产品的图片，第一次运行 Oculus Configuration Utility 时，需要创建用户配置文件，设置相应的数值后这些设定会被保存下来，如图 5-29 和图 5-30 所示。

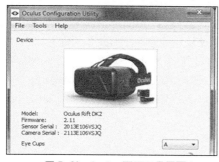

▲图 5-29　Oculus 配置工具界面 1

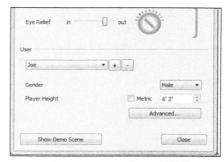

▲图 5-30　Oculus 配置工具界面 2

❑ Eye Cups（镜杯）：同 Oculu Rift 一同发货镜杯，有各自不同的高度和焦点。DK1 有 3 组不同的镜杯（A、B 和 C），而 DK2 配套的只有 A 和 B 两组镜杯。A 镜杯被预先安装在设备上，设计为正常人使用。B 和 C 镜杯适合近视用户使用。

❑ Eye Relief（眼距）：眼距是镜片表面到用户眼镜的距离，Rift 头戴显示器的两边都有一个刻度盘调节眼距，每个用户都可以通过测试寻找到一个合适的眼距，Oculus Configuration Utility 眼距设定的滑块需同硬件上刻度盘相吻合。"In"代表镜片与眼睛设置为最近，"Out"则相反。

❑ Gender（性别）：性别是一个任选参数，用于调整基于人口统计学的各种身材参数。应用程序也可以使用该参数来设定玩家虚拟形象的性别。

❑ Player Height（玩家身高）：玩家身高可以用英制或者米制表示，通过选中或清除 Metric 的确认框来选择，推荐应用程序使用这一数值设定与用户真实身高相同的虚拟形象。这样能使用户身处 VR 环境时感受更加真实并且效果更加震撼。

❑ Show Demo Scene（运行自带 Demo 进行调试）：设置完毕后，我们可以单击该按钮来检测信息，根据感受对各信息再次设置，直到体验效果最佳为止。

5.2.3　Oculus PC SDK 开发准备

用户在进行 PC 上的开发时，可以按照官方文档推荐，从 OculusDeveloper 和 Oculus Best Practices Guide 两部文档开始，这些文档提供了开发 Oculus 的指导信息，是准备开发一款好的

Oculus 作品必须考虑的文档。接下来将讲解 Oculus PC SDK 的开发准备。

1. 直观显示模式驱动

Windows 系统上，Oculus 推荐用户安装上 Oculus Display Driver，其中有个功能叫 Direct Display Mode（直观显示模式）。在此模式下，驱动程序会将你的 Rift 设置为取代 Windows 标准屏幕的显示器。应用程序在读取驱动之后会直接标记 Rift，并在初始化之前先行把渲染工作做好。这是一种默认的行为模式。

考虑到兼容性问题，Rift 也能作为 Windows 的显示屏来使用。这被称为扩展显示模式，当扩展模式是激活的，渲染就照常工作不用人为干预。你可以选择应用程序的屏幕显示模式。目前 Windows 之外的平台还不提供直观模式的驱动程序。

2. 显示器设置

为了更好的体验，需要将 Rift 调试到最佳状态。在 Windows 7 和 Windows 8 系统下，可以直接更改 Windows 的显示设置，右键点桌面选个性化即可。当 DK2 的屏幕已经点亮，即变成了计算机的扩展桌面。但是 DK2 首次被识别为扩展桌面，屏幕是竖着的，读者可通过以下步骤进行设置。

❑ 通过在计算机桌面上"右击"→"屏幕分辨率"，将显示器项选中"Rift DK2"，屏幕分辨率保持在"1080×1920（推荐）"，然后将方向选为"横向"，并单击右下角的应用按钮，即可完成设置。

❑ 将 Rift DK2 的屏幕摆正，先刷新固件，可按接下来的步骤操作：单击"Oculus 图标"，然后单击"OculusConfiguration Utility"，打开 DK2 设置软件界面。然后依次单击"Tools"→"Advanced"→"UpdateFirmware"，更新固件，更新过程中不要断开 DK2 的连接。

如果是在扩展模式下使用 Rift，那么最好将其设置为原生分辨率。对于 DK2 应设置为 1920×1080，而对于 DK1 来说设置为 1280×800。常态保持 Rift 为原生分辨率和频率。将 DK2 分辨率调整 Scaled 为 1080P，旋转角应该是 90°，刷新率为 75Hz。DK1 分辨率 1280×800，旋转角设为标准，刷新率为 60Hz。

5.2.4 游戏手柄的使用

一些 Oculus 的 SDK 实例场景中用到了 Oculus 手柄控制器，即手柄控制摄像机在虚拟世界中的移动，这些可编译的游戏手柄运用在支持的 Demo 应用中，比如对应 Windows 的 Xbox 360 手柄，如图 5-31 所示，对应 Mac 的 HIO-compliant 游戏手柄、三星的 EI-GP20 或者其他对应 Gear VR 的可编译控制器。

同时，官方也推出了 Oculus Touch，通过星座追踪让用户在虚拟世界中操纵对象，具有极高的位置追踪精度，如图 5-32 所示。

▲图 5-31 Xbox360 手柄

▲图 5-32 Oculus Touch

5.2.5 Unity 整合包简单介绍

前面几节中提到了下载 Oculus 开发所用到的相关资料，下载其中 Unity 的整合包。用户可以用 Unity Pro 4.6 版本对 Oculus 整合包进行编译，也可以通过 Unity 5.x 版本对其操作。需要注意的是，对于 Unity 4 的版本需下载 Unity 4.x Legacy Integration，对于 Unity 5.x 版本需下载 Oculus Utilities for Unity 5。

Unity 整合包的目录内容包含 OVR 和 Plugins 两部分。OVR 文件夹中的名称都是独特命名的，可以安全导入到已有的项目中，OVR 路径下包含如下的分支路径。

- ❑ Editor：编辑器，包含可以为 Unity 编辑器添加功能的脚本，还有强化过的 C#。
- ❑ Material：材料，包含了整合包中图形组件会用到的材料，比如主要 GUI 屏幕。
- ❑ Moonlight：包含了针对移动 GearVR 开发而准备的类（仅针对移动端）。
- ❑ Prefabs：预制体，包含为了将 VR 嵌入到 Unity 场景而提供框架的主要预制体 OVRCamera Rig 和 OVRPlayerControler，下面将详细介绍。
- ❑ Resources：资源，包含了部分需要被 OVR 脚本实例化的预制体和其他对象，比如主 GUI。
- ❑ Scene：场景，包含了简单的场景。
- ❑ Scripts：脚本，包含了将 VR 框架和 Unity 组件结合起来的 C#文件。许多脚本都要结合多种预制体一起使用，下面将详细介绍。
- ❑ Shaders：着色器，包含了多种 Cg 着色器，某些 OVR 组件会使用。
- ❑ Textures：纹理，包含了图像部件，某些脚本组件会用到。

1. 预制件

Oculus Utilities for Unity 5 整合包在 Assets/OVR/Prefabs 文件目录下为我们提供了 4 个预制件，能通过简单的拖拉将预制件放到场景中，方便开发者进行开发，下面来详细进行介绍。

（1）OVRCameraRig

OVRCameraRig 取代了场景中的普通摄像机，可以将 OVRCameraRig 拖曳到场景中，实现通过 Oculus Rift 对场景进行查看，它是 Unity 与摄像机的主要接口，所有的摄像机控制都应该通过此组件完成。

> ✒ **注意** 一定要关闭场景中的所有其他摄像机，确保 OVRCameraRig 是唯一被使用的。

该预制件中包含一个 Unity 摄像机，读者可单击 CenterEyeAnchor 进行查看，如图 5-33 所示，摄像机的位置由头部跟踪所控制，除此之外还有 LeftEyeAnchor 和 RightEyeAnchor 左右眼锚点对象等，同时包含一个 TrackingSpace 跟踪空间用于调节头部追踪框架与现实世界的关系。

可以将 OVRCameraRig 挂载到移动物体上，例如走动的任务、炮台等，从图 5-34 中我们可以看到，OVRCameraRig 上挂载了 OVRCameraRig 与 OVRManager 两个脚本，在下文中会详细进行介绍。

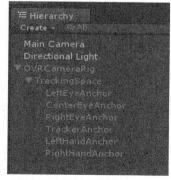

▲图 5-33 OVRCameraRig 详细内容

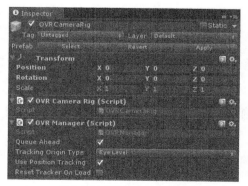

▲图 5-34 OVRCameraRig 挂载脚本

（2）OVRPlayerController

　　OVRPlayerController 是实现在虚拟世界中漫游的最简单的方式，简单来说，就是一个 OVRCameraRig 预制件与一个简单的 CharacterController（角色控制器）绑在了一起，能恰当地与 Unity 场景进行交互。

　　其中包含了一个物理的 Capsule（胶囊形状碰撞器），一个移动系统，还有简单的立体感文字区域渲染的菜单系统和 cross-hair 组件。我们可以使用游戏手柄、键盘或鼠标对其进行操纵，同时还挂载了 OVRPlayerController 脚本来对摄像机进行控制，如图 5-35 所示。

　　（3）OVRCubemapCaptureProbe

　　当程序运行时该预制件可以捕获屏幕上的截图，可以通过按键触发，也可以设置间隔时间自动捕获图像，可通过调节 OVRCubemapCapture 脚本中的变量达到想要的效果，如图 5-36 所示。

▲图 5-35　OVRPlayerController 挂载脚本

▲图 5-36　OVRCubemapCaptureProbe 更改设置

　　（4）OVRTrackerBounds

　　Oculus Rift 套件中包含了一个位置追踪摄像头，在摄像头追踪范围内可以定位 VR 头盔的位置，减少眩晕，而 OVRTarckerBounds 可以帮助计算追踪体积的大小，并在接近边界时会出现一个箭头提示用户。

　　2. 主要脚本

　　（1）OVRManager.cs

　　该脚本是 VR 硬件的主要接口，包含了许多辅助函数来储存 Oculus 信息并设定摄像机，OVRManager.cs 被挂载在 OVRCameraRig 上，其中有 3 个主要的公共成员。

　　❑　Tracking Origin Type：选择 Eye Level，根据 Oculus Rift 的 y 轴确定位置和方向；选择 Floor Level，则根据地板确定位置和方向。默认为 Eye Level。

　　❑　Use Position Tracking：禁用红外跟踪器，并根据头部的旋转判断位置。

　　❑　Reset Tracker On Load：当关闭时，连续的场景加载将不会重置跟踪器。

　　✏注意　　OVRManager.cs 在同一项目中只能被声明一次。

　　（2）OVRDisplay.cs

　　管理 Oculus Rift，能获取头部的姿态（如线速度、线加速度等）与 Oculus Rift 的状态。

　　（3）OVRTracker.cs

　　获取红外线传感器的姿态和视锥等信息。

　　（4）OVRPlayerController.cs

　　它实现了基本的第一人称视角控制，被挂载在 OVRPlayerController 组件上，该脚本能恰当地与 Unity 场景进行交互，并提供多种参数供开发者调试。

（5）OVRGridCube.cs

这是一个辅助脚本，当它被激活时，能显示一系列的网格立方体，主要功能是帮助开发者确定用户眼睛理想的观察位置。

（6）OVRTrackerBounds.cs

位置追踪摄像头是有一定范围的，该脚本可以提醒玩家 Oculus Rift 移动的可追踪范围。

（7）OVRProfile.cs

获取用户的信息，并上传到服务器中。

> **提示**　　Plugins 插件文件夹包含了 OVRCamepad.dll，能够使脚本在 Windows 系统（32 位和 64 位）上与 Xbox 手柄进行交互衔接，同时，这个文件夹还包含了 Mac OS 的插件 OVRGamepad.bundle。

5.3 移动控制

在虚拟世界中，模拟人物的移动是必不可少的，这时就需要外部输入设备的支持，Oculus Rift 对大多数输入设备都提供了原生的支持，我们可以通过调用 OVRInput 脚本中的方法来对各种输入设备的状态进行判断。

虚拟世界中人物的移动控制可以通过键盘、游戏手柄和 Oculus Touch 进行控制，由于 Oculus Touch 尚未发售，本节只对键盘与游戏手柄进行介绍，有兴趣的读者可以自行查看脚本与帮助文档。

5.3.1　基础知识

上一节介绍了 Oculus 开发工具包中的 OVRPlayerController 可以对人物角色进行控制，其上挂载了主要用于移动控制的 OVRPlayerController 脚本。如果输入设备为键盘，可通过 Unity 中的 Input 进行状态获取，而如果输入设备为游戏手柄或其他，则需要通过 Oculus 开发工具包中的 OVRInput 进行状态的获取。

1.　游戏手柄的控制

OVRInput 脚本中提供了 Button 与 RawButton 枚举类型，其中，Button 为虚拟按钮映射，允许绑定在不同的输入设备上进行工作，而 RawButton 为原始按钮映射，可以查询输入设备的状态。

首先来看一下 OVRInput 为开发者提供的 Button 枚举类型，开发时可以将其中的逻辑名称对应到游戏手柄中的各个物理按键。下面给出了每个逻辑名称在游戏手柄中首选对应物理按键的说明。

代码位置：见随书光盘中源代码/第 5 章目录下的 MoveControll/Assets/OVR/Scripts/ OVRPlugin.cs。

```
1    public enum Button{
2      None = 0,                                        //没有按键被按下
3      One = 0x00000001,                                //按键 A
4      Two = 0x00000002,                                //按键 B
5      Three = 0x00000004,                              //按键 X
6      Four = 0x00000008,                               //按键 Y
7      Start = 0x00000100,                              //按键 START
8      Back = 0x00000200,                               //按键 BACK
9      PrimaryShoulder = 0x00001000,                    //按键 LB
10     PrimaryIndexTrigger = 0x00002000,                //按键 LT
11     PrimaryHandTrigger = 0x00004000,                 //无
12     PrimaryThumbstick = 0x00008000,                  //按下左摇杆
13     PrimaryThumbstickUp = 0x00010000,                //左摇杆向上
14     PrimaryThumbstickDown = 0x00020000,              //左摇杆向下
15     PrimaryThumbstickLeft = 0x00040000,              //左摇杆向左
16     PrimaryThumbstickRight = 0x00080000,             //左摇杆向右
17     SecondaryShoulder = 0x00100000,                  //按键 RB
```

```
18      SecondaryIndexTrigger = 0x00200000,                    //按键 RT
19      SecondaryHandTrigger = 0x00400000,                     //无
20      SecondaryThumbstick = 0x00800000,                      //按下右摇杆
21      SecondaryThumbstickUp = 0x01000000,                    //右摇杆向上
22      SecondaryThumbstickDown = 0x02000000,                  //右摇杆向下
23      SecondaryThumbstickLeft = 0x04000000,                  //右摇杆向左
24      SecondaryThumbstickRight = 0x08000000,                 //右摇杆向右
25      DpadUp = 0x00000010,                                   //十字键向上
26      DpadDown = 0x00000020,                                 //十字键向下
27      DpadLeft = 0x00000040,                                 //十字键向左
28      DpadRight = 0x00000080,                                //十字键向右
29      Up = 0x10000000,                                       //左摇杆向上
30      Down = 0x20000000,                                     //左摇杆向下
31      Left = 0x40000000,                                     //左摇杆向左
32      Right = unchecked((int)0x80000000),                    //左摇杆向右
33      Any  = ~None,                                          //按下任意按键
34      }}
```

Button 枚举类型中的每一个值都赋予了 16 进制数值，以便后续的逻辑运算。有了上述的枚举类型，就可以调用 OVRInput 脚本中的 Get、GetDown 和 GetUp 等方法获取按键的状态，通过这些按键状态可以方便开发不同需求的程序。

下面给出了 3 个方法的接口，virtualMash 为对应的按键，controllerMask 为相应的控制面板，默认为默认面板。

```
1      public static bool Get(Button virtualMask, Controller controllerMask =
       Controller. Active)
2      public static bool GetDown(Button virtualMask, Controller controllerMask =
       Controller. Active)
3      public static bool GetUp(Button virtualMask, Controller controllerMask =
       Controller. Active)
```

❑　第 1 行为获取当前控制面板对应按键的状态，返回 true 表示该状态的为按下，否则返回 false。

❑　第 2 行，当对应按键按下时，该方法返回 true。

❑　第 3 行，当对应按键抬起时，该方法返回 true。

🔖提示　　当一直按下一个按键时，Get 方法则一直返回 true，而 GetDown 方法在刚按下该按键时返回 true。

除了按键状态的获取，OVRInput 中还提供了一些关于摇杆的枚举类型，同样，这些逻辑名称可以对应游戏手柄中的摇杆，具体代码如下。

```
1      public enum Axis2D{
2      None  = 0,                                              //无摇杆移动
3      PrimaryThumbstick = 0x01,                               //左摇杆移动
4      SecondaryThumbstick = 0x02,                             //右摇杆移动
5      Any  = ~None,                                           //有摇杆移动
6      }
```

与 Button 类型类似，在该脚本中对摇杆也提供了一些方法供开发者使用，该方法返回的是一个二维向量（x, y），x 与 y 的范围都为-1.0～1.0，x 代表横向移动程度，y 代表纵向移动程度，读者可通过获取该返回向量中 x、y 的数值控制游戏中角色的移动速度。

```
1      public static Vector2 Get(Axis2D virtualMask, Controller controllerMask = Controller.
       Active){
2          return GetResolvedAxis2D(virtualMask, RawAxis2D.None, controllerMask);
3      }
```

2. 键盘的控制

键盘的控制不必向游戏手柄的控制那样繁琐，只需要调用 Unity 引擎中所带 UnityEngine.Input 的 GetKey 等方法获取按键的状态。例如在下面代码中，可以通过 4 个 bool 类型变量判断人物的移动方向，当玩家按下键盘上的 W 按键或者向上箭头按键，则 moveForwad 布尔型变量变为 true。

```
1    bool moveForward = Input.GetKey(KeyCode.W) || Input.GetKey(KeyCode.UpArrow);
2    bool moveLeft = Input.GetKey(KeyCode.A) || Input.GetKey(KeyCode.LeftArrow);
3    bool moveRight = Input.GetKey(KeyCode.D) || Input.GetKey(KeyCode.RightArrow);
4    bool moveBack = Input.GetKey(KeyCode.S) || Input.GetKey(KeyCode.DownArrow);
```

5.3.2 移动控制的案例

前面介绍了游戏手柄与键盘控制的详细使用，接下来用一个简单的案例详细介绍一下 OVRPlayerController 脚本的使用，来帮助读者深入理解两种控制方法的使用。

1. 场景的搭建

（1）新建一个工程，并将其命名为"MoveControll"，选择下方"3D"选项，并为其设置位置为"G:\VR"，如图 5-37 所示。单击"Create project"，创建可以用于导入 Oculus 整合包进行开发的工程。项目创建完毕后，按照步骤 File→Save Scene 或者使用快捷键 Ctrl+S 保存场景，将场景命名为"Demo"，如图 5-38 所示。

▲图 5-37　新建项目　　　　　　　　　　▲图 5-38　保存场景

（2）打开"MoveControll"项目，在 Project 面板 Assets 空白区域，右击→"Import Package"→"Custom Package…"，如图 5-39 所示，选中下载好的 Oculus Utilities for Unity 5 文件夹中 OculusUtilities.unitypa ckage，这时会显示要导入到项目中的内容，单击"Import"，如图 5-40 所示，即可完成导入。

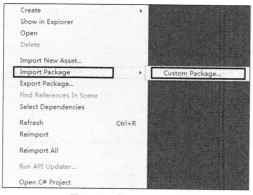

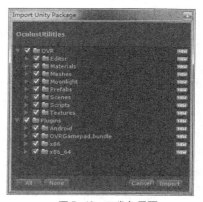

▲图 5-39　导入 Oculus 开发包　　　　　　▲图 5-40　开发包界面

（3）SDKExample 包导入以后，在 Assets 目录下会出现两个文件夹，分别为 OVR 和 Plugins，在前面小节已经简要介绍，这两个文件夹中的内容是开发 Oculus 移动应用必须用到的工具，其中包含了开发 Oculus 的必要信息。

（4）导入资源并搭建场景。将准备好的模型及其对应的贴图文件导入到项目文件夹中，完成场景搭建的相关工作，包括模型位置的摆放、灯光的创建等，这里不再详细介绍。

（5）删除新建场景时自带的主摄像机，并将 Assets\OVR\Prefabs 目录下的 OVRPlayerController 预制件添加到场景中，调整其所包含的摄像机的位置，如图 5-41 和图 5-42 所示。

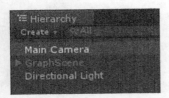

▲图 5-41　删除主摄像机　　　　　　▲图 5-42　OVRPlayerController 预制件

2. 脚本的开发

（1）OVRPlayerController 组件上挂载了 OVRPlayerController 脚本，可以通过修改或重写该脚本实现理想的移动效果，OVRPlayerController 预制件中提供了通过游戏手柄与键盘控制人物移动的方法，脚本中提供了一些公有的成员变量，供开发人员进行调试。

代码位置：见随书源代码/第 5 章下 MoveControll/Assets/OVR/Scripts/OVRPlayer Controller.cs。

```
1    public float Acceleration = 0.1f;              //加速度
2    public float Damping = 0.3f;                   //运动的阻尼率
3    public float BackAndSideDampen = 0.5f;         //横向或向后运行时附加的阻尼率
4    public float JumpForce = 0.3f;                 //跳跃时附加的力
5    public float RotationAmount = 1.5f;            //使用游戏手柄时的转向速度
6    public float RotationRatchet = 45.0f;          //使用键盘时的转向速度
7    public bool HmdResetsY = true;    //如果为 true 表示可再中心化，即根据传感器状态重置画面
8    public bool HmdRotatesY = true;                //如果为 true 跟踪数据将更新运动方向
9    public float GravityModifier = 0.379f;         //更改重力
10   public bool useProfileData = true;
                          //如果为 true,OVRPlayerController 将使用玩家的真实身高
```

（2）首先来看一下 Awake 与 Start 方法，这两个方法将对角色控制器与摄像机的参数进行设定，并对一些成员变量赋值，当缺少必须的实例对象时，程序将会抛出警告，停止运行，这两个方法用户可不进行修改，了解即可。

```
1    protected CharacterController Controller = null;        //定义角色控制器
2    private float InitialYRotation = 0.0f;                  //y 轴的初始旋转角度
3    protected OVRCameraRig CameraRig = null;                //定义摄像机
4    void Awake(){
5      Controller = gameObject.GetComponent<CharacterController>(); //获取控制器
6      if(Controller == null)                                //若控制器为空打印警告
7        Debug.LogWarning("OVRPlayerController: No CharacterController attached.");
                                                             //获取所有摄像机
8      OVRCameraRig[] CameraRigs = gameObject.GetComponentsInChildren<OVRCameraRig>();
9      if(CameraRigs.Length == 0)                            //若无摄像机打印警告
10       Debug.LogWarning("OVRPlayerController: No OVRCameraRig attached.");
11     else if (CameraRigs.Length > 1)                       //若摄像机数量大于 1 打印警告
12       Debug.LogWarning("OVRPlayerController: More then 1 OVRCameraRig attached.");
13     else                                                  //否则获取该摄像机
14       CameraRig = CameraRigs[0];
15     InitialYRotation = transform.rotation.eulerAngles.y;
                                                             //将 y 轴的初始旋转角度赋为摄像机
16   }
17   void Start(){
18     var p = CameraRig.transform.localPosition;            //获取摄像机位置
19     p.z = OVRManager.profile.eyeDepth;                    //根据用户眼睛的深度更改 p 的 z 值
20     CameraRig.transform.localPosition = p;                //更新摄像机位置
21   }
```

❑　第 1-3 行分别定义了角色控制器、y 轴的初始旋转角度和摄像机供后续方法调用。

❑　第 4-16 行主要进行了警告信息的获取，并给 y 轴的初始旋转角度赋值，首先获取控制器，如果不能获取到控制器则打印警告信息，之后获取摄像机，在场景中只能存在唯一一个摄像机，否则打印警告信息，并为摄像机引用与 y 轴的初始旋转角度赋值。

❑ 第 17-21 行在 Start 方法中根据用户眼睛的深度更新摄像机的 y 值。

（3）下面就进入了主要的部分 Update 方法，在 Update 方法中调用了主要控制移动的 UpdateMovement 方法，并对移动控制按键进行了设定，读者可对该方法中的内容进行修改，以实现想要的效果，具体代码如下。

```
1     private float MoveScale = 1.0f;                                    //移动规模
2     private Vector3 MoveThrottle = Vector3.zero;    //MoveThrottle 变量用于计算移动效果
3     private float SimulationRate = 60f;                               //模拟速率
4     private float MoveScaleMultiplier = 1.0f;                         //移动范围因数
5     public virtual void UpdateMovement(){
6       if (HaltUpdateMovement)                                         //停止更新运行
7         return;
8       bool moveForward = Input.GetKey(KeyCode.W) || Input.GetKey(KeyCode.UpArrow);
                                                                        //前进标志
9       bool moveLeft = Input.GetKey(KeyCode.A) || Input.GetKey(KeyCode.LeftArrow);
                                                                        //左移标志
10      bool moveRight = Input.GetKey(KeyCode.D) || Input.GetKey(KeyCode.RightArrow);
                                                                        //右移标志
11      bool moveBack = Input.GetKey(KeyCode.S) || Input.GetKey(KeyCode.DownArrow);
                                                                        //后退标志
12      bool dpad_move = false;                                         //十字按键移动标志
13      if (OVRInput.Get(OVRInput.Button.DpadUp)){                      //前进
14        moveForward = true;
15        dpad_move  = true;
16      }
17      if (OVRInput.Get(OVRInput.Button.DpadDown)){                    //后退
18        moveBack  = true;
19        dpad_move = true;
20      }
21      MoveScale = 1.0f;                                               //默认移动规模
22      if ( (moveForward && moveLeft) || (moveForward && moveRight) ||
23        (moveBack && moveLeft)    || (moveBack && moveRight) )
24        MoveScale = 0.70710678f;                                      //斜向移动时的移动规模
25      if (!Controller.isGrounded)                                     //当人物悬空时没有可能移动
26        MoveScale = 0.0f;
27      MoveScale *= SimulationRate * Time.deltaTime;                   //更新移动规模
28      float moveInfluence = Acceleration * 0.1f * MoveScale * MoveScaleMultiplier;
                                                                        //计算移动效果
29      if (dpad_move || Input.GetKey(KeyCode.LeftShift) || Input.GetKey(KeyCode.
RightShift))
30        moveInfluence *= 2.0f;                                        //跑动效果
31      Quaternion ort = transform.rotation;
32      Vector3 ortEuler = ort.eulerAngles;                            //返回所表示的欧拉角
33      ortEuler.z = ortEuler.x = 0f;                                  //x, z 值置 0
34      ort = Quaternion.Euler(ortEuler);                              //计算欧拉角
35      //..此处省略了部分根据 ort 更新 MoveThrottle 值的代码，详见源代码
36      Vector3 euler = transform.rotation.eulerAngles;               //获取欧拉角
37      bool curHatLeft = OVRInput.Get(OVRInput.Button.PrimaryShoulder);
                                                                        //获取 LB 按键状态
38      if (curHatLeft && !prevHatLeft)
39        euler.y -= RotationRatchet;                                  //绕 y 轴向左转动
40      prevHatLeft = curHatLeft;                                      //获取 LB 按键状态
41      bool curHatRight = OVRInput.Get(OVRInput.Button.SecondaryShoulder);
                                                                        //获取 RB 按键状态
42      if(curHatRight && !prevHatRight)
43        euler.y += RotationRatchet;                                  //绕 y 轴向右转动
44      prevHatRight = curHatRight;                                    //获取 RB 按键状态
45      if (Input.GetKeyDown(KeyCode.Q))
46        euler.y -= RotationRatchet;                                  //按下 Q 键则向绕 y 轴向左转动
47      if (Input.GetKeyDown(KeyCode.E))
48        euler.y += RotationRatchet;                                  //按下 E 键则向绕 y 轴向右转动
49      //计算旋转效果与移动效果
50      float rotateInfluence = SimulationRate * Time.deltaTime * RotationAmount *
RotationScaleMultiplier;
51      moveInfluence = Acceleration * 0.1f * MoveScale * MoveScaleMultiplier;
52      Vector2 primaryAxis = OVRInput.Get(OVRInput.Axis2D.PrimaryThumbstick);
                                                                        //获取方向摇杆移动
53      //..此处省略了部分根据左摇杆移动情况更新 MoveThrottle 的代码，详见源代码
```

```
54      Vector2 secondaryAxis = OVRInput.Get(OVRInput.Axis2D.SecondaryThumbstick);
                                                            //获取转向摇杆移动
55      euler.y += secondaryAxis.x * rotateInfluence;
                                                //根据右摇杆的旋转情况将摄像机绕 y 轴旋转
56      transform.rotation = Quaternion.Euler(euler);
                                                //将欧拉角度值赋给当前摄像机的旋转角度
57      }
```

❑ 第 1-4 行定义了移动规模和 MoveThrottle 等变量。

❑ 第 6-7 行功能为当 HaltUpdateMovement 为 false 时停止更新移动。

❑ 第 8-20 行主要功能为获取键盘 WSAD 键和摇杆十字键的状态，并通过 bool 类型变量进行记录。

❑ 第 21-27 行为更新摄像机的移动规模，默认的移动规模为 1，当斜向移动时移动规模为 0.70710678f，当悬浮在空中置 0。

❑ 第 28-30 行实现了跑动效果，当按下键盘 Shift 键时将当前移动速度乘 2，达到跑动的效果。

❑ 第 31-51 行主要功能为获取键盘 Q、E 键与游戏手柄 LB、RB 的状态，当按下 Q 与 LB 按键时，摄像机绕 y 轴向左旋转一定的角度，按下 E 与 RB 按键时，摄像机绕 y 轴向右旋转一定的角度，实现了视角的切换。

❑ 第 52-57 行获取游戏手柄中左右摇杆的状态，当摇动左摇杆时实现人物的移动，摇动右摇杆时实现人物视角的改变。

（4）除此之外，该脚本中还提供了一些封装好的方法，开发者可以调用一下功能实现虚拟世界中角色的跳跃、控制运动情况等效果，具体代码如下。

```
1      public bool Jump()                      //跳跃
2      public void Stop()                      //停止运动
3      public void ResetOrientation()          //重置玩家观察方向
```

（5）接下来发布"Demo"场景至桌面，单击 Unity 编辑窗口菜单栏中的"File"→"Build Settings..."，如图 5-43 所示。选中"PC, Mac & Linux Standalone"，单击下方的"Switch Plantform"，将发布环境切换到桌面端，同时将右侧"Target Plantform"选择到"Windows"。

（6）如果在发布过程中没有出现错误，那么发布出的程序应该就可以直接运行，运行效果如图 5-44 所示，如果用户没有连接 Rift，将会看见一个全屏并且只有一个视图的画面，这时应该连接 Rift 并且重启程序，Rift 连接后将会出现一个双屏的视图的界面。按任意键后，开始使用。

▲图 5-43　进入"Build Setting..."

▲图 5-44　运行效果图

5.4　准星的开发

准星在虚拟现实世界中是必不可少的，它能帮助用户精确地与虚拟世界中的物体进行交互，一个美观大方的准星会给 VR 应用、游戏带来极致的观赏效果，开发者可通过调节准星的出现方式、纹理贴图和粒子系统来实现不同的效果。

5.4.1　基础知识

在准星开发中，要通过着色器将准星纹理渲染到屏幕上，若需要特殊的效果，应编写脚本，根据从摄像机发出的射线，获取物体，VR 中的准星有以下 3 种基本效果。

❑　Dynamic：根据捕获物体的距离，调整准星的大小，当物体靠近摄像机时，准星变大；远离摄像机时准星变小；当没有捕获物体时，准星大小为默认状态。

❑　Dynamic Object：根据捕获物体的距离，调整准星的大小，唯一与 Dynamic 不同的是，当没有捕获物体时，准星消失。

❑　Fixed Depth：固定准星大小，无论何时，准星的大小都唯一确定。

除了以上 3 种基本效果外，读者可自行编写脚本，实现不同的准星效果，比如当发射炮弹时，准星变大等效果。

5.4.2　准星开发案例

前面已经介绍了准星的基础知识，通过着色器渲染与脚本开发，可以在虚拟世界中实现不同效果准星，为了加深读者的理解，熟悉在实际开发过程中着色器与脚本编写方法，将在此部分介绍一个关于准星案例的开发过程。其具体开发步骤如下。

1. 场景的搭建

（1）新建一个场景，将其命名为 "Crosshair.untiy"，并保存在 "Assets/Scenes" 目录下，如图 5-45 所示。然后分别建立 6 个 Plane 和 Sphere、Cube、Capsule 各一个，调整其 "Position" 和 "Rotation" 参数使其摆放合理，Sphere、Cube 和 Capsule 对象完全在底层 Plane 对象之上，如图 5-46 所示。

▲图 5-45　新建场景

▲图 5-46　创建对象

（2）删除新建场景时带有的 Directional Light 与 Main Camera，并在场景中创建 Point Light 摆放到相应的位置，如图 5-47 所示。将 "Assets/OVR/Prefabs" 目录下的 OVRPlayerController 预制体拖到场景中，如图 5-48 所示。

（3）创建一个空对象，并改名为 "Crosshair"，并为其添加 Mesh Renderer 与 Mesh Filter，为 Mesh Renderer 添加 crosshair 材质，同时将 Mesh Filter 的 Mesh 选择为 Quad，如图 5-49 和图 5-50 所示。

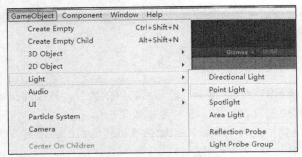

▲图 5-47　创建 Point Light

▲图 5-48　OVRPlayerController 预制体

▲图 5-49　添加 Mesh Renderer

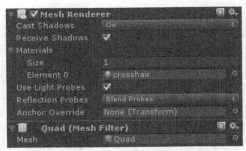

▲图 5-50　更改 Mesh Renderer 设置

2. 着色器及相关脚本的开发

上一节介绍了创建项目及搭建场景，在本节中将要介绍本案例中的着色器与脚本的开发。

（1）创建一个文件夹，命名为"Shader"。在 Shader 文件夹下创建一个着色器，命名为"Unilt Crosshair"，双击打开该着色器，开始 Unilt Crosshair 着色器的编写，编写之后将 crosshair 材质的 Shader 设置为 Unlit/Crosshair。

代码位置：见随书源代码/第 5 章目录下的 Crosshair/Assets/Shader/UnlitCrosshair.shader

```
1    Shader "Unlit/Crosshair" {
2        Properties{
3            _MainTex ("Base (RGB), Alpha (A)", 2D) = "white" {}          //2D 纹理数值
4            _Color ("Main Color", Color) = (0.5,0.5,0.5,0.5)  //主颜色数值
5        }
6        SubShader{
7            LOD 100                                                    //LOD 数值
8            Tags{
9               "Queue" = "Transparent"                           //设置 Queue 为 Transparent
10              "IgnoreProjector" = "True"                         //忽略投影标签
11              "RenderType" = "Transparent"                      //渲染类型标签为透明
12           }
13           Cull Off                                             //设置多边形剔除模式
14           Lighting Off                                         //关闭顶点光照
15           ZTest Always                                         //设置深度测试模式
16           ZWrite Off                                           //关闭深度写模式
17           Fog { Mode Off }                                     //设置雾参数
18           Offset -1, -1                                        //设置深度偏移
19           Blend SrcAlpha OneMinusSrcAlpha                      //设置 Alpha 混合模式
20           Pass{                                                //通道
21               CGPROGRAM                                        //开始标记
22               #pragma vertex vert                             //定义顶点着色器
23               #pragma fragment frag                           //定义片元着色器
24               #include "UnityCG.cginc"                         //引用 Unity 自带的函数库
25               struct appdata_t{
26                   float4 vertex : POSITION;                    //顶点坐标
27                   float2 texcoord : TEXCOORD0;                 //纹理坐标
28                   fixed4 color : COLOR;                        //颜色数值
29               };
```

```
30              struct v2f{                                       //定义数据结构体
31                float4 vertex : SV_POSITION;                    //声明顶点位置
32                half2 texcoord : TEXCOORD0;                     //声明纹理
33                fixed4 color : COLOR;                           //声明颜色
34              };
35              sampler2D _MainTex;                               //纹理
36              float4 _MainTex_ST;
37              fixed4 _Color;                                    //颜色
38              v2f vert (appdata_t v){                           //顶点着色器
39              v2f o;                                            //声明一个结构体对象
40              o.vertex = mul(UNITY_MATRIX_MVP, v.vertex);       //将顶点转换为世界坐标的矩阵
41              o.texcoord = TRANSFORM_TEX(v.texcoord, _MainTex); //顶点纹理
42              o.color = v.color;                                //顶点颜色
43              return o;
44              }
45              fixed4 frag (v2f i) : COLOR {                     //片元着色器
46                fixed4 col = tex2D(_MainTex, i.texcoord) * i.color * _Color * 2.0;
                                                                  //获取顶点对应 UV 颜色
47                return col;                                     //返回顶点染色
48              }
49              ENDCG                                             //结束标志
50          }}}
```

❑ 第 2-5 行为着色器的定义属性块，定义了 2D 纹理数值和主颜色数值。

❑ 第 7-19 行为通道渲染指令。这里设置了标签和 LOD 数值，在标签里可以设置渲染队列、渲染类型等数值。Alpha 测试、混合操作、深度测试等指令都需要写在这里。

❑ 第 21-37 行定义了顶点着色器、片元着色器、**appdata_t** 结构体和 v2f 结构体。

❑ 第 38-44 行为顶点着色器代码，为每一个顶点赋值。

❑ 第 45-48 行为片元着色器代码，对从顶点着色器传过来的 vef 进行处理。

（2）依次点击"Asset→Create→C#Script"创建一个 C#脚本，将其命名为"Crosshair3D.cs"。该脚本用于实时更改准星距离摄像机的距离，其详细代码如下。

代码位置：见随书源代码/第 5 章目录下的 Crosshair/Assets/Crosshair3D.cs。

```
1    using UnityEngine;
2    using System.Collections;
3    public class Crosshair3D : MonoBehaviour{
4      public enum CrosshairMode{                        //定义准星模式枚举类型
5        Dynamic = 0,                                     //动态调整准星大小
6        DynamicObjects = 1,                              //对应层数对象显示准星
7        FixedDepth = 2,                                  //固定准星大小
8      }
9      public CrosshairMode mode = CrosshairMode.Dynamic; //默认为 Dynamic 类型
10     public int objectLayer = 8;                        //目标层数
11     public float offsetFromObjects = 0.1f;             //偏移量
12     public float fixedDepth = 3.0f;                    //固定准星的参数
13     public OVRCameraRig cameraController = null;       //摄像机引用
14     private Transform thisTransform = null;            //坐标
15     private Material crosshairMaterial = null;         //准星材质
16     void Awake(){
17       thisTransform = transform;                       //获取当前的 transform
18       if (cameraController == null){                   //如果摄像机为空则报错
19         Debug.LogError("ERROR: missing camera controller object on " + name);
                                                          //打印错误信息
20         enabled = false;
21         return;
22       }
23       crosshairMaterial = GetComponent<Renderer>().material;   //获取材质
24     }
25   void LateUpdate(){ ......该方法会在下文中进行详细介绍 }
```

❑ 第 4-8 行定义准星模式的枚举类型，以便于切换准星模式进行观察调试。

❑ 第 9-15 行主要功能是声明一些变量。这些变量主要包括目标层数、偏移量、固定准星参数和摄像机引用。

❑ 第 16-24 行重写 Awake 方法。获取坐标轴、摄像机与材质，若场景中没有摄像机则报错。

前面分析了 Crosshair3D 代码的整体结构，并定义了成员变量且对其进行了初始化，下面在将详细的对 LateUpdate 方法进行分析。

```
 1    void LateUpdate(){
 2      Ray ray;                                                   //定义射线
 3      RaycastHit hit;                                            //定义结构体
 4      Vector3 cameraPosition = cameraController.centerEyeAnchor.position;
                                                                 //获取摄像机位置
 5      Vector3 cameraForward = cameraController.centerEyeAnchor.forward;
                                                                 //获取摄像机前方向
 6      GetComponent<Renderer>().enabled = true;                 //开启渲染
 7      switch(mode){
 8        case CrosshairMode.Dynamic:
 9          ray = new Ray(cameraPosition, cameraForward);//根据摄像机位置和朝向定义射线
10          if ( Physics.Raycast(ray, out hit)){         //如果该射线捕获到物体
11            thisTransform.position = hit.point + (-cameraForward * offsetFromObjects);
                                                                 //设置位置
12            thisTransform.forward = -cameraForward;    //设置方向
13          }
14          break;
15        case CrosshairMode.DynamicObjects:
16          ray = new Ray(cameraPosition, cameraForward);//根据摄像机位置和朝向定义射线
17          if (Physics.Raycast(ray, out hit))  {        //如果该射线捕获到物体
18            if (hit.transform.gameObject.layer != objectLayer){
                                                                 //如果捕获的物体不在目标层
19            GetComponent<Renderer>().enabled = false;  //关闭渲染
20            }else{
21            thisTransform.position = hit.point + (-cameraForward * offsetFromObjects);
                                                                 //设置位置
22              thisTransform.forward = -cameraForward;  //设置方向
23          }}
24          break;
25        case CrosshairMode.FixedDepth:
26          thisTransform.position = cameraPosition + (cameraForward * fixedDepth);
                                                                 //固定位置
27          thisTransform.forward = -cameraForward;      //设置方向
28          break;
29    }}}
```

❑　第 2-6 行定义了一些变量以便在下面进行调用，同时获取了摄像机的位置与朝向，并开启了对准星的渲染。

❑　第 8-14 行表示当选择 Dynamic 模式时，根据摄像机的位置与朝向定义射线，再实时捕获与该射线相交的物体，并根据该物体的位置调节准星的位置与方向。

❑　第 15-24 行表示当选择 DynamicObjects 模式时，同样根据摄像机的位置与朝向定义一条射线，并捕获与该射线相交的物体，判断该物体是否位于目标层，若位于目标层，则根据物体位置调节准星的位置，否则将不对准星进行渲染。

❑　第 25-28 行表示当选择 FixedDepth 模式时，总是将准星渲染到固定位置。

📝提示　之所以重写 LateUpdate 方法而不是 Update 方法，是由于 LateUpdate 晚于所有 Update 执行，将修改准星的逻辑代码写到 LateUpdate 方法中以防止抖动。

（3）将编写完成的 Crosshair3D.cs 脚本挂载到 Crosshair 组件上，并设置场景中的 OVRCameraRig 为该脚本的 CameraController，同时可以更改 ObjectLayer、OffsetFromObjects 和 FixedDepth 成员变量以对准星效果进行调整，如图 5-51 和图 5-52 所示。

（4）在 OffsetFromObjects 准星模式下，需要为希望显示准星的物体对象设置与 Crosshair3D 中 ObjectLayer 相对应的层数，这样当准星拾取到对应层数的对象才会对准星进行渲染绘制，如图 5-53 和图 5-54 所示。

▲图 5-51 选择摄像机

▲图 5-52 脚本参数设置

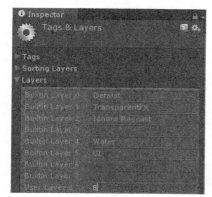

▲图 5-53 设置第 8 层 Layer

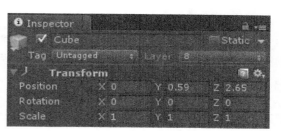

▲图 5-54 设置物体的 Layer

3. 运行效果

选用 Dynamic 模式的准星时，准星会根据获取物体对象距摄像机的距离调整自身大小，达到近大远小的效果，如图 5-55 和图 5-56 所示。

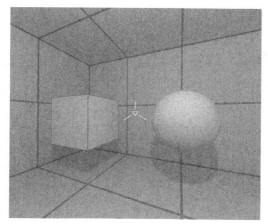

▲图 5-55 运行效果 1

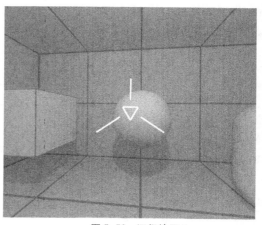

▲图 5-56 运行效果 2

5.5 菜单界面的开发

菜单，无论是在普通的应用与游戏中，还是在 VR 游戏中都扮演着非常重要的角色。因此在虚拟世界中，实现菜单效果也是至关重要的，这样就可以让用户在虚拟世界中进行选择设置，不用再特意回到现实世界中，大大提升了沉浸式体验。

本节将会通过案例向读者介绍虚拟现实中菜单界面的开发过程。案例效果如图 5-57 和图 5-58 所示。

▲图 5-57　案例效果图 1

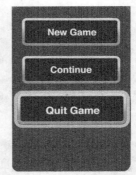

▲图 5-58　案例效果图 2

5.5.1　场景的搭建

制作菜单界面之前，首先要进行的是场景的搭建与模型的导入，只有精美的效果才能提升用户在虚拟世界中的体验，本节中涉及的知识主要有模型的导入、模型动画的设置与播放、创建声音源、资源的加载等。具体步骤如下。

（1）菜单模型的导入。为了使菜单更加美观，在 Unity 3D 中的 Assets 面板中单击鼠标右键，在弹出的菜单中选择"Import new Asset…"，打开加载界面，加载表 5-1 中的菜单模型。

表 5-1　　　　　　　　　　　　　　模型资源列表

文　件　名	大小/KB	用　　途
Menu.fbx	359	菜单模型

（2）动画资源的导入。与 2D 场景不同，当单击菜单时只给出闪烁的效果，不能更好地体现虚拟世界的效果，所以我们在此添加的动画，当触发菜单时，播放对应的菜单动画移动菜单选项，使菜单效果更加逼真，如表 5-2 所示。

表 5-2　　　　　　　　　　　　　　动画资源列表

文　件　名	大小/KB	格　　式	用　　途
Menu_Show.anim	3	ANIM	弹出菜单动画
Menu_Hide.anim	3	ANIM	隐藏菜单动画
Menu_Idle.anim	8	ANIM	闲置菜单动画
Button_01_HL.anim	8	ANIM	选中按钮 1 高光动画
Button_02_HL.anim	8	ANIM	选中按钮 2 高光动画
Button_03_HL.anim	8	ANIM	选中按钮 3 高光动画
Button_01_Select.anim	7	ANIM	单击按钮 1 闪动动画
Button_02_Select.anim	7	ANIM	单击按钮 2 闪动动画
Button_03_Select.anim	7	ANIM	单击按钮 3 闪动动画

（3）声音资源的导入。伴随着菜单动画的播放，添加对应的声音将会大大提高菜单的效果，所以，在此添加了表 5-3 中的声音资源，以便弹出、隐藏、选中菜单时，播放相应的声音。

表 5-3　　　　　　　　　　　　　　声音资源列表

文　件　名	大小/KB	格　　式	用　　途
ui_menu_show.wav	73	WAV	弹出菜单声音

续表

文 件 名	大小/KB	格 式	用 途
ui_menu_hide.wav	132	WAV	隐藏菜单声音
ui_menu_highlight.wav	24	WAV	选中菜单声音
ui_menu_click.wav	33	WAV	单击菜单声音

（4）创建一个新项目，导入 OculusUtilities.unitypackage 开发工具包，新建场景，并命名为"Menu"。删除场景中自带的摄像机，并将"Assets\OVR\Prefabs"目录下的 OVRPlayerController.prefab 预制件拖入到场景中，如图 5-59 所示。依次单击 GameObject→3D Object→Plane 创建地板，如图 5-60 所示。

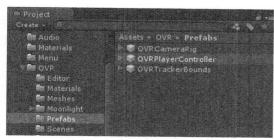

▲图 5-59　OVRPlayerController 预制件

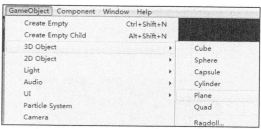

▲图 5-60　创建地板

（5）菜单的创建。在 Hierarchy 面板单击鼠标右键，选择 Create Empty 创建空对象并命名为 Menu。在 Inspector 面板中依次单击 Add Component→Mesh 为 Menu 对象添加 Mesh Renderer 与 Mesh Filter 组件，并为其选择材质修改参数，如图 5-61 所示。

（6）动画的添加。选中 Menu 对象，依次单击 Add Component→Miscellaneous→Animation 为 Menu 添加 Animation 组件以便于动画的调用，同时为其添加所需动画，如图 5-62 所示。

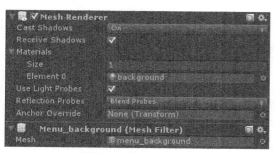

▲图 5-61　为 Menu 添加组件

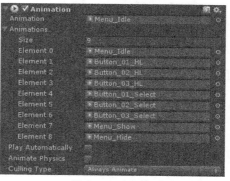

▲图 5-62　动画的添加

（7）声音源的创建。选中 Menu 对象，在属性面板中选择"Add Component→Audio→Audio Source"添加一个声音源，不修改其中参数，同时也不为其选择 Audio Clip，在程序运行过程中会动态地选择声音进行播放，如图 5-63 所示。

（8）按钮的创建。选中 Menu 对象，在其下创建 3 个空对象来分别表示 3 个按钮，之后再分别为这 3 个空对象添加 Mesh renderer 与 Mesh Filter，对按钮进行渲染，同时添加 Box Collider 碰撞器，以便选中按钮代码的编写，如图 5-64 和图 5-65 所示。

▲图 5-63　声音源的创建

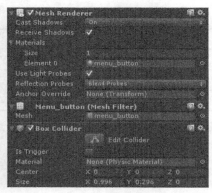

▲图 5-64　组件的添加

▲图 5-65　按钮对象的创建

（9）按钮对象创建完毕后就要为其添加详细内容，分别在 3 个按钮对象下创建两个空对象，分别用于显示文本图片与高光选中虚框，并将高光选中虚框对象显示项取消勾选，程序运行时，当准星拾取到按钮时再实时地显示高光虚框，如图 5-66 和图 5-67 所示。

▲图 5-66　显示文本图片对象

▲图 5-67　高光虚框对象

（10）准星的创建。准星的开发过程在上一节已经做了详细讲解，本案例中，在准星上添加了粒子系统以提高准星美观，在此不再详细介绍，有兴趣的读者可参考书中的项目程序。

5.5.2　C#脚本的开发

在本案例中包含了 3 个 C#脚本，分别是用于控制声音播放、动画切换等效果的 HomeMenu 脚本、用于辨别不同按钮的 HomeButton 脚本和用于控制准星的 Crosshair3D 脚本。

Crosshair3D 脚本在上一节中已经进行了详细介绍，而 HomeButton 脚本仅为 HomeMenu 脚本提供查找分辨帮助，这里不再赘述，有兴趣的读者可自行查看项目中源代码。下面将详细介绍 HomeMenu 脚本。

（1）首先，定义能表示菜单按钮选项的枚举类型与所需的成员变量，例如距离观察者的距离等，同时为这些标量赋予默认值。

代码位置：见随书源代码/第 5 章目录下的 Menu/Assets/Scripts/Menu.cs。

```
1    using UnityEngine;
2    using System.Collections;
3    public enum HomeCommand {            //用于表示按钮的枚举类型
4        None = -1,                       //无按钮指令
5        NewGame = 0,                     //NewGame 按钮
```

```
6        Continue = 1,                                            //Continue 按钮
7        Quit = 2,                                                //Quit 按钮
8      }
9     public class HomeMenu : MonoBehaviour{
10      public OVRCameraRig cameraController = null;              //摄像机引用
11      public float distanceFromViewer = 3.0f;                   //距离观察者的距离
12      public float doubleTapDelay = 0.25f;                      //双击延迟
13      public float longPressDelay = 0.75f;                     //长按延迟
14      ......//此处省略了一些动画与声音的引用,有兴趣的读者可以自行查看书中的源代码
15      private AudioSource audioEmitter = null;                 //声音源
16      private Renderer[] renderers = new Renderer[0];          //渲染器数组
17      private HomeButton[] buttons = new HomeButton[0];        //按钮数组
18      private string highLightPrefix = "_HL";                  //高亮动画后缀
19      private string selectPrefix = "_Select";                 //点选动画后缀
20      private HomeButton activeButton = null;                  //激活按钮
21      private Animation animator = null;                       //动画控制器
22      private bool isVisible = false;                          //是否显示
23      private bool isShowingOrHiding = false;                  //是否在隐藏或者显示的过程中
24      private float homeButtonDownTime = 0.0f;
25      private HomeCommand selectedCommand = HomeCommand.None;
26      void Awake(){......该方法将会在下文中进行详细介绍}
27     void Update(){......该方法将会在下文中进行详细介绍}
28     void ShowRenderers(bool show){ ......该方法将会在下文中进行详细介绍}
29     void OnMenuItemPressed(){ ......该方法将会在下文中进行详细介绍}
30     ......//此处省略了一些播放动画与声音的方法,有兴趣的读者可以自行查看书中的源代码
```

❑　第3-8行的主要功能是定义用于表示按钮的 HomeCommand 枚举类型，由于本案例中的菜单上有3个按钮，故在此分别定义了 None、NewGame、Continue 和 Quit 用以表示无按钮指令、NewGame 按钮、Continue 按钮和 Quit 按钮。

❑　第10-25行主要定义了一些私有与公有的成员变量，例如摄像机、声音和动画的引用，可以在外部进行修改。

❑　第26行为 Awake 方法，对上述成员变量进行初始化，并对一些必要的变量进行检验，当不满足要求时抛出错误，例如当摄像机的引用为空时程序无法继续运行，此时打印错误日志并禁用该脚本。

❑　第27行为 Update 方法，对菜单的状态进行实时更新，并调用动画、声音等资源的播放。

❑　第28行为 ShowRenderers 方法，该方法会根据传入的布尔类型变量对所有的渲染器进行开启或关闭操作。

❑　第29行为 OnMenuItemPressed 方法，该方法包含了功能代码，当单击菜单按钮时，根据所选按钮，执行相应的功能。

（2）下面介绍 Awake 方法与 ShowRenderers 方法的详细内容，通过这两个方法可以对相关成员变量初始化，为程序的运行做准备工作。

```
1      void Awake(){
2       if (cameraController == null) {
3        Debug.LogError("ERROR: Missing camera controller reference on " + name);
                                                                 //打印错误信息
4        enabled = false;                                        //禁用脚本
5        return;
6       }
7       renderers = GetComponentsInChildren<Renderer>(true);     //获取渲染器
8       buttons = GetComponentsInChildren<HomeButton>(true);     //获取按钮
9       animator = GetComponent<Animation>();                    //获取控制器
10      audioEmitter = GetComponent<AudioSource>();              //获取声音源
11      foreach (AnimationState state in animator) {             //遍历所有动画
12        if (state.name.ToLower().Contains(selectPrefix)){
13          state.layer = 1;                                     //将所有的点选动画层数设为1
14        }else{ state.layer = 0; }}                             //否则置0
15      animator[ menuShowAnim ].layer = 2;                      //设置显示动画的层数为2
16      animator[ menuHideAnim ].layer = 2;                      //设置隐藏动画的层数为2
17      ShowRenderers( false );                                  //开始时,隐藏所有成员
18     }
```

```
19      void ShowRenderers(bool show){              //显示或隐藏菜单成员
20        for (int i = 0; i < renderers.Length; i++){   //遍历所有的渲染器
21          renderers[i].enabled = show;            //将所有渲染器的 enabled 设为 show
22      }}
```

❑　第 2-6 行判断摄像机引用是否为空，若为空则打印错误日志并结束脚本的调用。

❑　第 7-10 行对前面的一些引用进行了初始化，分别获取了所有的渲染器与按钮，并获取了 Menu 对象上挂载的声音源和动画控制器。

❑　第 11-16 行为每一个动画设置了所在层数以保证动画间的合理遮挡，首先遍历所有的动画，将点选动画的层数赋为 1，将菜单的弹出与隐藏动画层数设为 2（最高层，能遮挡其他的动画效果），最后，其余的动画层数赋为 0（最低层）。

❑　第 17 行在 Awake 方法中调用了 ShowRenderers 方法，关闭所有的渲染器，隐藏菜单所包含的所有成员。

❑　第 19-22 行定义了 ShowRenderers 方法，该方法会根据传入的布尔类型变量对所有的渲染器进行开启或关闭操作。

（3）编写完初始化菜单的程序后就要进行 Update 等核心方法的编写，这一部分会进行动画与音乐的播放操作，并根据输入按键协调动画与音乐播放的进度，同时参考摄像机的位置将菜单摆放到合理位置。

```
1      void Update(){
2        if (!isVisible){                           //如果当前未显示菜单
3          if (Input.GetKeyUp(KeyCode.Escape)){     //抬起 Esc 键
4            Show(true);                            //显示菜单
5        }}
6        else if (!isShowingOrHiding){              //当前没有播放动画，可以隐藏或显示
7          if (Input.GetKeyUp(KeyCode.Escape)){     //抬起 Esc 按键
8            Show(false);                           //隐藏菜单
9          }
10       else{
11         Ray ray = new Ray (                      //根据摄像机的位置和朝向定义射线
12         cameraController.centerEyeAnchor.position, cameraController.centerEyeAnchor.
           forward);
13         HomeButton lastActiveButton = activeButton;    //定义上一次激活的按键
14         activeButton = null;                     //将 activeButton 赋为 null
15         RaycastHit hit = new RaycastHit();       //创建 RaycastHit 结构体对象
16         for (int i = 0; i < buttons.Length; i++){ //遍历所有的按钮
17           if (buttons[i].GetComponent<Collider>().Raycast(ray, out hit, 100.0f)){
                                                    //若按钮与射线相交
18             activeButton = buttons[i];           //将当前激活按钮赋为该按钮
19             if (activeButton != lastActiveButton){//若上一次激活按钮与本次激活按钮不同
20               PlaySound(menuHighlightSound);     //播放选中按钮声音
21               PlayAnim(buttons[i].name + highLightPrefix, true); //播放选中按钮动画
22             }
23             break;
24         }}
25         if ((activeButton == null) && (lastActiveButton != null)){
26           PlayAnim(menuIdleAnim,true);           //播放空闲动画
27         }
28         if (activeButton != null){               //若激活按钮不为空
29           if (Input.GetMouseButtonDown(0)){      //若单击鼠标左键
30             PlaySound(menuClickSound);           //播放点选按钮声音
31             float delaySecs = PlayAnim(activeButton.name + selectPrefix) + 0.05f;
                                                    //播放点选动画
32             selectedCommand = activeButton.commandId; //记录当前所选按钮
33             Invoke("OnMenuItemPressed", delaySecs);   //调用 OnMenuItemPressed 方法
34       }}}}}
```

❑　第 2-5 行为判断当前菜单是否显示在场景中，如果没有显示在场景中，当按下 Esc 键时，将会对菜单进行显示。

❑　第 6-9 行首先判断了当前是否在播放显示或隐藏菜单的动画，当 isShowingOrHiding 布尔变量为 false 时，按下 Esc 键菜单将会进行隐藏。

❑ 第 10-15 行定义了判断选中按钮所需要的变量，根据摄像机所在位置与摄像机的朝向定义了一条射线，同时也创建了 RaycastHit 结构体对象与表示上一次激活按钮的变量 lastActiveButton。

❑ 第 16-24 行遍历了所有的按钮，当上面定义的射线与遍历到的按钮相交时，记录下该按钮，并判断上一次激活的按钮是否与本次激活按钮相同，如果不同则播放选中动画与声音，并退出遍历所有按钮的循环。

❑ 第 25-27 行表示当用户的实现从激活按钮上移开时，播放菜单的空闲动画。

❑ 第 28-34 行主要功能为，当对激活按钮单击鼠标左键时，播放点选按钮的动画与声音，当动画播放完毕后调用功能方法 OnMenuItemPressed。

（4）下面再来看一下包含实际功能的 OnMenuItemPressed 方法，当点选菜单按钮时，在该方法中会对所选按钮进行判断，并执行相应的逻辑功能，但本案例主要是帮助读者理解菜单的创建步骤，在此只根据点选不同的按钮打印不同的语句，有兴趣的读者可修改此部分代码实现自定义的功能。

```
1    void OnMenuItemPressed(){
2      switch (selectedCommand){
3        case HomeCommand.NewGame;              //若所选按钮为 NewGame
4          Debug.Log("NewGame");                //打印 NewGame
5          break;
6        case HomeCommand.Continue:             //若所选按钮为 Continue
7          Debug.Log("Continue");               //打印 Continue
8          break;
9        case HomeCommand.None:                 //若未选指令
10       default:
11         Debug.LogError("Unhandled home command: " + selectedCommand); //打印错误信息
12       }
13     Show(false,true);                        //立即隐藏菜单
14   }
```

❑ 第 1-12 行为功能方法，判断所点选按钮，并根据点选按钮实现相应的功能，当点选 NewGame 菜单按钮时，打印 "NewGame"；点选 Continue 时，打印 "Continue"；点选其他时，打印错误日志。

❑ 第 13 行调用了隐藏菜单方法，第一个 false 参数代表隐藏菜单，第二个 true 参数表示立即隐藏菜单，不播放隐藏菜单动画。

5.6 综合案例

前面已经对 Oculus Rift 的基础开发知识进行了详细讲解，同时，还通过一些小案例具体介绍了虚拟现实的相关应用。在本节中，笔者将通过一个综合案例，使读者对虚拟现实的开发有一个更加深入的了解。在完成本节案例的学习后，希望读者能够熟练地使用 Unity 开发工具进行虚拟现实应用的开发。

本案例实现了两方面的功能：一方面用户能通过输入设备对吊车模型进行操纵；另一方面还可以通过位于场景中央的准星，拾取传送区域对玩家进行传送。当同时满足玩家位于某个传送区域内，并且准星对准另一个传送区域时，目标区域变为红色并显示传送提示文字，3 秒后进行传送。具体情况如图 5-68 和图 5-69 所示。

▲图 5-68　运行效果图 1

▲图 5-69　运行效果图 2

5.6.1　场景的搭建

本节将详细介绍场景的搭建过程，包括模型、贴图的导入，灯光的创建等，相信读者对场景的搭建及对象的创建已经有了一定的了解，所以在这里对于这部分的知识将只进行简单介绍，如有疑问可参考随书中的程序内容。

（1）创建一个新项目，导入 OculusUtilities.unitypackage 开发工具包，新建场景，并命名为"Sample"。删除场景中自带的摄像机，并将"Assets\OVR\Prefabs"目录下的 OVRPlayerController.prefab 预制件拖入到场景中。

（2）依次单击"GameObject→3D Object→Plane"创建 6 个 Plane 对象，用来充当墙壁、天花板与地板对象，并为其制定合适的材质，如图 5-70 所示。

（3）将"Assets/Models"目录下的 crane 吊车模型与 rail 轨道模型拖曳到场景中，调节其大小并摆放到指定位置，为 crane 添加刚体与 Box Collider，并调节碰撞器的范围，固定该刚体的旋转与 y、z 轴方向的移动，如图 5-71 所示。

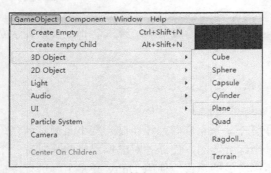

▲图 5-70　创建 Plane 对象

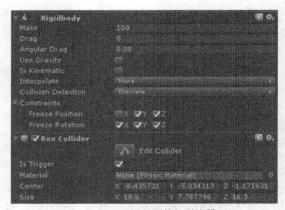

▲图 5-71　添加刚体与碰撞器

▲图 5-72　创建点光源

（4）依次单击"GameObject→Light→Point Light"创建点光源以照亮房间，将点光源的位置拖到房间的上部，如图 5-72 所示。

（5）在 Hierarchy 面板单击右键，创建一个空对象并命名为 Crosshair，为其添加 Mesh Filter 与 Mesh Renderer 组件，添加 Materials 目录下的"gaze"材质，同时将 Crosshair3D 脚本挂载在该对象上，修改其参数，该脚本在前面章节中已有详细介绍，在此不再赘述，如图 5-73 所示。

（6）创建材质。选中 Materials 目录并右击，依次点选"Create→Material"创建材质并命名为 ColumnGlow，选择着色器为"Custom/ColumnGlow"，调节其参数如图 5-74 所示，对于该着色器下面会进行详细讲解。

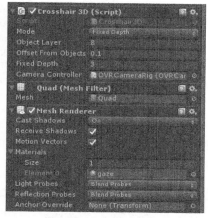

▲图 5-73　Crosshair 挂载组件

▲图 5-74　材质参数

（7）传送粒子系统的创建。依次单击"GameObject→Particle System"创建粒子系统，命名为 Fog，设置其渲染材质为 ColumnGlow，调节其参数如图 5-75 和图 5-76 所示，最后将其拖入"Assets/Prefabs"目录下作为预制件。

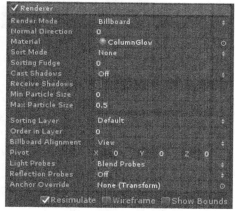

▲图 5-75　粒子系统渲染材质

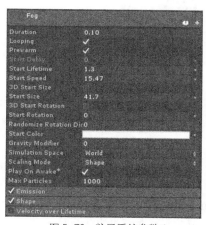

▲图 5-76　粒子系统参数 1

（8）传送提示的制作。在 Materials 目录下创建 chuansong 材质，选择渲染着色器为"Unlit/Crosshair"，并选择图片为 zt1。创建空对象并命名为 chuansong，为其添加 Mesh Filter 与 Mesh Renderer 组件，并设置其材质为 chuansong，同时将其拖入"Assets/Prefabs"目录下作为预制件，如图 5-77 所示。

（9）传送带的创建。创建空对象命名为 Teleport Point，添加 Mesh Renderer 与 Mesh Filter 组件，选择材质为 ColumnGlow，同时添加"Capsule Collider"并勾

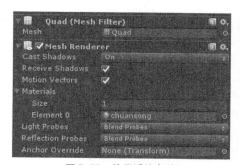

▲图 5-77　粒子系统参数 2

选其中的 Is Trigger 选项，最后将 TeleportPoint 制为预制件，并在场景中适当的 5 个位置摆放传送带，如图 5-78 和图 5-79 所示。

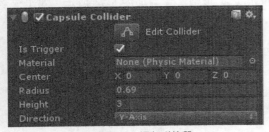

▲图 5-78　添加碰撞器

▲图 5-79　传送带对象

（10）在 Hierarchy 面板中选中 TeleportPoints 对象，在 Layer 下拉框中点选 "Add Layer…" 添加 "TeleportPoint" 层，修改 TeleportPoints 对象及其子对象为 TeleportPoint 层，如图 5-80 和图 5-81 所示。

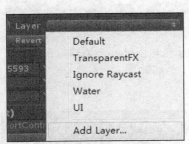

▲图 5-80　添加层

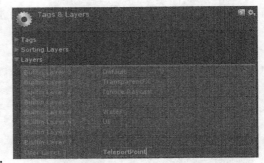

▲图 5-81　添加 TeleportPoint 层

5.6.2　着色器及相关脚本的开发

上面一节介绍了创建项目及场景的搭建，在本节中将要介绍着色器与相关脚本的开发，为了实现传送带效果，需要编写对应效果的着色器，同时也需要编写一系列脚本对场景中的对象进行控制。

（1）创建一个文件夹，命名为 "Shaders"。在 Shaders 文件夹下创建一个着色器并命名为 "ColumnGlow"，通过自定义光照实现对传送带的渲染效果，然后双击打开该着色器，开始 ColumnGlow 着色器的编写。

代码位置：见随书中源代码/第 5 章目录下的 Sample/Assets/Shaders/ColumnGlow.shader。

```
1    Shader "Custom/ColumnGlow"{                              //定义属性块
2        Properties{                                          //定义颜色数值
3            _TintColor ("Tint Color", Color) = (0,1,0,0)     //定义厚度
4            _Thickness("Thickness", Range(0, 1)) = 0.5       //开始褪色
5            _FadeStart("Fade Start", Range(0, 1)) = 0.5      //终止褪色
6            _FadeEnd("Fade End", Range(-1, 1)) = 0.5         //强度
7            _Intensity("Intensity", Range(0, 1)) = 0.5
8        }
9        SubShader{                                           //子着色器
10       Tags { "RenderType"="Transparent" "IgnoreProjector"="True"  "Queue"=
         "Transparent" }
11       Blend SrcAlpha One                                   //开启混合
12       Cull Off Lighting Off ZWrite On                      //关闭背面剪裁与光照并开启深度缓冲
13       LOD 0                                                //LOD 数值
14       Pass{                                                //通道
15         CGPROGRAM                                          //开始标记
```

```
16          #pragma vertex vert                                    //定义顶点着色器
17          #pragma fragment frag                                  //定义片元着色器
18          #include "UnityCG.cginc"                               //引入 Unity 自带的函数库
19          struct appdata{                                        //定义数据结构体
20            float4 vertex : POSITION;                            //声明顶点坐标
21            float4 normal : NORMAL;                              //声明法线
22            float2 uv : TEXCOORD0;                               //声明纹理
23          };
24          struct v2f{                                            //定义数据结构体
25            float2 uv : TEXCOORD0;                               //声明纹理
26            float4 vertex : SV_POSITION;                         //声明顶点位置
27            float3 normal : NORMAL;                              //声明法线
28            float3 origPosition : POSITION1;                     //声明原始位置
29            float3 eyeDir : DIRECTION;                           //声明方向
30          };
31          fixed4 _TintColor;                                     //定义颜色属性
32          float _Thickness;                                      //定义厚度属性
33          float _FadeStart;                                      //定义开始褪色属性
34          float _FadeEnd;                                        //定义结束褪色属性
35          float _Intensity;                                      //定义强度属性
36          v2f vert (appdata v){                                  //顶点着色器
37            v2f o;                                               //声明一个结构体对象
38            o.vertex = mul(UNITY_MATRIX_MVP, v.vertex);          //计算顶点位置
39            o.normal = normalize(mul(UNITY_MATRIX_IT_MV,v.normal).xyz);//计算法向量
40            o.origPosition = v.vertex;                           //计算原始位置
41            o.eyeDir = -normalize(mul(UNITY_MATRIX_MV, v.vertex).xyz);//计算方向
42            return o;                                            //返回结构体对象
43          }
44          fixed4 frag (v2f i) : SV_Target{                       //片元着色器
45            float d = dot(i.normal,i.eyeDir);                    //计算顶点法向量与视线方向的点积
46            float p = smoothstep (0,_Thickness,d) *
47            smoothstep(_FadeStart,_FadeEnd,i.origPosition.y);    //计算透明度
48            return float4((p * _TintColor * _Intensity).xyz,p);
49          }
50          ENDCG                                                  //结束标志
51      }}}
```

❏ 第 2-8 行为属性块列表，定义了材质的默认颜色、厚度、强度等属性，具体用途在代码的后半部分中体现。

❏ 第 10-13 行为通道渲染指令。这里设置了标签和 LOD 数值，开启了混合与深度缓冲，并关闭了背面剪裁与光照。

❏ 第 6-8 行的主要功能为，指定 vert 函数为顶点着色器函数以及指定 frag 函数为片元着色器函数，并且引入 UnityCG.cginc 文件。

❏ 第 19-35 行的主要功能为，定义 appdata 与 v2f 结构体并定义了颜色、厚度等属性。appdata 结构体有顶点位置、法线和纹理等变量，v2f 结构体包含了原始位置、方向等变量。

❏ 第 36-43 行在顶点着色器函数中声明 v2f 结构体变量，并且计算最终顶点位置和世界坐标下的法线等变量。

❏ 第 44-49 行为表面着色器函数，根据传入的 v2f 结构体变量计算传送带透明度，根据颜色与强度计算片元的颜色。

（2）创建 TeleportPoint 脚本。在 Scripts 文件夹下新建一个 C#脚本，并命名为"TeleportPoint"。该脚本用于更改传送带的颜色，并进行碰撞检测，实时检测摄像机与传送点的碰撞状态，最后将该脚本挂载在每一个传送点对象上。

代码位置：见随书中源代码/第 5 章目录下的 Sample/Assets/Scripts/TeleportPoint.cs。

```
1     using UnityEngine;
2     using System.Collections;
3     public class TeleportPoint : MonoBehaviour {
4       public bool isTrigger = false;                            //触发标志
5       void ToRed(){                                             //使传送带变为红色
6         GetComponent<MeshRenderer>().material.SetColor("_TintColor", new Vector4(1,
          0, 0, 0));
```

```
7           }
8           void ToBlue(){                                    //使传送带变为蓝色
9             GetComponent<MeshRenderer>().material.SetColor("_TintColor", new Vector4(0,
              0, 1, 0));
10          }
11          void OnTriggerEnter(Collider collider){           //进入触发器触发方法
12            if (collider.name == "OVRPlayerController"){    //若碰撞对象为 OVRPlayer
              Controller
13              isTrigger = true;                             //将 isTrigger 触发标志置为 true
14          }}
15          void OnTriggerExit(Collider collider){            //退出触发器触发方法
16            if (collider.name == "OVRPlayerController"){    //若碰撞对象为 OVRPlayer
              Controller
17              isTrigger = false;                            //将 isTrigger 触发标志置为 false
18          }}}
```

❑　第 1-4 行定义了碰撞器的触发标志，当检测到摄像机碰撞传送带时，将该标志位置 true，退出碰撞时置 false，方便其他脚本的调用。

❑　第 5-10 行主要是对传送带颜色的控制，包含 ToRed 与 ToBlue 两个方法，当调用这两个方法时，更改材质着色器中的"_TintColor"属性来实现对传送带颜色的控制。

❑　第 11-18 行是对碰撞器触发的监测，当摄像机的碰撞器与传送带的碰撞器接触时，触发调用 OnTriggerEnter 方法，置 isTrigger 为 true；当摄像机的碰撞器离开传送带的碰撞器时，触发调用 OnTriggerExit 方法，置 isTrigger 为 false。

（3）创建 TeleportController 脚本。该脚本用于对所有传送带的整体控制，对传送带颜色、粒子系统、传送的控制等，编写完成后将该脚本挂载到 TeleportPoints 对象上。

代码位置：见随书中源代码/第 5 章目录下的 Sample/Assets/Scripts/TeleportController.cs。

```
1     using UnityEngine;
2     using System.Collections;
3     using System.Collections.Generic;
4     public class TeleportController : MonoBehaviour{
5       public TeleportPoint[] teleportPoints;                //传送带数组
6       public OVRCameraRig cameraController = null;          //摄像机引用
7       public OVRPlayerController OVRcontroller = null;      //控制器引用
8       public LayerMask teleportLayerMask;                   //指定层
9       public GameObject teleportTipPrefab;                  //传送提示预制件
10      public GameObject fogPrefab;                          //传送粒子系统预制件
11      private GameObject teleportTip;                       //传送提示对象
12      private TeleportPoint sourcePoint;                    //传送带起点
13      private GameObject targetPoint;                       //传送带目标点
14      private double lastTime;                              //瞄准时间
15      private bool isWait;                                  //是否正在等待
16      private GameObject fog;                               //传送粒子系统对象
17      private bool isIn = false;                            //是否位于传送点内
18      private Vector3 sourceCameraPosition;                 //摄像机起始位置
19      private Vector3 sourceCameraForward;                  //摄像机起始朝向
20      void Update(){……该方法将会在下文中进行详细介绍}
21      void StartTeleport(){                                 //传送方法
22        OVRcontroller.transform.position = new Vector3(targetPoint.transform.
          position.x,
23        targetPoint.transform.position.y-1, targetPoint.transform.position.z);
                                                             //更改控制器的位置到目标传送带
24        OVRcontroller.transform.Rotate(new Vector3(0, 180, 0));  //调整控制器的朝向
25      }
26      void Init(){                                          //初始化变量方法
27        if (fog != null){                                  //传送粒子系统对象不为空
28          Destroy(fog);                                    //销毁粒子系统对象
29        }
30        if (teleportTip != null){                          //传送提示对象不为空
31          Destroy(teleportTip);                            //销毁提示对象
32        }
33        if (targetPoint != null){                          //目标传送带不为空
34          targetPoint.SendMessage("ToBlue");               //将目标传送带颜色置为蓝色
35          targetPoint = null;                              //将其置为 null
36        }
```

```
37        isWait = false;                                    //将 isWait 标志位置 false
38        isIn = false;                                      //将 isIn 标志位置 false
39      }}
```

❑ 第 1-10 行主要定义了一些公有成员变量，将该脚本挂载在 TeleportPoints 对象上后，需要将相应的对象拖曳到对应位置实现变量的赋值。

❑ 第 11-19 行定义了该脚本中所用到的一些私有成员变量，例如传送提示对象、传送粒子系统对象、瞄准时间等。

❑ 第 20 行为 Update 方法，是该脚本的核心方法，下面会对该方法进行详细讲解。

❑ 第 21-25 行实现了传送功能，调用该方法时改变摄像机的位置为目标传送带的位置，并改变摄像机的朝向。

❑ 第 26-39 行为初始化变量的方法，对传送粒子系统对象、传送提示对象进行销毁，将目标传送带的颜色置为蓝色，同时置 isWait、isIn 标志位为 false。

```
1     void Update(){
2       if(!isIn){                                            //若没有在传送带内
3         foreach (TeleportPoint tp in teleportPoints){       //遍历所有的传送带
4           if (tp.isTrigger){                                //当摄像机位于该传送带内
5             sourcePoint = tp;                               //记录起始传送点
6             isIn = true;                                     //标志位置 true
7             Quaternion q = new Quaternion();                //创建四元数对象
8             q.eulerAngles = new Vector3(-90, 0, 0);          //修改欧拉角
9             Vector3 tr = sourcePoint.transform.position;     //获取起始出发点的位置
10            tr.y = tr.y - 3;                                 //tr 向下移动 3 个单位
11            if(fogPrefab!=null){                             //传送粒子系统预制体不为空
12              fog = (GameObject)Instantiate(fogPrefab, tr, q);
                                                                //根据 tr 位置和 q 角度创建传送粒子系统
13      }}}}
14      if(isIn && sourcePoint!=null && !sourcePoint.isTrigger){      //没有触碰
15        Init();                                              //初始化所有变量
16      }
17      sourceCameraPosition = cameraController.centerEyeAnchor.position;//摄像机位置
18      sourceCameraForward = cameraController.centerEyeAnchor.forward;  //摄像机朝向
19      RaycastHit hit = new RaycastHit();                     //RaycastHit 结构对象
20      bool isRaycast = Physics.Raycast(sourceCameraPosition,
21        sourceCameraForward, out hit, 500, teleportLayerMask); //拾取标志变量
22      if(isWait){                                             //正在等待传送
23        if (!isRaycast || !hit.transform.name.Equals(targetPoint.transform.name)){
                                                                //实现转移
24          targetPoint.SendMessage("ToBlue");                 //将目标传送带置为蓝色
25          targetPoint = null;                                //目标传送带上设为空
26          isWait = false;                                    //isWait 标志位置 false
27          if(teleportTip!=null){                             //传送提示对象不为空
28            Destroy(teleportTip);                            //销毁该对象
29        }}
30        else if (Time.time - lastTime > 3) {                 //当凝视目标传送带 3 秒以上
31          StartTeleport();                                   //进行传送
32          Init();                                            //初始化所有变量
33      }}
34      else if(isRaycast && isIn){              //摄像机位于传送带内并且正在凝视目标传送带
35        targetPoint = (GameObject.Find(hit.transform.name)); //设置目标传送带
36        if (!sourcePoint.name.Equals(targetPoint.name)){ //起始传送带与目标传送带不同
37          lastTime = Time.time;                            //记录当前时间
38          targetPoint.SendMessage("ToRed");                //将目标传送带置为红色
39          isWait = true;                                    //isWait 标志位置 true
40          sourceCameraPosition.y += 0.5f;                  //将记录摄像机的位置向上移动 0.5 个单位
41          Vector3 tr = sourceCameraPosition + (sourceCameraForward * 2);//定义 tr 向量
42          if(teleportTipPrefab!=null){//若传送提示预制件不为空，根据 tr 与摄像机的方向创建对象
43            teleportTip = (GameObject)Instantiate(teleportTipPrefab, tr, OVRcontroller.
              transform.rotation);
44      }}}}
```

❑ 第 2-13 行主要判断摄像机是否在传送带内，若没有，则遍历所有传送带，当发现摄像机位于其一个传送带中，记录下该传送带，并在此位置创建传送粒子系统，同时将 isIn 标志位置 true。

❑ 第 14-16 行表示当摄像机移出传送带时，初始化所有变量，销毁传送粒子系统对象，若

存在传送提示对象也一并销毁。

❑　第 17-21 行定义了摄像机的位置与朝向，从摄像机的位置沿着其朝向定义一条长度为 500 的射线，只拾取属于 teleportLayerMask 层的对象，并记录为 isRaycast 布尔变量中，当该射线拾取到指定对象后，将 isRaycast 变量置为 true。

❑　第 22-33 行若正在等待传送，如果视线移出了目标传送带即 isRaycast 为 false，则将目标传送带置为蓝色，同时销毁传送提示对象将 isWait 置为 false；否则当等待时间超过 3 秒后，进行传送并对相应成员变量进行初始化。

❑　第 34-44 行为当同时满足摄像机位于传送带中并且凝视另一传送带，记录该时间，将目标传送带置为红色，并在摄像机的前方偏上位置创建传送提示对象，最后将 isWait 变量置为 true。

（4）创建 RotationControl 脚本。在本案例中提供了对吊车进行控制的方法，该吊车可左右旋转、在可视范围内进行前后移动，编写完成后挂载在 crane 对象上。

代码位置：见随书中源代码/第 5 章目录下的 Sample/Assets/Scripts/ RotationControl.cs。

```
1    using UnityEngine;
2    using System.Collections;
3    public class RotationControl : MonoBehaviour {
4      public GameObject up;                                      //吊车上半部分对象引用
5      private float rotateScale = 0.1f;                          //旋转规格
6      private float v=0;                                         //移动速度
7      void Update () {
8        v=transform.gameObject.GetComponent<Rigidbody>().velocity.x;
                                   //获取当前吊车沿 x 轴的移动速度
9        if (Input.GetKey(KeyCode.U) || OVRInput.Get(OVRInput.Button.DpadLeft)){
10         Rotate(1);            //当按下键盘上的 U 键或者游戏手柄左方向键则对吊车进行旋转
11       }
12       if (Input.GetKey(KeyCode.O) || OVRInput.Get(OVRInput.Button.DpadRight)){
13         Rotate(-1);           //当按下键盘上的 O 键或者游戏手柄右方向键则对吊车进行旋转
14       }
15       if (Input.GetKey(KeyCode.J) || OVRInput.Get(OVRInput.Button.DpadUp)){
16         v = v - 0.01f;        //当按下键盘上的 J 键或者游戏手柄上方向键则减少正方向的速度
17       }
18       if (Input.GetKey(KeyCode.L) || OVRInput.Get(OVRInput.Button.DpadDown)){
19         v = v + 0.01f;        //当按下键盘上的 J 键或者游戏手柄向上方向键则增加正方向的速度
20       }
21       if(v>0)  v = v - 0.008f;                                 //减少正方向的速度
22       if(v<0)  v = v + 0.008f;                                 //增加负方向的速度
23       if (v > 1) v = 1;                                        //正方向最大速度为 1
24       if (v < -1) v = -1;                                      //负方向最大速度为-1
25       if(transform.position.x<-17.5){                          //x 轴负方向最大位置为-17.5
26         v = 0;                                                 //速度置为 0
27         transform.position = new Vector3(-17.5f, transform.position.y, transform.
           position.z);
28       }
29       if (transform.position.x > 25){                          //x 轴正方向最大位置为 25
30         v = 0;                                                 //速度置为 0
31         transform.position = new Vector3(25f, transform.position.y, transform.
           position.z);
32       }
33       transform.gameObject.GetComponent<Rigidbody>().velocity = new Vector3(v, 0, 0);
34     }
35     public void Rotate(int n){                                 //旋转吊车方法
36       up.transform.Rotate(0, 0, n*rotateScale);                //根据方向对吊车进行旋转
37   }}
```

❑　第 4-6 行定义了吊车上半部分对象的引用，其旋转规格与沿 x 方向的移动方向。

❑　第 8-20 行获取了当前吊车沿 x 轴的移动速度，并根据按键的控制对吊车进行方向的旋转与沿 x 轴的移动。

❑　第 21-24 行表示了对摩擦力的模拟与最大速度的限制，当速度不为 0 时，将当前的速度大小减小 0.008，并将最大速度大小限制在 1。

❑　第 25-33 行限制了吊车沿 x 轴的移动范围，当其超过设定的移动范围后将速度置 0，将吊

车的位置限定在做大范围，同时将速度 v 的值赋到吊车刚体上。

❑　第 35-37 行为吊车的旋转方法，根据传入参数 n 的正负情况，对吊车进行顺、逆时针的旋转。

（5）ChangeTexture 脚本的编写。在等待传送的过程中会显示提示文字，该脚本实现了依次显示文字的效果，编写完成后挂载在 chuansong 对象上，并制成预制体。

代码位置：见随书中源代码/第 5 章目录下的 Sample/Assets/Scripts/ChangeTexture.cs。

```
1    using UnityEngine;
2    using System.Collections;
3    public class ChangeTexture : MonoBehaviour {
4      public Texture[] materials;                        //纹理数组
5      public int framesPerSecond = 2;                    //帧速率
6      void Update () {
7        int index = (int)(Time.time * framesPerSecond) % materials.Length;
         //计算当前图片索引并更换图片
8        transform.gameObject.GetComponent<MeshRenderer>().material.mainTexture =
         materials[index];
9    }}
```

❑　第 4-5 行定义了纹理数组与帧速率，按顺序将每一张图片放到纹理数组中并将帧速率的值置 2。

❑　第 6-9 行根据帧速率计算当前显示图片的索引值，并显示当前索引值所对应的纹理图片。

（6）FollowTarget 脚本的编写。在本案例中吊车上方放置了一个传送带，为了实现该传送带与吊车相对静止，编写了该脚本并将其挂载在对应传送带上。

代码位置：见随书中源代码/第 5 章目录下的 Sample/Assets/Scripts/FollowTarget.cs。

```
1    using UnityEngine;
2    using System.Collections;
3    public class FollowTarget : MonoBehaviour {
4      public Transform B;                                //跟随目标
5      public float smoothTime = 0.01f;                   //平滑移动的时间
6      private Vector3 AVelocity = Vector3.zero;          //速度
7      void Update(){
8        transform.position = Vector3.SmoothDamp(transform.position, B.position +
9        new Vector3(0, 1.5f, 0.2f), ref AVelocity, smoothTime);
                                                          //平滑地朝目标位置移动该对象
10   }}
```

❑　第 4-6 行定义了跟随目标 B、到达目标需要的移动时间和当前移动速度。

❑　第 7-10 行实现了对目标 B 的跟随，调用 SmoothDamp 方法实现在移动时间内该传送点平滑地向目标位置移动。

提示　　本案例中编写了准星开发的相关代码，在前面章节中对该脚本已经进行了详细讲解，此处不再赘述，读者可参考随书的源代码。

5.7　本章小结

本章对基于 Unity 开发的 VR 设备进行了详细概述，并对于 Oculus Rift 的开发流程进行了详细介绍，主要讲解了 Oculus Rift 的输入设备控制、准星开发与菜单的呈现，同时，对每个知识点都使用了一个案例进行进一步的讲解。

通过本章的学习，读者应该对基于 Unity 开发的 VR 设备有了初步的了解，并掌握了一定的 Oculus Rift 的开发技巧，为以后开发更加复杂的 VR 游戏打好基础。

5.8　习题

1. 列举当前支持 Unity 引擎进行开发的 VR 设备。
2. 下载并安装 Runtime 程序，同时进行环境配置。
3. 列举 Unity 整合包中的预制件并阐述每个预制件的主要功能。
4. 列举 Unity 整合包中的主要脚本并阐述每个脚本的主要功能。
5. 阐述 OVRPlugin 脚本中 Button 枚举类型所对应的游戏摇杆按钮。
6. 开发一个同时包含移动控制、准星与菜单界面的项目。

第6章 Cardboard VR 开发

Google Cardboard 是谷歌开发的一个虚拟现实开源项目，它能使用户以一种简单、廉价并且无门槛的方式来体验虚拟现实。用户在手机上安装了 Google Cardboard 应用之后，将手机放置在一个虚拟现实观察器上就可以开始体验了，而这个观察器就是我们所说的 Google Cardboard，如图 6-1 和图 6-2 所示。

▲图 6-1 Google Cardboard 正面图

▲图 6-2 Google Cardboard 侧面图

Cardboard 是一副用纸板做成的 3D 眼镜，任何人都可以根据说明自己购买部件组装，虽然看似简单，但这个眼镜加上智能手机就可以组成一个虚拟现实设备。下面将对 Google Cardboard SDK 以及官方案例进行一个简单介绍，并且会对 Google Cardboard 的开发进行详细讲解。

6.1 Cardboard SDK 基本介绍

Google Cardboard SDK 包括 Android、Unity 和 iOS 三个版本，如图 6-3 所示。下面将介绍支持 Unity 平台的 Cardboard SDK，包括 Cardboard SDK 的下载与导入、SDK 中的预制件和脚本，以及 Google Cardboard 所提供的官方案例。

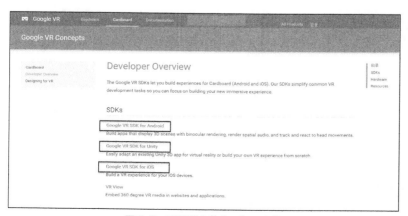

▲图 6-3 不同版本的 Cardboard SDK

6.1.1　Cardboard SDK 的下载与导入

在 Cardboard SDK 中，官方已经将一些开发过程中所用到的主要物体制作成了预制件，开发人员可以快速地将其拖曳到场景中完成部分功能的开发，例如 GvrViewerMain 预制件，其负责 VR 模式的参数设置、校正并渲染失真场景等。这使得读者可以对 VR 进行快速上手及开发。

（1）下载 Google Cardboard SDK 需要到 Google VR 的官方网址上，Google VR 的官方网址是 https://developers.google.com/vr/，如图 6-4 所示。开发者选择 Cardboard 后，然后需要根据开发平台下载相应的 SDK，下面开始介绍下载 Unity 平台 SDK 的详细步骤。

▲图 6-4　Google VR 官方网址

（2）首先需要在谷歌官方网站 https://developers.google.com/vr/unity/download/下载 Google Cardboard SDK，如图 6-5 所示。单击图中的下载链接下载 Unity 平台的 Google Cardboard SDK。该页面也包含相关案例的链接，读者可自行下载。

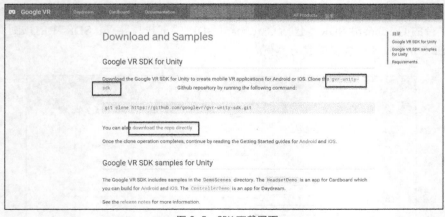

▲图 6-5　SDK 下载网页

（3）下载完成后，需要导入 SDK 包，打开 Uniyt。单击 Assets→Import Package→Custom Package，选择 GoogleVRForUnity.unitypackage。确保已勾选 Importing Package 对话框中的所有复选框，单击 Import 按钮，如图 6-6 所示。导入后文件夹结构如图 6-7 所示。

▲图 6-6　Importing package

▲图 6-7　SDK 文件结构目录

（4）SDK 中包括官方的案例场景，如图 6-8 所示。双击打开 DemoScene 场景，你会看到这样的一个场景，在贴有纹理的网格平面上漂浮着一个立方体，视野下方是一列选项，如图 6-9 所示。运行案例后，选择不同的选项会有不同的视觉效果，并且在凝视立方体时其会由红色变为绿色。

▲图 6-8　官方案例

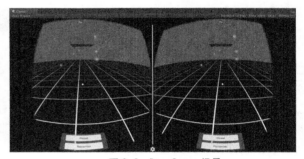

▲图 6-9　DemoScene 场景

注意　　　如果您使用的是 Unity 5，系统会警告您 API 将自动升级。如果出现上述警告，请接受它并继续操作。官方案例的具体内容会在下面的章节中继续介绍。

6.1.2　SDK 官方预制件

SDK 中包括一些开发过程中需要的预制件，包括声音、UI 和相机的预制件，开发者不需要自己创建，直接拖曳使用就行，新版本中的官方预制件包括以下几个，位置如图 6-10 所示，下面将介绍一下主要的几个预制件及其功能。

❏　GvrViewMain：VR 场景的关键对象。该预制件包含了 GvrViewer 脚本的实例，可以用来控制 VR 模式的生成和设置。在创建好场景后，将该预制件添加到场景中，即可实现 VR 模式的转换，该预制件位置如图 6-11 所示。

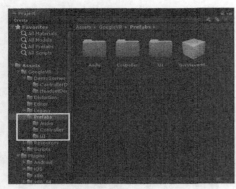

▲图 6-10　预制件文件夹

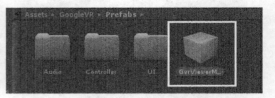

▲图 6-11　GvrViewMain 预制件

❑　GvrAudioSource：该预制件用于替换正常模式下 Unity 自带的 AudioSource 对象，如图 6-12 所示。在 Unity 编辑器中删除 AudioSource 对象之后，需要添加此对象，并且需要注意的是，GvrAudioSource 对象具有 AudioSource 的一些属性，比如音量等，该组件位置如图 6-13 所示。

▲图 6-12　GvrAduioSource 对象

▲图 6-13　GvrAduio 类预制件

❑　GvrAudioSoundfield：类似于 GvrAudioSource 预制件，但是用于一阶环绕声的音频源，并且必须为 Ambix（CAN-SN3D）格式。

❑　GvrAudioRoom：该预制件相当于一个空间版的 GvrAudioSource，用于添加房间效果的空间音频源，如图 6-14 所示，除了 GvrAudioSource 的基础属性，还可以设置房间的各个面的位置大小等，该预制件位置如图 6-13 所示。

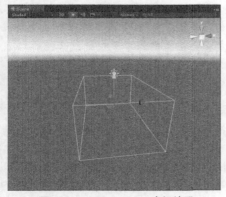

▲图 6-14　GvrAudioRoom 房间效果

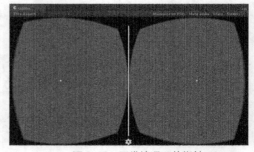

▲图 6-15　正常情况下的指针

❑　GvrReticle：在用户视线前端添加的一个交互式的指针，即当摄像机所投影到有效的对象时，系统会在世界空间中的用户视线焦点处投影一个圆，如图 6-15 所示。这个预制件需要被添加到场景的摄像机上，并且开发者可以使用 GvrGaze 脚本和 IGvrGazeResponder 接口和对象交互，或者使用 GazeInputModule 脚本来与 UGUI 元素交互，如图 6-16 所示，预制件位置如图 6-17 所示。

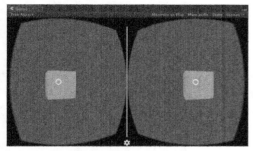

▲图 6-16　与物体交互的指针

▲图 6-17　GvrUI 类预制件

> **说明**　除了以上预制件外，Cardboard SDK 中还有一些已经被弃用的预制件，比如 GvrMain、GvrHead、GvrAdapter 等，它们的功能已经被整合或升级到新的预制件当中。

6.1.3　SDK 中的脚本文件

SDK 中还包括一些脚本文件，在某些特定的情况下，也会使用到这些脚本创建 VR 场景，比如向场景中添加 VR 支持的最简单方法是将一个 StereoController 脚本附加到 Main Camera 上，如图 6-18 所示，可以实现与预制件相同的效果。

▲图 6-18　使用脚本实现 VR 效果

> **说明**　在之前的版本中往往都是通过拖曳脚本来实现 VR 效果，在新版 Cardboard SDK 中使用 GvrViewMain 预制件简化了这一过程，但在某些特定的情况下，还是需要开发者拖曳并修改 SDK 中提供的脚本。

Cardboard 官方 SDK 中提供了一些脚本，也分别具有不同的功能，开发者有时需要使用这些脚本来实现不同的功能，并且在某些特定的情况下，还需要修改这些脚本。下面来大致介绍一下这些脚本的功能，具体内容如下。

❑　GvrViewer.cs：挂载到 GvrViewerMain 预制件上，负责 GvrViewerMain 对象的功能实现，包括查询并查看参数的设置，检索跟踪最新的数据参数，失真情况下校正并渲染场景，生成 VR 场景实例等。

□ GvrAudioSource.cs：挂载到 GvrAudioSource 预制件上，负责 GvrAudioSource 对象的功能实现，即 VR 模式下的音频组件，相比 AudioSource，提供更高级的空间音频功能。

□ GvrAudioListener.cs：必须挂载到附有 Audio Listener 组件的游戏对象上，一般情况下为摄像机，如图 6-19 所示。该脚本负责 VR 场景中的音频监听功能的实现，相比 AudioListener，提供了更高级的空间音频功能。

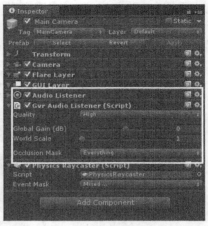

□ GvrAudioRoom.cs：挂载到 GvrAudioRoom 预制件上，负责 GvrAudioRoom 对象的功能实现，即将音频模拟成一个房间，并且附加游戏对象的属性。

□ GvrAudio.cs：主 VR 音频类，在 GvrAudio Source.cs、GvrAudioListener.cs、GvrAudioRoom.cs 等脚本中都有所引用。

▲图 6-19　挂载 GvrAudioListener 脚本

□ GvrReticle.cs：挂载到 GvrReticle 预制件上，负责 GvrReticle 对象的功能实现，包括在场景中用户注视的对象上，绘制了一个"十"字标志，如果单击该对象会触发事件，"十"字会扩张。

□ GvrGaze.cs：注视交互实现的总类，提供了一些基础的方法。

□ GazeInputModule.cs：提供了一个 Unity 的 BaseInputModule 类的接口，该类的功能是使用户能够在视野中看向 UGUI 的某一个元素时选择该元素并且触发相关事件或者触摸屏幕。该脚本需要挂载到 EventSystem 对象上，并且要优先于其他的对象。

□ IGvrGazePointer.cs：该脚本提供了一个视线指针接口和一些能够让视线与游戏对象、UI、事件触发器进行交互的方法。

脚本开发在游戏开发的过程中是相当重要的一个步骤，官方 SDK 中提供的预制件在一般的 VR 开发中已经足够使用，但是在某些特定的情况下仍需要开发者自己创建一些对象，这就需要开发者了解这些脚本的内容。

6.2　Cardboard SDK 官方案例

Google Cardboard SDK 中提供了一个官方案例，如图 6-20 所示，下面来介绍这个官方案例。打开 DemoScene 场景，你会看到一个立方体，立方体下方是一列菜单。运行案例后，选择不同的选项会有不同的透视效果，并且将指针放在立方体上会变绿，如图 6-21 所示。

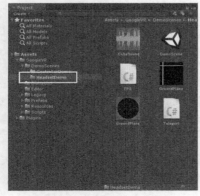

▲图 6-20　官方案例位置

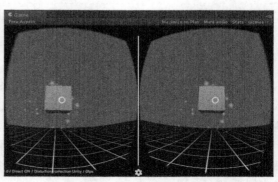

▲图 6-21　立方体变绿（运行后可看到）

首先看一下场景的结构，如图 6-22 所示，包括摄像机、Cube 对象、灯光、UI 和构成 VR 场景的主要对象 GvrViewerMain，在开发的过程中，将场景搭建完成以后，拖曳 GvrViewerMain 对象到场景中，就可以完成 VR 模式的转换，如图 6-23 所示，为加入 GvrViewerMain 前后的效果图。

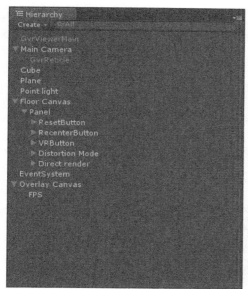

▲图 6-22　场景结构

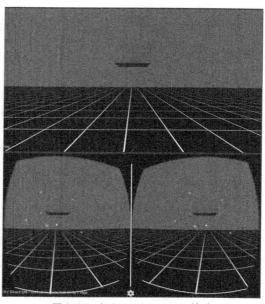

▲图 6-23　加入 GvrViewerMain 前后

然后可以看到 GvrReticle 对象挂载到了摄像机的下面，这样指针就会跟着摄像机移动。下面是案例的主要对象 Cube，如图 6-24 所示，是 Cube 的属性面板。在本案例中，视线能够与 Cube 进行交互是由 Teleport.cs 脚本以及触发器配合而成。

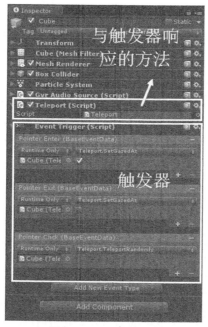

▲图 6-24　Cube 对象属性

145

✎ 说明
事件触发器中 Pointer Enter 触发器是指指针进入事件, 指针指到该对象时触发; Poniter Exit 与之对应, 是指指针退出事件, 指针离开该对象时触发; Pointer Click 是指指针点击事件, 指针指到该对象后并进行单击时触发。

当指针指向 Cube 对象时, 会触发 Pointer Enter 触发器, 然后会执行 Teleport.cs 脚本中的 SetGazeAt 方法, 同样剩下的两个触发器也会分别调用不同的方法。事件触发器相当于 Cube 的一个组件, 添加的方法也很简单, 如图 6-25 所示。

▲图 6-25　添加事件触发器

介绍为事件触发器的创建方法, 下面是与之相应的 Teleport.cs 脚本, 脚本编写完成后, 需要挂载到目标对象上, 即 Cube 对象。脚本中编写了事件触发器的不同触发器所触发的方法, 包括 Ponter Enter 事件对应的 SetGazeAt()方法, Pointer Click 事件对应的 TeleportRandomly()方法等, 具体内容如下。

代码位置: 见官方案例 gvr-unity-sdk-master 下的 Assets/GoogleVR/DemoScenes/HeadsetDemo/Teleport.cs

```
1     using UnityEngine;
2     using System.Collections;
3     [RequireComponent(typeof(Collider))]                        //添加碰撞'组件
4     public class Teleport : MonoBehaviour, IGvrGazeResponder {
5       private Vector3 startingPosition;                         //声明私有向量起始位置
6       void Start() {                                            //重写 Start 方法
7         startingPosition = transform.localPosition;            //获取当前位置为起始位置
8         SetGazedAt(false);                                     //当下没有注视对象
9       }
10      void LateUpdate() {                                      //重新 LateUpdate 方法
11        GvrViewer.Instance.UpdateState();                      //更新状态
12        if (GvrViewer.Instance.BackButtonPressed) {            //如果返回键被按下
13          Application.Quit();                                  //退出应用
14      }}
15      public void SetGazedAt(bool gazedAt) {                   //注视对象变色方法
16        GetComponent<Renderer>().material.color = gazedAt ?
17          Color.green : Color.red;              //如果注视将对象变成绿色; 没有注视, 变为红色
18      }
19      public void Reset() {                                    //重置位置方法
20        transform.localPosition = startingPosition;            //将起始位置赋给当前位置
21      }
22      public void ToggleVRMode() {                             //开启 VR 模式
23        GvrViewer.Instance.VRModeEnabled = !GvrViewer.Instance.VRModeEnabled;
24      }
```

```
25      public void ToggleDistortionCorrection() {      //失真校正方法
26          ……/*此处省略一些失真校正的代码，有兴趣的读者可以自行查看 SDK 中的源代码*/
27      }}
28      public void ToggleDirectRender() {              //修改渲染方式方法
29          GvrViewer.Controller.directRender = !GvrViewer.Controller.directRender;
30      }
31      public void TeleportRandomly() {                //将 Cube 对象弹飞的方法
32          Vector3 direction = Random.onUnitSphere;    //随机生成飞行方向
33          direction.y = Mathf.Clamp(direction.y, 0.5f, 1f);
                                                        //将方向的 y 轴分量限制在 0.5 到 1 之间
34          float distance = 2 * Random.value + 1.5f;   //计算飞行距离
35          transform.localPosition = direction * distance;    //按照随机方向移动对象
36      }
37      #region IGvrGazeResponder implementation
38      public void OnGazeEnter() {                     //当用户注视该对象时，执行此方法
39          SetGazedAt(true);
40      }
41      public void OnGazeExit() {                      //当用户停止注视该对象时，执行此方法
42          SetGazedAt(false);
43      }
44      public void OnGazeTrigger() {                   //当视线触发器被触发时执行此方法
45          TeleportRandomly();
46      }
47      #endregion
48  }
```

❑ 第 5-9 行是重写 Start 方法，主要功能是声明起始位置并获取当前的位置为起始位置，然后设置起始状态是当下没有注视对象。

❑ 第 10-14 行的主要内容是重写 LateUpdate 方法，该方法在 Update 方法之后调用，包括更新 GvrViewer 实例，并且如果用户按下了返回键，退出应用。

❑ 第 15-18 行的主要功能是编写负责相应注视事件触发器的 SetGazeAt 方法，通过给定一个是否注视的布尔值，来修改注视对象的颜色，如果注视，变为绿色；没有注视变为红色。

❑ 第 19-24 行的主要内容是编写位置重置方法和开始 VR 模式的方法。重置位置是将在之前获取的起始位置赋给当前的位置，使对象回到起始位置。

❑ 第 28-30 行的主要功能是修改渲染方式，取消 GvrViewer 提供的直接渲染方式。

❑ 第 31-36 行是将 Cube 对象弹飞的方法，首先随机生成一个方向并获取它作为 Cube 飞行的方向，然后将飞行的方向 y 轴分量限制在 0.5 到 1 之间，控制它飞行的方向大致在一个范围。之后计算飞行的距离，并将位置移动到新的位置。

❑ 第 37-48 行是预处理内容，主要功能是实现 IGvrGazeResponder.cs 中的接口，负责编写触发器的响应方法，比如 Cube 对象上的事件触发器中的 PointEnter 事件对应的就是 OnGazeEnter方法，即 SetGazedAt()方法。

下面介绍场景中的 UI 部分，UI 部分是由 5 个按钮组成的，如图 6-26 所示，"Reset"按钮是重置按钮，"Recenter"是重定位（回到中心）按钮，"VR Mode"是切换 VR 模式按钮，"Dist.Correction Mode"是失真校正按钮，"Direct Render"是直接渲染开关。

上面的每个按钮都可以通过视线指针单击，并触发相应的功能，它是通过在 Onclick()事件监听器中挂载相应的方法，比如"Reset"按钮是负责重置 Cube 对象的位置，Onclick 事件触发器上挂载的就是 Cube 对象上的 Teleport.cs 脚本中的 Reset()方法，如图 6-27 所示。

✎说明　　其余的 4 个按钮 Onclick 事件监听对应的方法与 Reset 按钮不同，"Recenter"按钮监听器的挂载对象是 GvrViewer.cs 脚本的 Recenter()方法，"VR Mode"按钮监听器挂载的对象是 Cube 对象上 Teleport.cs 脚本中的 ToggleVRMode()方法，"DistCorrection Mode"按钮监听器挂载的对象是 Cube 对象上 Teleport.cs 脚本中的 ToggleDistortionCorrection ()方法，"DirectRender"按钮监听器挂载的对象是 Cube

对象上 Teleport.cs 脚本中的 ToggleDirectRender()方法。

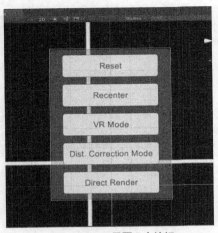

▲图 6-26　UI 界面 5 个按钮

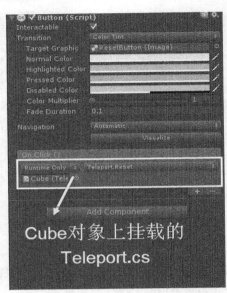

▲图 6-27　Reset 按钮 Onclick 触发器

最后是场景中的摄像机，摄像机并没有什么改动，如图 6-28 所示，但是需要注意的是，如果希望给场景添加音效，需要在摄像机上挂载 GvrAudioListener 脚本，并且最重要的一点是需要挂载 Physics Raycaster 光线投射组件，这样之前的视线指针单击事件才可以被触发。

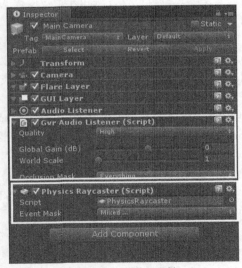

▲图 6-28　摄像机属性

6.3　一个综合案例

前面章节中介绍了谷歌 Cardboard SDK 的基础知识以及其官方案例的基本内容，相信读者对于 Cardboard 有了大致的了解。在本小节中将讲解利用该 SDK 开发的小综合案例。在该案例中可以通过蓝牙摇杆和场景中的 UI 界面、3D 物体进行交互。

6.3.1 获取蓝牙手柄键值

在本案例中读者可以通过外置的蓝牙手柄和游戏进行交互，在通过手机蓝牙和摇杆连接成功后，利用蓝牙手柄触发 UI 事件、发射子弹和 3D 物体进行交互等。Unity 通过 Input 类来接收外置手柄的输入。笔者采用的蓝牙手柄，如图6-29所示。

▲图6-29　蓝牙手柄

这种蓝牙手柄是十分普通的手柄，在市场上随处可见。在"Game"模式下，左侧可以控制人物进行前后左右的移动以及旋转，右侧的按键为确认键、返回键等（读者可以参考手柄使用说明书进行了解）。在使用之前需要获取每个按键的键值，代码如下所示。

代码位置：见随书源代码/第 6 章 ThreeTestDe/Assets/Custom/Scripts 下的 GetKeyValue.cs 脚本。

```
1    using UnityEngine;
2    using System.Collections;
3    public class GetKeyValue : MonoBehaviour {
4        void Update () {                          //重写 Update 方法
5            detectPressedKeyOrButton();           //每帧调用 detectPressedKeyOrButton 方法
6        }
7        public void detectPressedKeyOrButton () {             //检测按键按下的触发事件
8            foreach (KeyCode kcode in System.Enum.GetValues(typeof(KeyCode))) {
                                                              //对键值进行循环处理
9                if (Input.GetKeyDown(kcode))
10                   Debug.Log("KeyCode down: " + kcode);     //打印每个按键的名称
11    }}}
```

> **说明**　在每帧画面中接收外置手柄按键的键值，利用 Debug 方法将其打印出来。

场景中摄像机对象上，打包成 APK 导入手机，连接至手柄。在 Eclipse 中的 DDMS 下查看打印信息即可，如图6-30 所示。在游戏开发时可能会利用到外置手柄来控制人物的前后左右移动，因此笔者也编写了代码来实现该功能，具体代码如下。

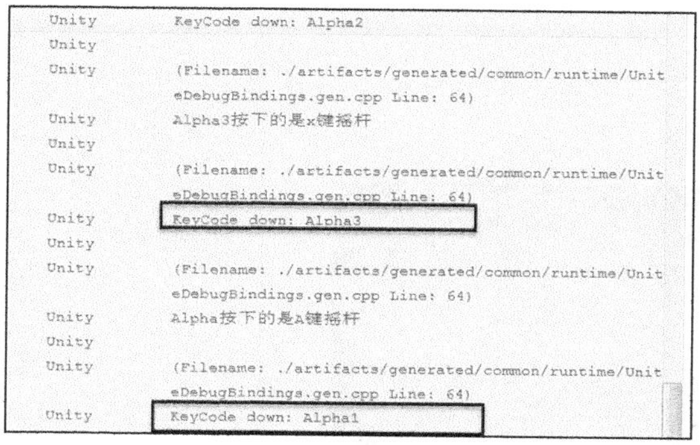

```
Unity       KeyCode down: Alpha2
Unity
Unity       (Filename: ./artifacts/generated/common/runtime/Unit
            eDebugBindings.gen.cpp Line: 64)
Unity       Alpha3按下的是x键摇杆
Unity
Unity       (Filename: ./artifacts/generated/common/runtime/Unit
            eDebugBindings.gen.cpp Line: 64)
Unity       KeyCode down: Alpha3
Unity
Unity       (Filename: ./artifacts/generated/common/runtime/Unit
            eDebugBindings.gen.cpp Line: 64)
Unity       Alpha按下的是A键摇杆
Unity
Unity       (Filename: ./artifacts/generated/common/runtime/Unit
            eDebugBindings.gen.cpp Line: 64)
Unity       KeyCode down: Alpha1
```

▲图6-30　DDMS 打印结果

代码位置：见随书源代码/第 6 章 ThreeTestDe/Assets/Custom/Scripts 下的 StickCameraControl.cs 脚本。

```
1    using UnityEngine;
2    using System.Collections;
3    public class StickCameraControl : MonoBehaviour {
4        public float speed = 10.0F;                    //定义人物移动速度值
```

```
5           public float rotationSpeed = 100.0F;                //定义人物旋转速度值
6       void Update () {
7           float translation = Input.GetAxis("Vertical") * speed;
                                              //GetAxis()方法输入的是-1到1的值。
8           float rotation = Input.GetAxis("Horizontal") * rotationSpeed;
                                              //移动值和旋转值
9           if (Mathf.Abs(translation) <= 0.1 * speed) {
                                      //当移动速度小于某一值时，停止移动，只旋转
10              translation = 0;
11              rotation *= Time.deltaTime;          //人物每秒旋转值的大小
12              transform.Rotate(0, rotation, 0);
                                      //移动脚本，移动和旋转不可以同时进行
13          } else {
14              translation *= Time.deltaTime;       //人物移动的速度值
15              transform.position += Camera.main.transform.forward * translation;
16      }}}
```

❏ 第 1-5 行首先定义了人物移动的速度值和旋转值常量。

❏ 第 6-8 行通过 Input 类的函数获取-1 到 1 的值的大小。

❏ 第 9-12 行当人物的移动速度小于某一值时，人物停止移动并旋转方向。

❏ 第 13-16 行是人物移动部分，设置移动速度值并改变摄像机的位置，因为一般情况下以摄像机来表示人物的位置。

6.3.2　场景一的搭建与开发

该综合案例中一共有两个场景，第一个场景主要是 UI 界面的交互，以及简单的 3D 物体控制。可以对 VR 模式以及普通模式进行切换，可以在随机位置添加一个火焰的粒子系统，还可以切换到第二个场景进行物体的射击，场景一的开发步骤如下。

（1）新建一个场景，将 GoogleVR 文件夹下 Prefabs 文件夹中的 GvrViewerMain 预制件拖曳到 Hierarchy 面板中，该预制件的主要功能就是为 Scene 中的物体添加一个 GvrViewer 脚本实现 VR 模式，为 Main camera 创建左右摄像机。

（2）将 Prefabs 文件夹下 UI 文件夹中的 GvrReticle 预制件拖曳到 Main Camera 对象下，使其成为摄像机的子对象。该预制件的作用是生成一个凝视标志，代表人物眼睛聚焦情况。在投射到物体上时，该标志会由点变成圆圈的标志。

（3）单击运行按钮运行游戏，会看到已变为 VR 模式，如图 6-31 所示。再次单击退出运行模式，接下来需要为场景添加 UI 界面。单击 GameObje→UI→Canvas 菜单生成画布对象，如图 6-32 所示。伴随着该对象还会生成一个 EventSystem 对象。

▲图 6-31　生成 VR 模式

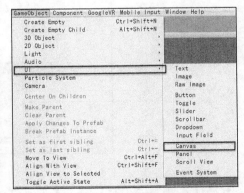

▲图 6-32　生成画布对象

（4）选中 Canvas 游戏对象，将其 Canvas 组件下的 Render Mode 模式修改为 World Space 模式，如图 6-33 所示。调整其位置以及大小。选中 EventSystem 对象，将其自带的 Standalone Input Mouble

组件移除，添加 Google VR 的 GazeInputModule 组件，并将其移至 Input Mouble 的最上方，如图 6-34 所示。

▲图 6-33　修改 Canvas 的渲染模式

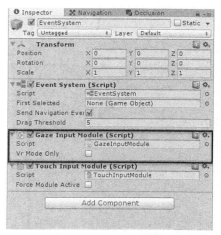

▲图 6-34　添加 Input 组件

（5）为了和场景中的 3D 物体进行交互，需要为摄像机添加 Physics Raycaster 组件（UI 和物体对象进行分离的组件，遮罩不想触发的层级对象），需要注意的是，该 3D 对象必须带有碰撞器组件。在 Canvas 对象下创建 3 个 Button 对象，分别命名为 VR Mode、Explore、Change Scene，如图 6-35 所示。

（6）在 Scripts 文件夹下创建名为 ObjChanged 的脚本，该脚本的主要功能是响应每个 Button 的触发事件。分别是 VR 模式和普通模式的任意切换，在场景中的任意位置生成一个火焰粒子系统。具体代码如下所示。

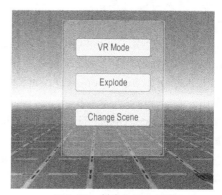

▲图 6-35　创建 Button 对象

代码位置：见随书源代码/第 6 章 ThreeTestDe/Assets/Custom/Scripts 下的 ObjChanged.cs 脚本

```
1    using UnityEngine;
2    using System.Collections;
3    public class ObjChanged : MonoBehaviour {
4        private float xtrans=0.0f;                        //定义 x 轴任意位置变量
5        private float ytrans = 0.0f;                      //定义 y 轴任意位置变量
6        private float ztrans=0.0f;                        //定义 z 轴任意位置变量
7        public GameObject prefabs;                        //声明表示火焰粒子系统变量
8        public void ChangeMode () {                       //定义切换模式的方法
9            GvrViewer.Instance.VRModeEnabled = !GvrViewer.Instance.VRModeEnabled;
10       }                                                 //获取 GVRViewer 对象并修改其模式
11       public void ChangeScene () {                      //定义切换场景方法
12           Application.LoadLevel("SecondDe");            //加载名为 SecondDe 的场景
13       }
14       public void ExplodeMothed () {                    //生成火焰粒子系统方法
15           xtrans = Random.Range(-7.0f,7.0f);
16           ytrans = Random.Range(3.0f,15.0f);            //随机获取范围内的 x、y、z 值
17           ztrans = Random.Range(-5.0f,5.0f);
18           Instantiate(prefabs,new Vector3(xtrans,ytrans,ztrans),transform.rotation);
19   }}                                                    //在随机位置生成一个火焰粒子
```

❑　第 1-7 行定义了表示为 x、y、z 轴任意位置的变量以及表示火焰粒子系统的变量。

❑　第 8-10 行定义了切换模式的方法，获取 GVRViewer 对象并修改其模式。

❑　第 11-13 行定义切换场景的方法，给定其场景名称就可以加载到该场景。

❏　第 14-19 行定义了生成火焰粒子系统的方法，随机获取 3 个轴向的任意值，并在该位置生成一个火焰。

（7）将该脚本挂载到 Canvas 对象上，利用一般方法为每个 Button 绑定其相应的方法。笔者在这里不在重复。单击运行按钮运行游戏，利用"准星"瞄准 VR Mode 字样的按钮，该按钮变为高亮效果。单击鼠标切换模式，如图 6-36 所示。再单击 Explode 按钮，会出现火焰，如图 6-37 所示。

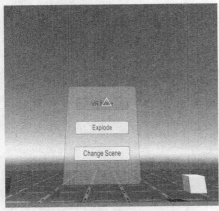

▲图 6-36　切换 VR 模式

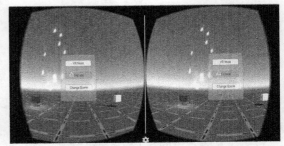

▲图 6-37　生成火焰粒子系统

（8）在运行模式下可以用鼠标去单击屏幕，但是当将手机放入 Google 眼镜后将触摸不到屏幕，因此我们需要利用外置的蓝牙手柄去代替鼠标单击。打开 GazeInputMouble 脚本，在程序的第 127 行添加 Input.GetKeyDown(KeyCode.Alpha3)代码。Process()方法是对输入的检测，每帧被调用一次。

（9）KeyCode.Alpha3 表示的是手柄的 X 键，读者也可以改为其他的按键。在前面章节已讲解过如何获取手柄每个键的键值。创建一个 Plane 地板，并在 UI 界面前放置名为 CubeOne 和 CubeTwo 的立方体。为 CubeOne 创建名为 CubeMoving 的脚本，代码如下所示。通过单击 CubeOne，其会飞向 CubeTwo 并发生"爆炸"。

代码位置：见随书源代码/第 6 章 ThreeTestDe/Assets/Custom/Scripts 下的 CubeMoving.cs 脚本。

```
1    using UnityEngine;
2    using System.Collections;
3    public class CubeMoving : MonoBehaviour {
4      public float speed = 10.0f;                      //定义物体的飞行速度
5      private bool moving = false;                     //是否发生移动
6      public GameObject  target;                       //飞向的目标对象
7      private float distanceToTarget;                  //两者之间的距离
8      public GameObject prefabsDe;                     //爆炸特效的预制件变量
9      void Start () {                                  //重写 Start 方法
10       moving = false;
11       distanceToTarget = Vector3.Distance(this.transform.position,
         target.transform.position);
12       GazeStart(false);           //计算两者之间的距离，并将移动标志位置为 false
13     }
14     IEnumerator Shoot () {        //定义协程
15       while (moving) {
16         Vector3 targetPos = target.transform.position;
17         this.transform.LookAt(targetPos);                   //朝向目标
18         float angle = Mathf.Min(1, Vector3.Distance(this.position, targetPos) /
         distanceToTarget) * 45;
19         this.transform.rotation = this.rotation * Quaternion.Euler(Mathf.Clamp
         (-angle, -42, 42), 0, 0);
20                               //旋转对应的角度（线性插值一定角度，然后每帧绕 x 轴旋转
21         float currentDist = Vector3.Distance(this.transform.position, target.
         transform. position);
22           if (currentDist < 0.2f) {       //若两者距离足够小时，初始化爆炸的粒子系统
```

```
23              moving = false;                      //移动标志位置为 false
24              Instantiate(prefabsDe, target.transform.position, transform.rotation);
25              this.gameObject.SetActive(false);
26              target.SetActive(false);                      //将这两个物体置为不可见
27          }
28          this.transform.Translate(Vector3.forward * Mathf.Min(speed *
            Time.deltaTime, currentDist));
29          yield return null;                               //平移  (朝向 z 轴移动)
30      }}
31  public void Changedmethod() {                    //定义物体发生变化的方法
32      moving = true;                               //将移动标志位置为 true
33      StartCoroutine(Shoot());                     //开始协程
34  }
35  private void GazeStart (bool gazedAt ) {         //当眼睛是否凝视某个物体时
36      GetComponent<Renderer>().material.color = gazedAt ? Color.green :
        Color.blue;
37  }
38  public void SetGazeStart () {                    //开始凝视调用的方法
39      GazeStart(true );
40  }
41  public void SetGazeEnd() {                       //不在凝视的方法
42      GazeStart(false);
43  }}
```

❑ 第 1-8 行定义了一些变量，分别表示是否发生移动的标志位、飞行速度、距离变量、对象变量、爆炸预制件的变量。

❑ 第 9-13 行重写了 Start 方法，计算出两者之间的距离，并且将 CubeOne 的颜色置为眼睛没有凝视时的颜色。

❑ 第 14-21 行让 CubeOne 对象物体飞向 Target，实时计算旋转角度和两者之间的距离。

❑ 第 22-29 行当两者之间小于一定距离时，将移动标志位置为 false，并初始化爆炸粒子特效。与此同时将这两个对象置为不可见。

❑ 第 30-34 行定义了眼睛凝视某个物体的方法。

❑ 第 35-40 行定义了眼睛开始凝视某个物体对象的方法。

❑ 第 41-43 定义了眼睛不再凝视对象的方法。

（10）选中 CubeOne 物体对象，为其添加 Event Trigger 组件，单击 Add New Event Type 按钮，增加不同的事件类型，单击"+"号添加事件，如图 6-38 所示。单击运行按钮运行游戏，瞄准 CubeOne 对象，并按下鼠标会发现其飞向 Target，如图 6-39 所示。

▲图 6-38 选择不同类型事件

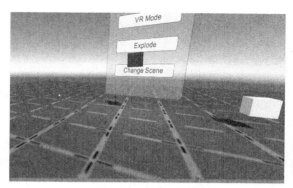

▲图 6-39 触发飞行事件

6.3.3 场景二的搭建与开发

前面章节中介绍了场景一的搭建与开发，在 UI 界面中有一跳转场景的 Button。下面将讲解场景二的搭建与开发。在该场景中由许多木箱组成，玩家可以通过单击鼠标键或者是通过外置手柄发射子弹，若子弹命中木箱则会发生爆炸。开发步骤如下。

（1）首先将 GvrViewerMain 预制件拖曳到场景中，将 GvrReticle 预制件拖曳为 Main Camera 的子对象。单击 GameObject→3D Object→Plane 菜单创建地板对象，按照该步骤创建 4 个 Cube 墙壁，调整其大小和位置，结果如图 6-40 所示。

（2）在该场景中箱子被笔者做成了预制件，在场景中摆放箱子时可以用该预制件，利用预制件会提高游戏的运行效率。单击 ThreeTestDe\Assets\Custom\pre 文件夹下的 Cubez.prefab 预制件，在属性面板会看到所有的组件与脚本，如图 6-41 和图 6-42 所示。

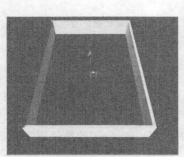
▲图 6-40　场景搭建结果

▲图 6-41　Cubez 脚本

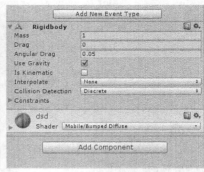
▲图 6-42　Cubez 组件

（3）在 Scripts 文件夹中创建名为"Cubezscripts"的脚本，该脚本的主要作用是当玩家注视木箱时，其大小会发生变化，不再注视时，回复原来大小。在子弹射中木箱时，在其位置初始化一个爆炸的粒子特效，并销毁木箱对象。具体代码如下。

代码位置：见随书源代码/第 6 章 ThreeTestDe/Assets/Custom/Scripts 下的 cubezscripts.cs 脚本。

```
1    using UnityEngine;
2    using System.Collections;
3    public class cubezscripts : MonoBehaviour {
4        public GameObject prefabsDe;                        //爆炸粒子特效变量
5        public void GazeStarting ( bool gazed ) {
6            this.transform.localScale = gazed ? new Vector3(1.25f, 1.0f, 1.0f) :
             new Vector3(1.0f,1.0f,1.0f);
7        }                                //当玩家注视箱子时木箱变大，否则恢复原来大小
8        public void MyGazeStart() {
9            GazeStarting(true);                     //当玩家注视木箱时调用的方法
10       }
11       public void MyGazeEnd () {
12           GazeStarting(false);                    //当玩家不再注视木箱时
13       }
14       void OnCollisionEnter ( Collision hit ) { //当子弹射中木箱时所调用的方法
15           if(hit.transform.tag== "Bullets") {    //若木箱所碰到的对象 tas 为 Bullets 时
16               hit.gameObject.SetActive(false);        //将子弹置为不可见
17               Instantiate(prefabsDe,transform.position,transform.rotation);
                                                         //初始化爆炸特效
18               Destroy(gameObject);                    //销毁木箱对象
19       }}}
```

❏　第 1-4 行定义了子弹射中木箱时的爆炸粒子特效的变量。

❏　第 5-7 行表示当玩家注视箱子时木箱变大，否则恢复原来大小。

❏　第 8-13 行表示当玩家注视木箱时调用的方法，以及不再注视木箱时所调用的方法。

❏　　第 14-19 行定义的碰撞的方法，当子弹射中木箱时，将子弹置为不可见并销毁木箱。并在其位置初始化一个爆炸粒子特效。

（4）将该脚本挂载到 Cubez 预制件中，关于预制件的制作为 Unity 的最基础知识，有问题的

读者可以参考其他书籍。为使得碰撞更加真实，为 Cubez 添加 Rigibody 组件，并勾选 Use Gravity 选项。选中 Cubez 对象，为其添加 Event Trigger 组件。

（5）单击 Add New Event Type 按钮，添加 Pointer Enter 和 Pointer Exit 事件，为 Enter 事件绑定 cubescripts 脚本中的 MyGazeStart 方法，Exit 事件绑定 MyGazeEnd 方法，如图 6-43 所示。绑定完成后 Cubez 预制件就制作完成了。

（6）新建名为 bullets 的预制件表示为子弹，新建一个 Bullets 的标签，并将其 bullets 的 tag 修改为 Bullets。具体步骤不再讲解，读者可以参考相关书籍。单击 Component 菜单，为其添加刚体组件，需要读者注意的是，当子弹速度过快时会穿过物体，因此将 Collision Detection 修改为 Continuous Dynamic，如图 6-44 所示。

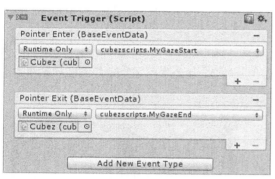

▲图 6-43 绑定事件方法

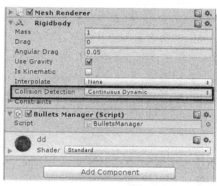

▲图 6-44 修改碰撞检测方式

（7）每个子弹都挂有一个名为 BulletsManager.cs 的脚本，其主要功能就是在生成子弹 5 秒后自动销毁，功能较为简单笔者不再讲解，若读者想扩展其功能可以在该脚本中编写代码。另外，若想与场景中的 3D 物体进行交互，需为摄像机添加 Physics Raycaster 组件。

（8）利用 Cubez 预制件在场景中搭建一个简单的场景，将其随意摆放到任意位置，只需在摄像机的范围内即可。在摄像机创建一个名为 PlaceofBullet 的空对象，用来表示生成子弹的位置。在 Scripts 文件夹下创建名为 SeconeCameraDe 的脚本，该脚本的作用就是实时初始化子弹对象，具体代码如下。

代码位置：见随书代码/第 6 章 ThreeTestDe/Assets/Custom/Scripts 下的 SeconeCameraDe.cs 脚本。

```
1    using UnityEngine;
2    using UnityEngine.EventSystems;
3    using System.Collections;
4    public class SeconeCameraDe : MonoBehaviour {
5        public Rigidbody bulletprefab;                              //子弹对象变量
6        private bool fireDepressedLastFrame = false;                //上一帧是否发射子弹
7        public GameObject PlaceofBullet;                            //生成子弹的位置对象变量
8        private float bulletAccel = 1.0f;                           //子弹的加速度
9        private float defaultSpeed = 200.0f;                        //子弹的速度变量
10       void FixedUpdate () {                                       //重写 FixedUpdate 方法
11           if (Input.GetMouseButtonDown(0) || Input.GetKeyDown(KeyCode.Alpha3)) {
12               if (!fireDepressedLastFrame) {                      //若按下鼠标键或外置手柄的按键
13                   FireBullet();                                   //当上一帧没有发射子弹，则发射子弹
14               }
15               fireDepressedLastFrame = true;                     //并将标志位置为 true
16           } else {
17               fireDepressedLastFrame = false;                    //否则将监测标志位置为 false
18       }}
19       void FireBullet () {                                       //定义发射子弹的方法
20           GameObject bullets;                                    //声明子弹对象变量
21           bullets = (GameObject)Instantiate(bulletprefab, PlaceofBullet.
22           transform.position, Camera.main.transform.rotation);
```

```
                                                    //在 PlaceofBullet 位置实例化子弹对象
23        bullets.GetComponent<Rigidbody>().velocity= bullets.transform.
24        forward * defaultSpeed * bulletAccel / 3.6f;
                                                    //并设置其速度值，单位为 Km/h
25    }}
```

❑　第 1-9 行定义了一些变量，其中包括子弹对象变量、上一帧是否发射子弹的标志位、生成子弹的位置对象变量、子弹的加速度和速度变量。

❑　第 10-15 行重写 FixedUpdate 方法，若接收到单击鼠标键或外置摇杆按键的信息，检测是否在上一帧已发射过子弹，若没有，发射子弹并将其标志位修改为 true。

❑　第 16-18 行若上一帧已经发射过子弹则将监测标志位置为 false。

❑　第 19-22 行定义了生成子弹的方法，在 PlaceofBullet 位置实例化子弹对象，其 Rotation 应该与 Main Camera 的方向一致，否则在发射时方向不一致。

❑　第 23-25 行则获取其刚体组件并设置其相应速度，单位为 Km/h，且必须为 transf.forward，其表示为其自身坐标系的 forward。

（9）单击游戏运行按钮，跳转到 SecondDe 场景。通过瞄准标志位瞄准目标，如图 6-45 所示。若按下鼠标键或外置手柄的按键，则会发现有一个"子弹"会从视野中心略靠下的位置发射出去，射中木箱则会发生爆炸，如图 6-46 所示。

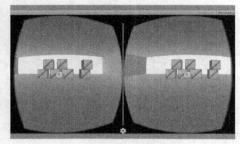　　　　

▲图 6-45　瞄准木箱　　　　　　　　　　　▲图 6-46　射中爆炸特效

6.4　本章小结

本章详细讲解了 Google Cardboard SDK 的基本知识与官方案例，并且利用该 SDK 创建了一个小的综合案例，可以利用蓝牙手柄和游戏进行交互。读者通过学习该章节后，可以按照步骤对此综合案例进行开发以及更深一步地开发自己的而案例。

6.5　习题

1. 简要介绍 Cardboard 的硬件配置。
2. 下载 Cardboard SDK 并运行官方案例查看效果。
3. 列举 Cardboard SDK 中的脚本并阐述每个脚本的具体功能。
4. 模仿官方案例开发类似的项目。
5. 在习题 4 所开发项目的基础上加入蓝牙摇杆的控制功能。

第7章　三星 Gear VR 应用开发

本章将要介绍如何使用 Unity 3D 游戏开发引擎在移动 VR 设备 Gear VR 上开发虚拟现实应用，其中涉及开发中所必需的部署及配置、Oculus Mobile SDK、VR 游戏的交互及外部输入设备的开发等重要问题，系统且全面地介绍了开发流程以及开发中遇到的问题。

7.1 Gear VR 概览

本节主要向读者介绍三星公司 Gear VR 的诞生背景、硬件设备的外部构造以及功能全面的 Oculus Home 应用等，通过本节的学习，读者可以对 Gear VR 及其硬件设备有比较全面的了解，对其功能特性有初步的掌握。

7.1.1　初识 Gear VR

对于 Gear VR 这款优秀产品的出现，是经过市场长期选择和开发者不断研发优化而逐渐成型的，结合 Rift 以及市面上其他各种头显设备的优点，以适用面广、移动轻便、交互性好为主要设计标准，本小节将要介绍其诞生背景和外部构造。

❑　诞生背景

Oculus Rift 也许是虚拟现实头显的典范，但是它还是存在许多问题。首先，它需要基于一个具有强大图形计算能力的计算机，第二，Rift 需要用数据线连接到电脑上，如果使用 DK2 的位置追踪器，你还必须坐在追踪器前方，这会很受限制。Oculus Rift 是一个大型的笨重的虚拟现实设备，而且很有可能还得买一个配置比较高的计算机。

为了解决上述问题，Oculus 同时提供了一个相对轻便的体验方案，通过与三星合作打造了 Gear VR 这个产品。Gear VR 是一个革命性产品，它结合了 Oculus 的光学技术和头动追踪技术，这些技术融合在一个 VR 盒中再配套使用三星的高分辨率手机，就可以有不同于 Rift 的、非常轻便的 VR 体验效果。

❑　外部构造

基于 Note4 和 S6 手机的 Gear VR 分辨率比较不错，整体有 2560*1440（单眼有 1280*1440）；头显设备中 IMU（惯性系统）是基于 Oculus 的技术，比手机内置的 IMU 要精确很多；Gear VR 外部有调节装置，包括瞳距调节滚轴（如图 7-1 所示）、音量调节按钮、手机锁扣（如图 7-2 所示）、返回键以及触摸板（如图 7-3 所示）。

▲图 7-1　瞳距调节滚轴

▲图 7-2　手机锁扣

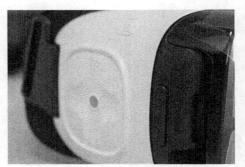

▲图 7-3　返回键以及触摸板

7.1.2　Oculus Home

上一小节中主要介绍了 Gear VR 的诞生背景及外部构造，除此之外还有一大特色就是 Oculus Home，其实质上是一个 VR 应用，并且针对三星手机系统做了优化，如图 7-4 所示。接下来将要介绍的是 Oculus Home 的具体特点。

▲图 7-4　Oculus Home

❑　功能全面

Oculus Home 提供了一个完全沉浸式的交互浏览界面，不需要取下头显然后再去启动新应用程序。在不需要取下手机的同时可以看到邮件、短信、通知等提示信息，除非一些非常必要的事情，否则完全可以不用摘下头显一直尽情享受，这比 Oculus Rift 的体验要好很多。

❑　VR 游戏

对使用者来说，Oculus Home 提供的优秀虚拟现实游戏可谓是大受好评，使用者在三星手机上下载 Oculus Home 应用软件之后，可以在场景中的 VR 菜单中寻找自己喜欢的 VR 游戏试玩，如图 7-5 和图 7-6 所示，这些游戏在美工设计、游戏交互等方面都是非常完美的。

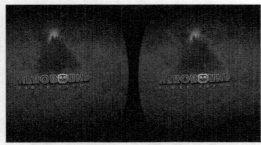

▲图 7-5　Oculus Home 游戏 1

▲图 7-6　Oculus Home 游戏 2

7.2 开发前的准备

使用 Unity 3D 游戏开发引擎开发 Gear VR 之前需要进行一些必要的准备工作,其中包括 SDK 的下载、签名文件的获取以及对软硬件开发环境的要求等,事先准备好所需要的软件和硬件可以使读者在后面的开发中把精力放在虚拟现实内容和交互等问题上。

7.2.1 下载 Oculus Mobile SDK

开发 Android 平台的 Gear VR 应用需要用到 Oculus 提供的的移动端 SDK——Oculus Mobile SDK,该 SDK 提供了使用 Unity 开发移动端 Gear VR 应用的插件,接下来将要介绍具体下载步骤。

(1)打开浏览器,输入网址 http://developer.oculus.com,该网址是 Oculus 公司的开发者官网,Gear VR 开发者可以登录实时了解 Oculus 公司的动向, 如图 7-7 所示。

▲图 7-7 Oculus 开发者官网首页

(2)单击页面顶部"DOWNLOADS"选项跳转到"Downloads"页面,选择"SDK:MOBILE""版本:0.6.1.0",如图 7-8 所示。

▲图 7-8 Downloads 页面

（3）单击 Oculus Mobile SDK V0.6.1.0 的"Details"按钮，如图 7-8 所示，同意使用许可协议，如图 7-9 所示，单击"Download"下载 SDK 的压缩包至自定义位置。

▲图 7-9　SDK 下载界面

> 💡提示　　本书中下载的 Oculus Mobile SDK 版本是 Oculus Mobile SDK V0.6.1.0。

7.2.2　获取 Oculus 签名文件

签名文件可以让应用在手机上正常运行，因为通过 Oculus 移动端 SDK 构建的 VR 应用需要针对某一个手机唯一的签名才可以调用底层的 API。下载签名文件之前需要获取手机的设备 ID，本小节将要详细介绍获取手机 Device ID 具体操作步骤。

（1）将手机通过数据线与计算机 USB 接口连接，单击手机"设置"图标，打开"开发者选项"，如图 7-10 所示，打开手机"USB 调试"，如图 7-11 所示。

▲图 7-10　设置界面

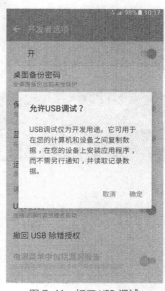

▲图 7-11　打开 USB 调试

（2）保持手机和计算机连接，打开命令行提示窗口，输入你的 Android SDK 的/platform-tools

目录，具体输入命令格式：CD [pathToAndroidSDK]/platform-tools。输入以下命令，获取手机设备 ID：adb devices，如图 7-12 所示。

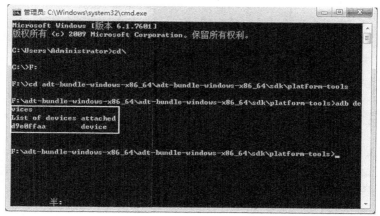

▲图 7-12　获取 Device ID

（3）复制命令提示窗口中手机设备 ID（一般为 8 位数字和字母组成），将其粘贴进生成签名文件的网页当中，具体生成网址为 http://developer.oculus.com/osig/，如图 7-13 所示，单击"Download File"获取签名文件并保存。

▲图 7-13　下载签名文件

（4）将下载之后的 SDK 插件导入 Unity 之后，再把该签名文件放在所需项目的 Assets/Plugins/Android/assets 目录下，如图 7-14 所示。

▲图 7-14　签名文件

7.2.3　相关软硬件的基本要求

上面两个小节介绍了开发之前需要下载和准备的东西：Oculus Mobile SDK V0.6.1.0 和签名文件，接下来将要介绍的是使用 Gear VR 开发过程中所用到的软件工具（尤其是对最低版本的要求）以及对于硬件的要求，具体如下。

❏　软件要求

开发所必需的软件包括：Oculus Mobile SDK V0.6.1.0、Unity 4.1 及以上、Java development Kit 7（JDK7）及以上、Android SDK 5.0 及 SDK Tools 等。

❏　硬件要求

开发所必需的硬件包括：Gear VR innovator Edition for note4 和 Samsung GALAXY Note4 手机、Gear VR innovation Editor for S6 和 Samsung GALAXY S6 或者 S6 Edge 手机以及一台 Gear VR 设备。

7.3　Oculus Mobile SDK 概述

上一节中讲解了使用 Oculus Mobile SDK 开发 Gear VR 应用需要的准备工作，本节将要介绍 Oculus Mobile SDK 中的 Unity 插件 UnityIntegration.unitypackage 的文件目录以及重要脚本，这将有助于读者更加思路清晰地使用 Unity 引擎开发 Gear VR 应用。

7.3.1　SDK 文件目录介绍

导入 UnityIntegration.unitypackage 插件之后，在 Unity 的 Project 面板中的 Assets 目录下有两个文件夹 OVR 和 Plugins。OVR 文件夹中包含了开发虚拟现实场景所必需的重要文件，如图 7-15 所示。Plugins 文件夹包含了各种平台开发的插件，如图 7-16 所示。

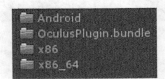

▲图 7-15　OVR 文件夹　　　　　　　　　　▲图 7-16　Plgins 文件夹

❏　OVR 文件夹

该文件夹中包含有开发虚拟现实场景所必需的相机预制体、材质、着色器、纹理贴图以及最重要的实现 VR 效果的重要脚本，OVR 目录下的子文件夹中分别包含有上述资源，如表 7-1 所示，该表中详细介绍了子文件夹中所包含资源的具体用途。

表 7-1　　　　　　　　　　　　　　　　OVR 文件夹介绍

子文件夹名称	说　　明
Editor	包含可以为 Unity 编辑器添加功能的脚本，还有强化过的 C#组件脚本
Materials	包含了整合包中图形组件会用到的材料，比如主要 GUI 屏幕
Moonlight	包含了针对移动 Gear VR 开发而准备的类（仅针对移动端），如 OVRTouchpad.cs
Prefabs	包含了为将 VR 嵌入 Unity 场景而提供框架的主要预制体：OVRCameraControlle 和 OVRPlayerController
Resources	包含了部分需要被 OVR 脚本实例化的预制体和其他对象，如主 GUI
Scene	场景包含了简单的场景

子文件夹名称	说　　明
Scripts	包含了将 VR 框架和 Unity 组件结合起来的 C#文件。许多脚本都要结合多种预制体一起使用
Shaders	包含了多种 Cg 着色器，某些 OVR 组件会用得上
Textures	包含了图像部件，某些脚本组件会用得上

❑　Plgins 文件夹

该文件夹包含了对于各种平台开发的插件，其中包括 Android、MacOS 等。OculusPlugin.dll 能够使 VR 框架得以和 Windows 版 Unity（32 位和 64 位）交流数据，OculusPlugin.bundle 对应 MacOS 的 VR 开发，libOculusPlugin.so、vrlib.jar、AndroidManifest.xml 对应 Android 平台下的开发。

7.3.2　脚本功能介绍

在 Assets/OVR/Scripts 目录下存放有一些重要脚本，接下来将要简要介绍能够实现虚拟现实功能的这些脚本的具体功能，如表 7-2 所示，这些脚本中的重要代码会在本书的后面小节中详细讲解，在这里读者只需要对其初步了解即可。

表 7-2　　　　　　　　　　　　　　脚本功能介绍

脚　本　名　称	脚本功能介绍
OVRCameraRig.cs	控制立体感渲染和头部运动追踪的组件
OVRManager.cs	面向 VR 硬件的主要接口，它负责封装所有导出的 C++功能，以及一个辅助功能，可以用来储存的 Oculus 变量帮助调节摄像头的行动
OVRDisplay.cs	提供 HMD 渲染时的状态以及姿态（pose）
OVRTracker.cs	提供姿态（pose）、视锥体，以及红外追踪摄像头的追踪状态
OvrCapi.cs	一个 LibOVR（亦称 CAPI）的 C#封装，它把所有的硬件功能都展示出来，可以查询或设置一些追踪、渲染等能力
OVRCommon.cs	一系列可重用的静态功能，包括了 Unity 和 OvrCapi 之间类型的转换
OVRPlayerController.cs	为 VR 框架实现第一人称视角的控制
OVRGamepadController.cs	这是一个接口类，连接游戏控制器
OVRMainMenu.cs	用来控制不同场景间的读取工作
OVRCrosshair.cs	是一个渲染和控制屏幕上的十字准线的辅助类
OVRGUI.cs	是一个辅助类，不管 2D 还是 3D 的基础渲染文本，它都可以对其进行封装
OVRGridCube.cs	是一个辅助类，当它启用时会显示所有 cube 的网格
OVRPresetManager.cs	是一个辅助类，当使用 Unity PlayerPrefs 类时可以用来储存一系列变量以供使用
OVRVisionGuide.cs	目前由 OVRMainMenu 组件来使用

7.3.3　OVRCameraRig 脚本介绍

该脚本一方面挂载在 OVRCameraRig 预制体和 OVRPlayerController 子预制体上，同时其也是一个用于控制立体感渲染和头部运动追踪的组件。此组件是 Unity 和预制体上相机之间的主要接口，配合预制体将 VR 功能添加进场景。

本小节中将要详细介绍 OVRCameraRig.cs 脚本中重要方法，其中包括 UpdateCameras 方法、ConfigureCamera 方法、UpdateAnchors 方法，分别用于控制更新摄像机、配置摄像机参数、更新锚点状态，具体的代码实现如下。

（1）首先将要介绍的是 UpdateCameras 方法中的代码，在该方法中还嵌套有一个重要方法 ConfigureCamera(OVREye eye)，用于配置摄像机中的相关参数，具体代码如下。

代码位置：见随书源代码/第 7 章/GearVR_Demo/Assets/OVR/Scripts 目录下的 OVRCamera Rig.cs。

```
1    private void UpdateCameras(){                              //更新摄像机
2     if (!OVRManager.instance.isVRPresent)                    //判断是否开启了 VR 模式
3      return;                                                 //下面代码不执行，就此返回
4     if (needsCameraConfigure){                               //判断是否需要配置摄像机
5      leftEyeCamera = ConfigureCamera(OVREye.Left);           //配置左眼摄像机
6      rightEyeCamera = ConfigureCamera(OVREye.Right);         //配置右眼摄像机
7    #if !UNITY_ANDROID || UNITY_EDITOR
                                      //预编译指令：如果在非 Android 平台或者 Unity 编辑平台
8      needsCameraConfigure = false;                           //在预编译指令设定的平台上不需要配置摄像机
9    #endif}}                                                  //if 预编译指令结束
```

说明

这段代码在执行过程中首先判断是否开启 VR 模式，若没有开启，则 return 之后代码不执行；接下来需要根据 bool 型变量 needsCameraConfigure 判断是否需要配置摄像机，如需要则左右眼先后调用 ConfigrueCamera 方法进行配置；预编译指令用于指定运行平台来确定 needsCameraConfigure 的值。

（2）接下来将要介绍的是该方法中嵌套的配置摄像机（左右两台）参数的重要方法 ConfigureCamera(OVREye eye)，具体代码如下。

代码位置：见随书源代码/第 7 章/GearVR_Demo/Assets/OVR/Scripts 目录下的 OVRCamera Rig.cs。

```
1    private Camera ConfigureCamera(OVREye eye){
2     Transform anchor = (eye == OVREye.Left) ? leftEyeAnchor : rightEyeAnchor;
                                                       //获取锚点引用
3     Camera cam = anchor.GetComponent<Camera>();      //获取摄像机组件
4     OVRDisplay.EyeRenderDesc eyeDesc = OVRManager.display.GetEyeRenderDesc(eye);
5     //获取眼睛渲染信息：Vector2 resolution 和 Vector2 fov
6     cam.fieldOfView = eyeDesc.fov.y;                 //设置相机的视野
7     cam.aspect = eyeDesc.resolution.x / eyeDesc.resolution.y;  //设置长宽比
8     cam.targetTexture = OVRManager.display.GetEyeTexture(eye); //设置目标纹理
9     cam.hdr = OVRManager.instance.hdr;               //设置高动态范围图像
10   #if UNITY_ANDROID && !UNITY_EDITOR      //预编译指令：如果在 Android 平台且非编辑器平台
11    cam.depth = (eye == OVREye.Left) ?              //设置相机深度
12    (int)RenderEventType.LeftEyeEndFrame :          //左相机深度值 3
13    (int)RenderEventType.RightEyeEndFrame;          //右相机深度值 4
14    bool hasSkybox = ((cam.clearFlags == CameraClearFlags.Skybox) &&
                                                       //判断是否启用了天空盒
15    ((cam.gameObject.GetComponent<Skybox>() != null) || (RenderSettings.skybox != null)));
16    cam.clearFlags = (hasSkybox) ? CameraClearFlags.Skybox : CameraClearFlags.SolidColor;
17    //若 hasSkybox 为 ture 则使用天空盒，否则使用纯色
18   #else
19    cam.rect = new Rect(0f, 0f, OVRManager.instance.virtualTextureScale,
                                                       //设置矩形
20    OVRManager.instance.virtualTextureScale);
21   #endif                                           //预编译指令 if 结束
22    if (eye == OVREye.Right){                        //判断是否为右眼
23     cam.enabled = !OVRManager.instance.monoscopic;} //设置相机是否激活
24    if (cam.actualRenderingPath == RenderingPath.DeferredLighting)
25    //判断实际渲染路径是否为延时光照渲染方式
26     OVRManager.instance.eyeTextureAntiAliasing = OVRManager.RenderTextureAntiAliasing._1;//抗锯齿
27    return cam;}}                                    //返回设置完整参数的相机
```

❑　第 1～9 行为获取相机引用后设置该相机的几个基本参数，其中包括：fieldOfView、aspect、targetTexture、hdr 等。调用 OVRManager.display.GetEyeRenderDesc(eye)获取眼睛的渲染信息：Vector2 resolution（分辨率）和 Vector2 fov（相机视野）。

❑　第 10～21 行为如果在 UNITY_ANDROID 且不是 UNITY_EDITOR 平台下分别设置相机的几个基本参数，其中包括 depth、clearFlags；在非 UNITY_ANDROID 平台下设置相机 rect。

❑　第 22～27 行为先判断是否为右眼，若为右眼则需要根据 OVRManager.instance.monoscopic 来确定该右眼睛（即右相机）是否开启，如果是立体渲染（也就是 VR 模式）就开启，否则关闭。然后判断实际渲染路径是否为延时光照渲染，如果是延时光照渲染则需要设置抗锯齿。最后将设置完整的相机返回。

（3）前面介绍了更新相机的代码实现，接下来将要介绍的是对跟踪数据的更新方法 UpdateAnchor，该方法主要实现的是对头部及眼睛的转动（localRotation）和位移（localPosition）设置，具体代码如下。

代码位置：见随书源代码/第 7 章/GearVR_Demo/Assets/OVR/Scripts 目录下的 OVRCameraRig.cs。

```
1    private void UpdateAnchors(){                              //对跟踪数据更新
2    bool monoscopic = OVRManager.instance.monoscopic;          //是否为立体渲染模式
3    OVRPose tracker = OVRManager.tracker.GetPose(0f);          //获取头部跟踪姿态
4    OVRPose hmdLeftEye = OVRManager.display.GetEyePose(OVREye.Left); //获取左眼姿态
5    OVRPose hmdRightEye = OVRManager.display.GetEyePose(OVREye.Right);
                                                                //获取右眼姿态
6    trackerAnchor.localRotation = tracker.orientation;         //控制头部旋转
7    centerEyeAnchor.localRotation = hmdLeftEye.orientation;    //中间眼睛锚点
8    leftEyeAnchor.localRotation = monoscopic ? centerEyeAnchor.localRotation :
     hmdLeftEye.orientation;
9    rightEyeAnchor.localRotation = monoscopic ? centerEyeAnchor.localRotation :
     hmdRightEye.orientation;
10   trackerAnchor.localPosition = tracker.position;           //设置跟踪锚点位置
11   centerEyeAnchor.localPosition = 0.5f * (hmdLeftEye.position + hmdRightEye.
     position);                                                 //中间锚点位置
12   leftEyeAnchor.localPosition = monoscopic ? centerEyeAnchor.localPosition :
     hmdLeftEye.position;
13   rightEyeAnchor.localPosition = monoscopic ? centerEyeAnchor.localPosition :
     hmdRightEye.position;
14   if (UpdatedAnchors != null){          //该方法是个委托,此处判断事件列表是否为空
15    UpdatedAnchors(this);}}              //不为空则继续执行该方法
```

❑　第 1～5 行为获取头部及左右眼睛姿态，姿态数据存储在 OVRPose 结构体里面，该结构体包括两个成员变量 Vector3 position 和 Quaternion orientation，前者用于配置头部及眼睛的位置，后者用于配置头部及眼睛的旋转信息。

❑　第 6～15 行为配置锚点的旋转（localRotation）和位置（localPosition）姿态，需要配置的锚点包括：trackerAnchor、centerEyeAnchor、leftEyeAnchor、rightEyeAnchor；这些姿态信息用于实时更新，确保人头部有姿态调整时，场景中模拟人头部和眼睛的预制体的姿态能够实时调整。

7.3.4　外设输入接口开发

无论是不是虚拟现实（VR）游戏，没有外部输入设备的配合都是无法提升用户体验的，在 Oculus Mobile SDK 中官方提供了外部输入设备的接口类——OVRGamepadController 和 OVRTouchpad。开发者可以根据需要调用这两个接口类中的相应方法来实现外部设备输入。

本小节中将要重点介绍的是两种外设输入的开发方式：游戏控制器和 Gear VR 侧面触摸板，OVRGamepadController.cs 脚本主要实现游戏控制器的开发，OVRTouchpad.cs 脚本主要实现侧面触摸板的开发，接下来将会详细介绍脚本内容以及使用方法。

（1）OVRGamepadController.cs 主要是用于鼠标、键盘、游戏手柄、手机摇杆等以按键、摇杆操作为主的外部输入设备的开发，在脚本内部预先给出了外部输入键所对应的各种键值（又称"键值映射"），具体代码如下：

代码位置：见随书源代码/第 7 章/GearVR_Demo/Assets/OVR/Scripts/Util 目录下的 OVR

GamepadController.cs。

```
1      public enum Axis{                    //枚举轴
2        None = -1,
3        LeftXAxis = 0,                     //游戏手柄右杆控制左右、蓝牙摇杆左右滑动杆、键盘"A_D"键
4        LeftYAxis,                         //游戏手柄右杆控制前后、蓝牙摇杆前后滑动杆、键盘"W_S"键
5        RightXAxis,                        //游戏手柄右杆控制左右转向
6        RightYAxis,                        //游戏手柄右杆控制前后转向
7        LeftTrigger,                       //左肩下方触发器
8        RightTrigger,                      //右肩下方触发器
9        DPad_X_Axis,                       //控制左右移动，值为1或-1
10       DPad_Y_Axis,                       //控制前后移动，值为1或-1
11       Max,};                             //枚举按钮
12     public enum Button{                  //枚举按钮
13       None = -1,
14       A = 0,                             //游戏手柄按键"A"、蓝牙摇杆"X"键
15       B,                                 //游戏手柄按键"B"、蓝牙摇杆"a"键
16       X,                                 //游戏手柄按键"X"、蓝牙摇杆"A"键
17       Y,                                 //游戏手柄按键"Y"、蓝牙摇杆"iOS"键
18       Up,                                // "上"
19       Down,                              // "下"
20       Left,                              // "左"
21       Right,                             // "右"
22       Start,                             // "开始"键、蓝牙摇杆电源开关键（Start键）
23       LStick,                            //左手杖
24       RStick,                            //右手杖
25       LeftShoulder,                      //左肩按键
26       RightShoulder,                     //右肩按键
27       Max};                              //枚举中 Button 数量
```

❑ 第 1～11 行为枚举出的有关摇杆、轴、滑杆等"可推动"操作控制装置的对应键值，其中注释中给出的一些经过测试的详细且准确的手机蓝牙摇杆上滑杆对应键值。除蓝牙摇杆之外的其他控制器对应键值需要测试后才可用。

❑ 第 12～27 行为枚举出的有关按键、键盘等"可按下、可抬起"操作控制装置的对应键值，其中注释中给出的一些经过测试的详细且准确的手机蓝牙摇杆上 Start 键、Android 模式下的 4 个 Button 对应键值。除蓝牙摇杆之外的其他控制器其键值需要测试后才可用。

特别注意：代码中枚举出的 Axis 和 Button 所对应的游戏控制器 Axis 和 Button 是经过测试所得，读者开发所使用的游戏控制器很可能与作者测试所用的不相同，所以请读者务必经过测试获取准确的对应键值后再进行相关开发，测试方法将在后面小节详细讲解。

（2）前面介绍了官方 SDK 枚举出的外部设备控制器的键值，这些键值还需要对应到 Unity 内置的输入设备控制器（Input Manager）中的键值名称（包括 default Android Unity input name 和 default Unity input name），如图 7-17 和图 7-18 所示。

（3）接下来将要介绍如何使用这些枚举出来的 Axis 和 Button 进行相应开发，这里以 OVRPlayer Controller 脚本中的使用方法为例，具体代码如下。

▲图 7-17 输入管理器 1

▲图 7-18 输入管理器 2

代码位置：见随书源代码/第 7 章/GearVR_Demo/Assets/OVR/Scripts/Util 目录下的 OVR PlayerController.cs。

```
1    if (OVRGamepadController.GPC_GetButton(OVRGamepadController.Button.Up)){
2      moveForward = true;                                    //向前移动标志位置为 true
3      dpad_move   = true;}                                    //dpad 移动标志位置为 true
4    if (OVRGamepadController.GPC_GetButton(OVRGamepadController.Button.Down)){
5      moveBack   = true;                                     //向后移动标志位置为 true
6      dpad_move = true;}                                      //dpad 移动标志位置为 true
7    float leftAxisX = OVRGamepadController.GPC_GetAxis(OVRGamepadController.Axis.
     LeftXAxis);
8    float leftAxisY = OVRGamepadController.GPC_GetAxis(OVRGamepadController.Axis.
     LeftYAxis);
```

> 说明　以上代码主要展示了与外部设备的交互方法，OVRGamepadController 脚本中封装了 GPC_GetButton 和 GPC_GetAxis 两个方法，通过传递枚举的 Axis 和 Button 值作为参数获取返回值，即可得到游戏控制器按键输入值。

（4）除了游戏控制器之外，还有一种 Gear VR 设备自带的外部输入方式——触摸板，如图 7-19 所示。位于 Gear VR 头盔右侧的触摸板可以实现 5 种操作：单击中间、中间上滑、中间下滑、中间左滑、中间右滑，读者可以自行体验。

（5）Oculus Monile SDK 中也有用于开发 Gear VR 侧面触摸板的接口类——OVRTouchpad，在这个类当中实现了对于上述触摸板 5 种操作的事件监听，接下来结合插件脚本中给出的源代码片段向读者讲解如何进行触摸板开发，具体代码如下。

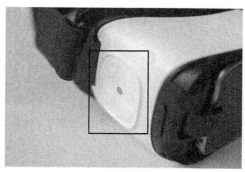

▲图 7-19　Gear VR 侧面触摸板

代码位置：见随书源代码/第 7 章/GearVR_Demo/Assets/OVR/Moonlight/Scripts 目录下的 OVRTouchpad.cs。

```
1    public enum TouchEvent{                                  //枚举出触摸事件类型
2      SingleTap,                                             //单击
3      Left,                                                  //中间左滑
4      Right,                                                 //中间右滑
5      Up,                                                    //中间上滑
6      Down,};                                                //中间下滑
7    enum TouchState{                                         //枚举触摸状态
8      Init,                                                  //初始化
9      Down,                                                  //触摸开始
10     Stationary,                                            //触摸停止不动
11     Move,                                                  //触摸移动
12     Up};                                                   //触摸抬起
```

> 说明　这段代码枚举出了触摸操作的 5 种事件类型和操作触摸板时的 5 种触摸状态，在该脚本的 OVRTouchpad 类中的 Update 方法和 OVRTouchpadHelper 类中的 LocalTouchEventCallback 回调方法中都是以这两个枚举为中心展开的。

（6）接下来将要着重介绍 OVRTouchpad 类（也是脚本名称，该脚本中还有一个 OVRTouchpadHelper 类）中的 Update 方法，如果读者想要开发触摸板的应用，只需在其他脚本的 Awake 方法中使用 OVRTouchpad.Update 调用即可，该方法的具体代码如下。

代码位置：见随书源代码/第 7 章/GearVR_Demo/Assets/OVR/Moonlight/Scripts 目录下的 OVRTouchpad.cs。

```
1    static public void Update(){
2      if (Input.touchCount > 0){                             //触摸数量大于 0
```

```
3        switch(Input.GetTouch(0).phase){                          //触摸开始
4         case(TouchPhase.Began) :                                 //触摸状态设置为 Down
5          touchState = TouchState.Down;                           //获取开始触摸点位置
6          moveAmount = Input.GetTouch(0).position;
7          break;
8         case(TouchPhase.Moved) :                                 //触摸移动
9          touchState = TouchState.Move;                           //触摸状态设置为 Move
10         break;
11        case(TouchPhase.Stationary) :                            //触摸暂停（注意：并没有抬起）
12         touchState = TouchState.Stationary;                     //触摸状态设置为 Stationary
13         break;
14        case(TouchPhase.Ended) :                                 //触摸结束
15         moveAmount -= Input.GetTouch(0).position;               //获取结束触摸点位置
16         HandleInput(touchState, ref moveAmount);                //判定是哪种触摸操作
17         touchState = TouchState.Init;                           //触摸状态设置为 Init
18         break;
19        case(TouchPhase.Canceled) :                              //触摸取消
20         Debug.Log( "CANCELLED\n" );                             //打印提示信息
21         touchState = TouchState.Init;                           //触摸状态设置为 Init
22         break;}}
23       if (Input.GetMouseButtonDown(0)){                         //鼠标左键按下
24        moveAmountMouse = Input.mousePosition;                   //记录鼠标光标位置
25        touchState = TouchState.Down;}                           //触摸状态设置为 Down
26       else if (Input.GetMouseButtonUp(0)){                      //鼠标左键抬起
27        moveAmountMouse -= Input.mousePosition;                  //记录鼠标光标位置与之前相减
28        HandleInputMouse(ref moveAmountMouse);                   //判定鼠标做了哪种操作
29        touchState = TouchState.Init;}}                          //触摸状态设置为 Init
```

❑　第 1～22 行为模拟整个触摸过程：触摸开始、触摸时移动、触摸暂停、触摸结束、触摸取消。根据记录两次触摸点的位置并相减，将相减之后的值（moveAmount）和触摸状态（touchState）传递给 HandleInput 方法，该方法可以根据参数判断这次完整的触摸过程是 TouchEvent 中 5 种触摸事件类型的哪一种类型。

❑　第 23～29 行为程序运行时鼠标左键按下、鼠标左键移动、鼠标左键抬起的事件监听，在鼠标左键按下和鼠标左键抬起时都分别记录了鼠标光标的位置，将前后两次坐标相减之后的值传递给 HandleInputMouse 方法作为参数，该方法可以根据参数判断这次完整的鼠标操作过程是 TouchEvent 中 5 种触摸事件类型的哪一种类型，再触发相应事件。

（7）接下来将要介绍 OVRTouchpad 脚本中的另一个类——OVRTouchpadHelper，当在某个脚本的 Awake 方法中调用 OVRTouchpad.Update 方法时，Unity 自动创建一个 OVRTouchpadHelper 对象，并且会根据不同的触摸操作执行不同的监听方法，具体代码如下。

代码位置：见随书源代码/第 7 章/GearVR_Demo/Assets/OVR/Moonlight/Scripts 目录下的 OVRTouchpad.cs。

```
1        #pragma warning disable 0414
2        static private OVRTouchpadHelper touchpadHelper =          //创建对象并挂载脚本
3        (new GameObject("OVRTouchpadHelper")).AddComponent<OVRTouchpadHelper>();
4        #pragma warning restore 0414
5        /*此处省略了该脚本中与本小节讲解内容无关的代码，有兴趣的读者可以自行查看源代码*/
6        void LocalTouchEventCallback(object sender, EventArgs args){
                                                                     //添加到委托事件列表中的方法
7        var touchArgs = (OVRTouchpad.TouchArgs)args;               //强制类型转换：基类—继承类
8        OVRTouchpad.TouchEvent touchEvent = touchArgs.TouchType;   //获取操作类型
9        switch(touchEvent){
10        case OVRTouchpad.TouchEvent.SingleTap:                    //匹配单击事件
11         Debug.Log("SINGLE CLICK\n");                            //打印信息或者自定义其他操作
12         break;
13        case OVRTouchpad.TouchEvent.Left:                         //匹配左滑操作
14         Debug.Log("LEFT SWIPE\n");                              //打印信息或者自定义其他操作
15         break;
16        case OVRTouchpad.TouchEvent.Right:                        //匹配右滑操作
17         Debug.Log("RIGHT SWIPE\n");                             //打印信息或者自定义其他操作
18         break;
19        case OVRTouchpad.TouchEvent.Up:                           //匹配上滑操作
20         Debug.Log("UP SWIPE\n");                                //打印信息或者自定义其他操作
```

```
21          break;
22      case OVRTouchpad.TouchEvent.Down:               //匹配下滑操作
23          Debug.Log("DOWN SWIPE\n");                  //打印信息或者自定义其他操作
24          break;}}
```

❑ 第 1～4 行为在场景中创建一个名称叫"OVRTouchHelper"的对象，并将 OVRTouchpad Helper 挂载在该对象上。

❑ 第 6～8 行为定义了 LocalTouchpadHelper 方法，此处使用 C#委托事件机制，当触摸板触发操作（事件）发生时，该类用作事件接收的类，在 Start 中添加到 OVRTouchpad.TouchHandler 委托事件列表，这个过程又叫订阅事件，然后提供一个方法（LocalTouchpadHelper）用于处理该事件。

❑ 第 9～24 行为触摸事件匹配过程，使用 Switch 来分别处理 5 种触摸板触摸操作：单击、左滑、右滑、上滑、下滑。这里需要说明的是：在 SDK 中使用 Debug.log 方法打印操作信息，如果读者想要自定义开发触摸操作所要实现的功能，可在此处添加代码。

7.3.5 场景加载时的淡入效果脚本

有过 Gear VR 体验的人都会知道，在将手机插入头戴设备之后，当将头戴设备戴在头上时，事先搭建好的场景才会慢慢映入眼帘（屏幕黑色慢慢变淡直至显示出具体场景），这种淡入效果的脚本就是本小节将要介绍的 OVRScreenFade.cs。

（1）该脚本挂载在预制体 OVRPlayerController 中，具体挂载位置如图 7-20 所示。在 Unity 编辑面板中，开发者可以调整相关参数来控制淡入效果，如图 7-21 所示。

▲图 7-20　脚本挂载位置

▲图 7-21　参数面板

（2）上面讲解了该脚本挂载的位置以及 Unity 编辑器的参数面板，接下来讲解的是该脚本中声明的相关变量，这些变量可以在参数面板中调节（如图 7-21 所示），具体代码如下。

代码位置：见随书源代码/第 7 章/GearVR_Demo/Assets/OVR/Scripts/Util 目录下的 OVRScreenFade.cs。

```
1      public float fadeTime = 2.0f;                                   //淡入时间
2      public Color fadeColor = new Color(0.01f, 0.01f, 0.01f, 1.0f);  //淡入颜色
3      public Shader fadeShader = null;                                //声明着色器
4      private Material fadeMaterial = null;                           //声明材质
5      private bool isFading = false;                                  //判断是否需要淡入
```

✏️说明　　该脚本中声明的 5 个变量用于控制场景加载时的淡入效果，其中 fadeTime 控制淡入时间，fadeColor 控制淡入颜色，fadeShader 和 fadeMaterial 声明着色器和材质，isFading 用于控制是否进行淡入操作。这些变量对于该脚本起到了调节作用。

（3）接下来介绍的是该脚本中的方法代码部分，其中包括 FadeIn 协程方法不断减淡淡入时的颜色，OnCustomPostRender 或者 OnPostRender 方法用来控制屏幕颜色的材质，这两种方法是 MonoBehaviour 类提供的，用于在摄像机完成场景渲染之后被调用。

代码位置：见随书源代码/第 7 章/GearVR_Demo/Assets/OVR/Scripts/Util 目录下的 OVR ScreenFade.cs。

```
1    void OnEnable(){                                        //对象被启用时调用
2     StartCoroutine(FadeIn());                             //开启协程 FadeIn
3     #if UNITY_ANDROID && !UNITY_EDITOR                    //在 Android 和非 Unity 编辑平台被编译
4     OVRPostRender.OnCustomPostRender += OnCustomPostRender;
5     #endif}                                               //预编译 if 结束指令
6    IEnumerator FadeIn(){                                   //协程方法
7     float elapsedTime = 0.0f;                             //时间消逝
8     Color color = fadeMaterial.color = fadeColor;         //获取颜色值
9     isFading = true;                                      //设置淡入标志为 true
10    while (elapsedTime < fadeTime){                       //如果消逝时间小于设定淡入时间则执行
11    yield return new WaitForEndOfFrame();                 //等待帧结束
12    elapsedTime += Time.deltaTime;                        //不断增量时间
13    color.a = 1.0f - Mathf.Clamp01(elapsedTime / fadeTime);//设置 Alpha 值，逐渐变透明
14    fadeMaterial.color = color;}                          //设置材质颜色
15    isFading = false;}                                    //设置淡入标志为 false
16   #if UNITY_ANDROID && !UNITY_EDITOR                     //在 Android 和非 Unity 编辑平台被编译
17   void OnCustomPostRender()
18   #else
19   void OnPostRender()                                    //当摄像机渲染之后执行
20   #endif{
21    if (isFading){                                        //淡入标志为 true 时执行，在协程中设置
22     fadeMaterial.SetPass(0);                             //设置材质通道
23     GL.PushMatrix();                                     //把投影视图矩阵和模型视图矩阵压入堆栈保存
24     GL.LoadOrtho();                                      //加载正交投影
25     GL.Color(fadeMaterial.color);                        //设置颜色
26     GL.Begin(GL.QUADS);                                  //开始绘制四边形
27     GL.Vertex3(0f, 0f, -12f);                            //设置第一个顶点
28     GL.Vertex3(0f, 1f, -12f);                            //设置第二个顶点
29     GL.Vertex3(1f, 1f, -12f);                            //设置第三个顶点
30     GL.Vertex3(1f, 0f, -12f);                            //设置第四个顶点
31     GL.End();                                            //结束绘制
32     GL.PopMatrix();}}                                    //把投影视图矩阵和模型视图矩阵弹出堆栈
```

❏ 第 1～5 行为启用协程方法，该方法在所挂载脚本的对象被启用或者激活时被调用，其中使用预编译指令设置在 Android 和非 Unity 编辑平台运行时有专用绘制屏幕矩形的方法名。

❏ 第 6～15 行为实现颜色设置和在帧结束运行时的协程方法，通过不断给 elapsedTime 加上增量时间 Time.deltaTime 来计算出颜色的 Alpha 值，通过在 Unity 编辑面板设置 fadeColor 来控制淡入颜色，设置 isFading 来控制是否使用 GL 相关方法实现屏幕矩形绘制。

❏ 第 16～32 行为绘制屏幕矩形的实现方法，该方法在摄像机渲染完场景之后被调用。方法中使用 GL 类的相关方法，包括保存矩阵、加载正交投影、设置颜色、开始绘制四边形、给出四边形顶点、四边形绘制结束、恢复矩阵方法，这是基本的 GL 的底层图像库方法。

7.4 游戏性能问题

本节中将讨论 Gear VR 硬件和性能良好的移动 VR 应用程序的特点，以及如何提升已有 App 的性能。虽然选择基于 Unity 开发 Gear VR 来介绍，是因为 Gear VR 开发者大多都选择使用 Unity。不过，这里提出来的概念可以适用于几乎所有的游戏引擎。

7.4.1 硬件介绍以及降低性能的因素

对于手机的性能特性，一般来说，移动图形管道依赖于一个相当快速的 CPU，它通过一条比较慢速的总线和内存控制器连接到一个相当快速的 GPU，以及一个开销较大的 OpenGL ES 驱动。就目前 GPU 可编程渲染管线来说，留给开发者发挥的空间很大。

虽然各种设备硬件不同，但所有这些设备性能的基本轮廓相似，如果能让应用在一种设备上快速运行，它应该在其他的设备上也能运行得很好。对于大部分的移动芯片组来说，说到 3D 图

形性能，这些设备都有基本相当的特性。下面是一些通常会让 Gear VR 项目变慢的问题，如表 7-3 所示。

表 7-3 影响游戏性能的几个问题

编　号	问 题 描 述
1	需要依赖渲染的场景（如阴影和反射）（消耗 CPU/GPU）
2	绑定 VBO 发起绘制调用（draw call）（消耗 CPU/驱动）
3	透明，多通道（multi-pass）着色器，逐像素照明，其他填充大量像素的效果（消耗 GPU/IO）
4	大纹理加载，blits 和其他形式的 memcpy（消耗 IO/内存控制）
5	带蒙皮的动画（消耗 CPU）
6	Unity 垃圾回收消耗（消耗 CPU）

7.4.2　开发中需要注意的问题

上一小节介绍了 Gear VR 的硬件设备及影响性能的问题，接下来将要介绍的是在开发过程中如何提升游戏性能，以及需要注意的影响游戏性能的问题，这些问题也是进行 3D 游戏开发中通常需要注意的，因此，在其他非虚拟现实应用中也需要注意。

❑　设置 Project Settings

在项目开发之前，确保 Unity project settings 已设置为性能最优，特别是确保设置了以下值：静态批处理、动态批处理、GPU 蒙皮、多线程渲染、缺省方向为 LandscapeLeft 等。

❑　Draw Call

Draw Call 是 Gear VR 应用中开销最大的部分，在设计美术资源时，让它尽可能需要最少的 Draw Call。Draw Call 是给 GPU 的一条指令，让它绘制一个网格物体或者网格物体的一部分，每次当游戏决定要绘制一个新的网格物体，这个网格物体在提交给 GPU 之前必须先被驱动处理。

批处理（batching）可以用来减少 Draw Call 数量，要想让 batching 正常工作，一个单独的 VBO（顶点缓存物体 vertexbuffer object，简称 VBO）中包含的所有网格物体必须拥有同样的材质设定：同样的贴图，同样的 shader，同样的 shader 参数。在 Unity 中为了加大 batching 的效果，对象只有在有同样的材质物体指针的时候才会被正确 batching。

❑　批处理

Unity 提供两种不同的方法来批处理网格物体：静态批处理（static batching）和动态批处理（dynamic batching）。如果将一个网格物体标记为 static，实际上是告诉 Unity 这个物体不会移动、动画或者缩放。在打包（build）时，Unity 使用这个信息将这些网格物体批处理为一个共享材质的单独的大网格物体。

Unity 也可以批处理没有标记为 static 的网格物体，只要它们符合共享材质的需求。如果将 DynamicBatching 选项打开，这个处理就基本上是自动的。每帧去计算这些网格物体将产生一些额外的开销，但相比提升的性能通常是值得这样做的。

7.5　一个简单的案例

前面已经介绍了 Gear VR 诞生背景、开发前需要准备的工作、SDK 概述以及对影响游戏性能的探究等，本节将要介绍的是通过开发一款集合菜单拾取、外部输入以及追踪光标等功能的案例，通过本案例的讲解使读者更加深入了解 Gear VR 应用的开发流程。

7.5.1　案例功能简介

本小节将要对本案例的主要功能进行简要介绍，由于目前 Oculus Mobile SDK 0.6.1.0 版本的 SDK 中未支持截图和录屏功能，因此只能向读者展示本案例在 Unity 编辑器中的运行效果图，有兴趣的读者可以安装本案例 APK 到手机上，插入 Gear VR 头盔实际体验。

❑　菜单拾取功能

刚开始进入场景时正面可以看到主菜单，如图 7-22 所示，菜单上面有两个按钮，分别是：BOX SHOOTING 和 CYLINDER SHOOTING。调整头部姿态可以看到当黄色的光标拾取到两个按钮时字体颜色改变，当黄色光标离开时颜色恢复，如图 7-23 所示。

▲图 7-22　菜单效果图 1

▲图 7-23　菜单效果图 2

❑　侧面触摸监听功能

当黄色的光标拾取到按钮时，可以通过单击 Gear VR 头盔侧面触摸版（如图 7-19 所示）实现头部转动，"BOX SHOOTING+单击触摸板"实现向右旋转 90°，"CYLINDER SHOOTING+单击触摸板"实现向左旋转 90°。

❑　追踪光标拾取功能

当进入场景时，为便于在头部姿态发生改变时，体验者能够非常清楚地看到双眼在场景中注视的位置，以及方便拾取菜单、场景中的箱子和圆柱等，如图 7-24 和图 7-25 所示。追踪光标拾取功能的开发大大提高了本案例的交互性，增强了用户体验效果。

▲图 7-24　箱子拾取

▲图 7-25　圆柱拾取

7.5.2　VR 场景搭建

上一小节介绍了本案例的主要功能，本小节将要介绍的是 VR 场景搭建过程，场景搭建主要包括模型导入、灯光设置、纹理贴图以及摄像机调整等。具体搭建流程和使用 Unity 开发普通场景的步骤相同，只是在设置相机时略有不同，详细搭建步骤如下。

（1）新建一个项目，并将其重命名为"GearVR_Demo"，如图 7-26 所示，然后新建一个场景，将其命名为"Parlor"，选中"Directional light"，右击 Delete，删除掉光照。向场景中导入准备好的模型资源，如图 7-27 所示。

▲图 7-26 新建项目

▲图 7-27 模型资源

（2）单击"File-Bulid Settings…"弹出"Bulid Setting"对话框，选择 Android 平台，并且选择 Texture Compression 为"ETC2（GLES 3.0）"选项，单击 Switch Platform 切换平台，如图 7-28 所示。导入 Oculus Mobile SDK 的 Unity 插件 UnityIntegration.unityPackage，如图 7-29 所示。

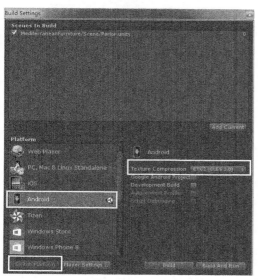

▲图 7-28 项目设置

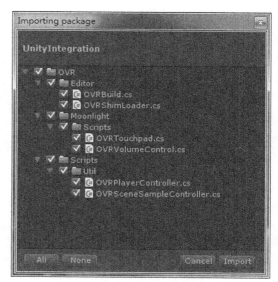

▲图 7-29 导入 SDK 插件

（3）导入 UnityIntegration.unityPackage 之后，需要关闭 Unity，打开 OculusMobileSDK 目录，找到/VrSamples /Unity /UnityIntegration/ ProjectSettings 文件夹，如图 7-30 所示，把已经创建该项目工作区目录中的 ProjectSettings 文件夹（如图 7-31 所示）替换成 Oculus Mobile SDK 中的 ProjectSettings 文件夹。

（4）在 Hierarchy 面板中选中新建场景时默认的 Camera，右击 Delete 删除，把 Assets/OVR/Prefabs 目录下将 OVRPlayerController 预制体拖进场景中，如图 7-32 所示，并将其调

整到合适的位置和视野，添加灯光，使场景变明亮。

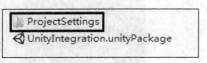

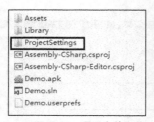

▲图 7-30　SDK 中的文件　　　　　▲图 7-31　项目中的文件　　　　▲图 7-32　OVRPlayerController 结构

7.5.3　UGUI 事件监听系统

使用 UGUI 制作 VR 场景中的悬浮菜单和在搭建普通场景中的菜单是一样的，但是需要将画布（即 Canvas）的 Canvas 组件中的 Render Mode 设置为 World Space，这样当头部姿态发生改变时，菜单就会始终悬浮在世界坐标的固定位置，方便追踪光标拾取，具体开发步骤如下。

（1）在 Hierarchy 的空白区域，右击→UI→Canvas，如图 7-33 所示，创建一个画布，用于菜单的显示，在该场景中需要 3 个画布，其中包括主菜单、Box 返回按钮、Cylinder 返回按钮，菜单结构图如图 7-34 所示。

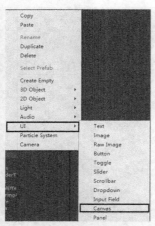

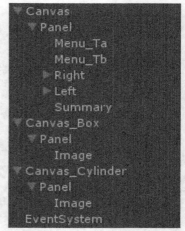

▲图 7-33　创建画布　　　　　　　　　　　　▲图 7-34　UI 结构图

（2）创建完 Canvas 之后，在 Hierarch 面板中会自动生成 EventSystem 对象，EventSystem 对于场景中 UI 事件监听非常重要，后面小节会详细介绍。主菜单 Canvas 中包括两个具有事件监听的按钮 Right 和 Left，当光标位于按钮碰撞器之内时，字体变颜色，如图 7-35 所示。

（3）场景中 UGUI 的事件监听系统离不开 EventSystem 对象，该对象下有 3 个组件：EventSystem、StandaloneInputModule、TouchInputModule，后面两个组件都继承自 BaseInputModule，如图 7-36 所示。EventSystem 组件主要负责处理输入、射线投射以及发送事件，场景中只能有一个 EventSystem 组件。

▲图 7-35　主菜单效果图

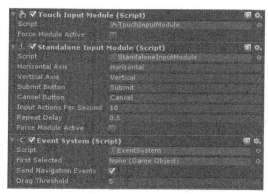

▲图 7-36　EventSystem 组件

BaseInputModule 是一个基类模块，负责发送输入事件（单击、拖拽、选中等）到具体对象。EventSystem 下的所有输入模块都必须继承自 BaseInputModule 组件。StandaloneInputModule 和 TouchInputModule 组件是系统提供的标准输入模块和触摸输入模块，读者可以继承 BaseInputModule 实现自己的输入模块。

（4）创建 Canvas 之后该 UI 对象上有 3 个组件：Canvas、Canvas Scaler、Graphic Raycaster，如图 7-37 所示。在 Canvas 组件中 Render Mode 有 3 个选项：Screen Space-Overlay、Screen

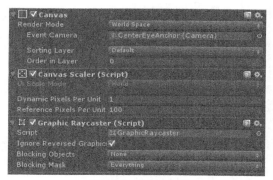

▲图 7-37　Canvas 组件

Space-Camera、World Space，这里选择第三个选项 World Space，保证 Canvas 在世界坐标空间中。

（5）对于 UI 的事件系统来说，有了事件管理系统 EventSystem、输入系统 BaseInputModule 以及画布 Canvas 之后，还需要 BaseRaycaster 对象负责确定目标对象，以及目标对象上的事件接收（EventTrigger）处理方法，如图 7-38 和图 7-39 所示。

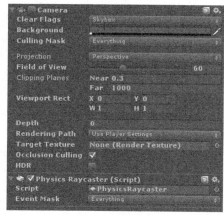

▲图 7-38　射线发射对象

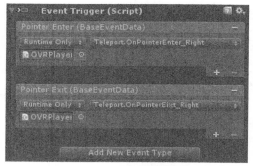

▲图 7-39　事件接收对象

（6）Physics Raycaster 组件继承于 BaseRaycaster，在 OVRPlayerController 预制体中的 CenterEyeAnchor 上添加组件 Physics Raycaster 的同时，Unity 会自动添加相机组件到该物体上（因为射线是由相机发出），为了防止该相机在场景中渲染物体而浪费不必要的资源，将其设置为未激活状态。

（7）Event Trigger 组件可以单击"Add New Event Type"按钮添加相应事件触发的接口，这里添加了 Pointer Enter 和 Pointer Exit 用来接收当 Pointer 进入对象时和当 Pointer 离开对象时的事件。通过开发 Teleport.cs 脚本来处理事件，具体代码如下。

代码位置：见随书源代码/第 7 章/GearVR_Demo/Assets/Scripts 目录下的 Teleport.cs。

```
1    public class Teleport : MonoBehaviour {
2     public Text RightText;                              //BoxShooting Text
3     public Text LeftText;                               //Cylinder Shooting Text
4     public Text BoxStartText;                           //Box Shooting Menu Strt
5     public Image BoxBackImage;                          //Box Shooting Menu Back(Image)
6     public Image CylinderBackImage;            //Cylinder Shooting Menu Back(Image)
7     public void OnPointerEnter_Right(){        //射线拾取到 BoxShooting 按钮，颜色改变
8      Constraints.IsRaycaster_Right = true;  //标志位置为 ture，可以触发向右旋转事件
9      RightText.color = new Color (0.49f,0.07f,0.07f,1.0f);} //改变字体颜色
10    public void OnPointerEixt_Right(){         //射线离开 BoxShooting 按钮，字体变回原来颜色
11     Constraints.IsRaycaster_Right = false;      //标志位置为 false，不可以触发旋转事件
12     RightText.color = new Color (0,0,0,1);}      //恢复字体原来颜色
13    public void OnPointerEnter_Left(){         //射线拾取到 Throw Rring 按钮，字体颜色改变
14     Constraints.IsRaycaster_Left = true;   //标志位置为 ture，可以触发向左旋转事件
15     LeftText.color = new Color (0.49f,0.07f,0.07f,1.0f);}   //改变字体颜色
16    public void OnPointerEixt_Left(){          //射线离开 Throw Rring 按钮，字体变回原来颜色
17     Constraints.IsRaycaster_Left = false;       //标志位置为 ture，不可以触发旋转事件
18     LeftText.color = new Color (0,0,0,1);}       //恢复字体原来颜色
19     /*此处省略了相似的方法代码，有兴趣的读者可以查看代码进行学习*/
20    }}
```

❑　第 1～6 行为声明用以触发事件的按钮或者图片的引用，其中主要包括：主菜单上的 BoxShooting 和 CylinderShooting 两个 Button 以及 BoxBackImage 和 CylinderBackImage 两个用以返回的图片。主菜单上的两个按钮，当单击侧面触摸板时，会发生相应旋转。

❑　第 7～20 行为当射线光标进入某 UI 碰撞器范围内时和当射线光标离开碰撞器范围内时用于处理事件的方法，其中 OnPointerEnter_XXX 方法表示光标进入、OnPointerEixt_XX 方法表示光标离开，光标进入时该 UI 颜色改变以作区分，光标离开时颜色恢复为原来颜色。

7.5.4　追踪光标的实现

上面小节介绍了使用 UGUI 在场景中开发的主菜单以及侧面返回菜单，为了提示用户在头部姿态发生变化时双眼中间位置注视在什么地方，以便于更好地拾取菜单按钮，使用追踪光标来实时更新并指示眼睛注视的位置，具体代码如下。

代码位置：见随书源代码/第 7 章/GearVR_Demo/Assets/Scripts 目录下的 GazePointer.cs。

```
1    public override void Process() {    //该脚本继承自 BaseInputModual 类，该方法每一帧刷新
2     CastRayFromGaze();                                   //向注视方向发射线
3     UpdateCurrentObject();                               //更新当前拾取到的对象
4     PlaceCursor();                                       //将光标移至注视位置
5     HandlePendingClick();                                //处理单击期间事件
6     HandleTrigger();}                                    //处理触发事件
7    private void CastRayFromGaze() {
8     if (pointerData == null) {                           //指针数据若为空
9      pointerData = new PointerEventData(eventSystem);}   //实例化指针事件数据对象
10    pointerData.Reset();                                 //重新设置事件到默认状态
11    pointerData.position = new Vector2(hotspot.x * Screen.width, hotspot.y *
       Screen.height);                                     //当前指针位置
12    eventSystem.RaycastAll(pointerData, m_RaycastResultCache);
                                              //使用所有配置好的 RayCasters 发射线
13    pointerData.pointerCurrentRaycast = FindFirstRaycast(m_RaycastResultCache);
                                                           //当前射线返回结果
14    m_RaycastResultCache.Clear();}
15    private void UpdateCurrentObject() {
16    var go = pointerData.pointerCurrentRaycast.gameObject; //获取当前射线拾取到的对象
17    HandlePointerExitAndEnter(pointerData, go);             //处理指针离开和进入事件
18    var selected = ExecuteEvents.GetEventHandler<ISelectHandler>(go);
```

176

```
19      if (selected == eventSystem.currentSelectedGameObject) {
20       ExecuteEvents.Execute(eventSystem.currentSelectedGameObject, GetBaseEventData(),
21       ExecuteEvents.updateSelectedHandler);}        //执行对象上的事件
22      else {
23       eventSystem.SetSelectedGameObject(null, pointerData);}}  //设置该对象为被选中对象
24     private void PlaceCursor() {
25      if (cursor == null)                            //判断光标是否为空
26       return;
27      var go = pointerData.pointerCurrentRaycast.gameObject;      //获取当前拾取到的对象
28      if(go==null){
29       return;}
30      Constraints.RayCasterObjName = go.name;        //记录下当前获取对象的名称，方便索引
31      cursor.SetActive(go != null);                  //拾取对象为空就将光标设置为未激活状态
32      if (cursor.activeInHierarchy) {                //如果光标处在激活状态
33       Camera cam = pointerData.enterEventCamera;    //获取发射线的相机引用
34       float dist = pointerData.pointerCurrentRaycast.distance + cam.nearClipPlane;
                                                        //计算相机距拾取点距离
35       cursor.transform.position = cam.transform.position + cam.transform.forward *
        dist;}}              //设置光标位置
```

❑　第 1～6 行为重写基类 BaseInputModual 的每一帧刷新方法 Process，该方法中调用了用于实现确定光标位置以及失去对象的重要方法，这也是对于 UI 事件系统的高级应用，需要对 EventSystem、PointerEventData、BaseInputModual 以及 BaseRayCaster 类详细了解。

❑　第 7～23 行为 CastRayFromGaze 和 UpdateCurrentObject 方法的代码实现，前者用于使用场景中相机发射射线并返回结果存储在 pointerEventData（PointerEventData 类型）中，后者用于实时更新射线拾取到的当前对象。

❑　第 24～35 行为 PlaceCursor 方法的代码实现，该方法用于设置光标位置，使其随相机发射射线方向的改变而不断改变位置，能够辅助用户清楚目前正在注视的点，以便更好地对目标进行拾取操作等。

7.5.5　触摸板事件监听

该案例当中用于触发事件的外部输入方式是侧面触摸板，在满足某种特定的条件时单击侧面触摸板，会触发相应的事件，比如 OVRPlayerController 左右旋转、发射"炮弹"击打 Box 和 Cylinder 等。对 Oculus Mobile SDK 中的 OVRTouch.cs 脚本稍作改动就可以实现相应功能，具体代码如下。

代码位置：见随书源代码/第 7 章/GearVR_Demo/Assets/OVR/Moonlight/Scripts 目录下的 OVRTouchpad.cs。

```
1      public sealed class OVRTouchpadHelper : MonoBehaviour{
2       private GameObject ObjShooting;                      //炮弹预制体引用
3       private Transform ObjShootingPos;                    //实例化子弹初始位置
4       private bool IsShooting=false;                       //是否发射炮弹
5       void Awake(){
6        UnityEngine.Object go = Resources.Load ("Sphere",typeof(GameObject));
                                                             //获取炮弹预制体
7        ObjShooting = go as GameObject;                     //转换成游戏对象
8        ObjShootingPos = GameObject.Find ("CenterEyeAnchor").transform;
                                                             //获取 CenterEyeAnchor 位置
9        DontDestroyOnLoad(gameObject);}                     //加载时不删除该对象
10      void Start(){
11       OVRTouchpad.TouchHandler += LocalTouchEventCallback;}
                                                             //将触摸事件监听回调方法加入事件列表
12      void Update(){
13       OVRTouchpad.Update();}                              //更新 OVRTouchpad
14      public void OnDisable(){
15       OVRTouchpad.OnDisable();}
16      void LocalTouchEventCallback(object sender, EventArgs args){  //触摸事件监听方法
17       var touchArgs = (OVRTouchpad.TouchArgs)args;        //强制类型转换：基类—继承类
18       OVRTouchpad.TouchEvent touchEvent = touchArgs.TouchType;    //获取触摸事件
19       switch(touchEvent){
20        case OVRTouchpad.TouchEvent.SingleTap:             //单击事件
21         Debug.Log("SINGLE CLICK\n");{                     //打印调试信息
```

```
22      if(Constraints.IsRaycaster_Right==true){       //当射线离开"右转菜单",此变量置为 false
23       Constraints.RotateToRight=true;                //当转向完成此变量置为 false
24      if(Constraints.IsRaycaster_Left==true){        //当射线离开"左转菜单",此变量置为 false
25       Constraints.RotateToLeft=true;}               //当转向完成此变量置为 false
26      if(Constraints.IsRayCaster_BoxBack==true){  //当射线离开 Box 返回图片时置为 false
27       Constraints.RotateToLeft=true;}               //当转向完成此变量置为 false
28      if(Constraints.IsRayCaster_CylinderBack==true){
                                                       //当射线离开 Cylinder 返回图片时置为 false
29       Constraints.RotateToRight=true;}              //当转向完成此变量置为 false
30      if(Constraints.Shooting==true&&Constraints.IsRaycaster_Right==false
                                                       //左转变量为 false
31       &&Constraints.IsRaycaster_Left==false&&Constraints.IsRayCaster_BoxBack==false&&
32       Constraints.IsRayCaster_CylinderBack==false){
                                                       //左转变量为 false,Box 和 Cylinder 返回变量为 false
33       Shooting();}}                                  //发射"炮弹"
34      break;
35      case OVRTouchpad.TouchEvent.Left:               //左滑事件
36       Debug.Log("LEFT SWIPE\n");                     //打印调试信息
37       break;
38      case OVRTouchpad.TouchEvent.Right:              //右滑事件
39       Debug.Log("RIGHT SWIPE\n");                    //打印调试信息
40       break;
41      case OVRTouchpad.TouchEvent.Up:                 //上滑事件
42       Debug.Log("UP SWIPE\n");                       //打印调试信息
43       break;
44      case OVRTouchpad.TouchEvent.Down:               //下滑事件
45       Debug.Log("DOWN SWIPE\n");                     //打印调试信息
46       break;}}
47      void Shooting(){                                //发射炮弹方法
48      GameObject go = Instantiate(ObjShooting,new Vector3(ObjShootingPos.transform.
        position.x,
49      ObjShootingPos.transform.position.y,ObjShootingPos.transform.position.z),
                                                        //初始化炮弹预制体
50      Quaternion.identity)as GameObject;
51      go.GetComponent<Rigidbody>().AddForce(ObjShootingPos.forward*2000);//向前发射
52      }}
```

❑ 　第 1~15 为获取炮弹预制体、炮弹初始化位置，以及在场景加载后在 Assets/Resources 文件夹中加载炮弹资源和在 Start 方法中添加触摸事件处理方法到事件列表中。其中在 Update 和 OnDestory 方法中调用的 OVRTouchpad 中的方法没有具体功能，可以注释。

❑ 　第 16~46 行为 LocalTouchEventCallback 处理触摸事件的回调方法，其中包括 SingleTap、Left、Right、Up 以及 Down 5 个触摸事件，本案例中只用到了 SingleTap 单击触摸事件，单击侧面触摸板后根据具体条件不同分别会发生向右旋转、向左旋转、左返回主菜单、右返回主菜单和发射炮弹几种操作。

❑ 　第 47~52 行为用于炮弹发射的方法，使用预制体根据 CenterEyeAnchor 的位置实例化炮弹，然后获取该物体的刚体组件，添加一个沿 CenterEyeAnchor 正方向的力，使其"炮弹"飞出去击打 Box 和 Cylinder。

7.5.6　部署运行 APK 的步骤

上面小节讲解了虚拟现实场景的开发过程，从场景中打包的 APK 安装到手机上，将 Gear VR 头盔插上手机之后在 Oculus Home 找不到该应用，手机桌面也找不到图标，但实际上已经安装好了，接下来介绍如何将已经制作好的 APK 配合 Gear VR 头盔及手机运行出来，具体步骤如下。

（1）Gear VR 应用或者游戏就是 Android 游戏或者应用，除了从三星手机上 Oculus Home 商店运行软件之外，还可以自己创建游戏及应用，因为根据设备 ID 绑定过签名文件，所以在 Oculus Home 中找不到已经安装的应用。

（2）通过下载并安装"ES 文件浏览器"应用，可以运行提取版（免费/破解版）Gear VR 游戏以及可以在三星手机上找到已经安装好的应用图标，如图 7-40 所示，ES 文件浏览器下载地址：

http://pan.baidu.com/s/1i5tXEFr。

（3）已经确保安装了 Gear VR 应用之后，在手机桌面打开"ES 文件管理器"，单击"应用"查找已经安装的应用，如图 7-33 所示。找到应用之后单击会弹出"属性"提示框，如图 7-41 所示，单击"打开"会提示"请插入 Gear VR 设备"，如图 7-42 所示，这时将手机插入 Gear VR 头戴设备中并带上头盔即可。

▲图 7-40　es 文件管理器 1　　　▲图 7-41　es 文件管理器 2　　　▲图 7-42　es 文件管理器 3

7.6　本章小结

本章对 Gear VR 硬件以及 Oculus Mobile SDK 进行了详细介绍，尤其着重介绍了如何在 Unity 中使用 Oculus 提供的 SDK 开发移动平台的 Gear VR 应用。通过对本章内容的学习，相信读者能够系统全面地掌握 Gear VR 的开发过程，增强了在开发中解决实际问题的能力。

7.7　习题

1. 简要介绍 Gear VR 的硬件组成。
2. 下载 Oculus Mobile SDK，并利用手机的 ID 在 Oculus 官网获取签名文件。
3. 试述开发 Gear VR 项目的软硬件要求。
4. 列举 SDK 中的脚本，并试述每个脚本的具体功能。
5. 列举影响游戏性能的几个因素。
6. 开发一个基于 Gear VR SDK 的简单案例。

第8章 HTC Vive 平台 VR 开发简介

HTC Vive 是由 HTC 公司与 Valve 公司联合开发的一款虚拟现实头戴式显示器，是当下最受欢迎的虚拟现实游戏配件之一，由于其有 Valve 公司下的 SteamVR 提供的技术支持，因此可以直接在 Steam 平台上体验 Vive 功能的虚拟现实游戏。HTC Vive 设备如图 8-1 所示。

HTC Vive 设备以其手持式的特点，不仅在游戏领域给玩家带来了沉浸式的体验，并且在医学、建筑学等领域都具有开发潜力，比如通过模拟人体器官，让医学院的学生操刀进行虚拟性的临床试验。本章将对 HTC Vive 的安装使用、SDK 以及官方脚本进行一个详细介绍。

▲图 8-1 HTC Vive 设备

> ✒ 说明　　　HTC Vive 包括非商用版和商用版（ViveBE），后者面向商用环境设计，并附带商用许可，可享受专为企业而推出的服务，但是两个版本在硬件和使用上并无区别，用户可以根据自身情况选择购买。

8.1 HTC Vive 基本介绍

HTC Vive 设备包括以下 3 个部分：一个头戴式显示器、两个单手手持式控制器和一对能用于在空间中同时追踪显示器与控制器的无线定位器所组成的定位系统。下面将分别介绍一下 HTC Vive 主要设备的参数和功能。

❑ 头戴式显示器

头戴式显示器使用了一块 OLED 显示屏，其单眼分辨率为 1200×1080，双眼合并分辨率为 2160×1200。屏幕分辨率高达 2K，画面刷新率为 90Hz，使得设备几乎没有数据延迟，用户能够看到非常清晰的游戏画面，且不会有晕眩感。

头戴式显示器正面设计有追踪感应器和相机镜头，侧面包含指示灯、头戴式设备按钮和镜头距离旋钮，如图 8-2 和图 8-3 所示。头戴式设备按钮相当于智能手机的 Home 键，用来返回主菜单，而镜头距离旋钮是用来调节镜头与用户脸部的距离。

▲图 8-2　头戴显示器正面图

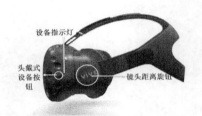

▲图 8-3　头戴显示器侧面图

❏　控制手柄

控制手柄是 HTC Vive 设备的一大特点，手势追踪功能就是通过两个控制手柄实现的。使用两个控制手柄可与虚拟现实世界中的对象互动，从而在游戏中实现一些特定的功能，比如用来替代枪战游戏中的刀、枪等。

控制手柄上安装有可被定位器追踪的感应器，以及多个按钮和指示灯，如图 8-4 和图 8-5 所示。按下菜单按钮和系统按钮，分别可以打开菜单选项和系统控制选项。开启（或关闭）手柄时，需要按下手柄按钮，设备发出"哔"的声音后，就会开启（或关闭）手柄。

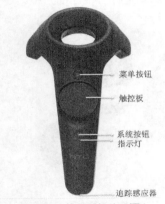

▲图 8-4　控制手柄（正面）

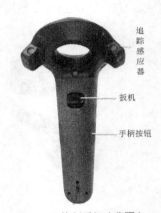

▲图 8-5　控制手柄（背面）

> **✒说明**　控制手柄上的指示灯会闪烁不同的颜色，代表不同的工作状态。绿色表示控制手柄正常工作，蓝色表示手柄成功和头戴式显示器配对。闪烁红色表示手柄电量较低，即将没电，橙色表示手柄正在充电，当手柄变为绿色时，表示充电完毕。

❏　定位器

定位器构成了 HTC Vive 设备中的定位系统。定位系统不需要通过摄像头，而是借助激光和光敏传感器来确定玩家的位置。将两个定位器安置在对角，形成一个长方形区域。玩家在此长方形区域内的活动都会被侦测并记录下来。定位器如图 8-6 和图 8-7 所示。

▲图 8-6　HTC Vive 定位器（正面）

▲图 8-7　HTC Vive 定位器（背面）

介绍完 HTC Vive 主要设备的参数和功能后，下面来介绍一下 HTC Vive 对用户 PC 硬件的要求，具体内容如表 8-1 所示。

表 8-1   HTC Vive 对用户硬件要求

参 数	要 求
GPU	NVIDIA® GeForce® GTX 970、AMD Radeon™ R9 290 同等或更高配置
CPU	Intel® Core™ i5-4590/AMD FX™ 8350 同等或更高配置
RAM	4 GB 或以上
视频输出	HDMI 1.4、DisplayPort 1.2 或以上
USB 端口	1 个 USB 2.0 或以上端口
操作系统	Windows® 7 SP1、Windows® 8.1 或更高版本、Windows® 10

说明   由参数表可以看出，HTC Vive 的推荐 PC 配置属于中端层次，对显卡要求较大。HTC 官方提供了几款足以支持 Vive 的 PC 型号，读者如果感兴趣可以到官网详细了解。

8.1.1 设备的安装

HTC Vive 设备与同类型的虚拟现实类头戴式显示设备相比，其设备集成度是相当低的，配件的线材和接口也十分复杂，因此安装过程着实繁琐。下面将要介绍 HTC Vive 设备的安装，读者需要按照下面的步骤进行操作。

（1）首先需要进行的是软件的安装准备，在 HTC Vive 官网下载 Vive 设置向导，网址是 https://www.htcvive.com/cn/，如图 8-8 所示。然后单击下载 Vive 设置向导，并且跳转界面还有许多安装资料和帮助内容，用户在遇到困难时可以查阅该网页，如图 8-9 所示。

▲图 8-8   HTC Vive 官网

▲图 8-9   下载 HTC Vive 设置向导

（2）下载完毕后，安装设置向导，如图 8-10 所示。设置向导会一步一步地帮助用户正确地安装和配置 HTC Vive 的使用环境，如图 8-11 所示，在这期间会根据用户计算机本身的情况，要求更新显卡驱动等，用户只需按照提示进行操作即可。

（3）接下来是硬件安装的过程，这个过程在设置向导上也有详细介绍，用户也可按照设置向导的提示操作，但根据用户房间情况的不同，也需要做不同的调整。下面将进行介绍硬件的安装过程。在用户拿到 HTC Vive 设备以后，首先打开包装盒，整个设备包括以下几个部分，具体内容如表 8-2 所示。

▲图 8-10　安装设置向导

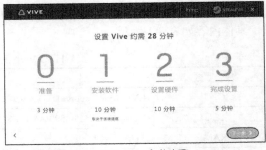

▲图 8-11　安装步骤

表 8-2　　　　　　　　　　　　　　HTC Vive 设备包装盒内容

设　备	配　件
Vive 头戴显示器	三合一连接线、音频线、入耳式耳机、面部衬垫、清洁部
串流盒	电源适配器、HDMI 连接线、USB 数据线、固定贴片
控制手柄	电源适配器、挂绳、Micro-USB 数据线
定位器	电源适配器、安装工具包（2 个支架、4 颗螺丝和 4 个锚固螺栓）、同步数据线

> 💢说明　在设置向导中有每个部件的照片，使用者首先需要找到并配对好包装盒中的每个设备和相应配件，才能完成组装。

（4）在了解了设备中的各个配件以后，首先需要将各个数据线与 PC 相连接。所有连接 PC 和转接盒的线都是灰色的，线材颜色会与后者的外壳一致。USB 数据线和 HDMI 连接线连接完成后，插上随机的电源线，计算机连接的连接准备部分就完成了。

（5）接下来需要连接串流盒与 HTC Vive 头戴显示器。连接这两个部分也需要用到 3 根线，分别是 HDMI 连接线、USB 数据线和电源线。这就需要看 3 根线的颜色，其接头处边缘有一个橙黄色的圆圈。接好之后如果看到 HTC Vive 头戴显示器的 LED 电源灯变红，这就说明连接成功。

（6）下面就需要安装定位器了，在安装定位器之前需要选择一个游玩区域。在游戏中玩家可能会在这个区域内站立、坐着或者走动，并且由于定位器是通过光敏感应实现，所以出于游戏体验和安全的考虑，这个区域必须是平坦并且没有其他物体阻挡的。

（7）选择好游玩区域后，接下来需要安装两个定位器。首先在房间的高处找到可以安装它们的位置，在安装的时候可以选择固定在墙面上，也可以安装在两个支架上面。并且两个定位器需要安装在区域的对角位置，两者之间没有阻隔，用来覆盖整个游玩区域。

> 💢说明　如图 8-12 所示，两个定位器之间的距离不得超过 5 米，并且整个游玩区域的距离不可小于 2 米×1.5 米。定位器的高度要求在 2 米以上，并且每个定位器的可视角度为 120°，建议向下倾斜 30°到 45°，这样安装的追踪效果最佳。

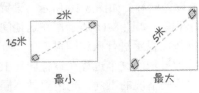

▲图 8-12　定位器距离设置

（8）找好位置并安装好定位器以后，需要给定位器连接电源，这里用户如果有疑问可以观看安装定位器，视频网址为 http://www.htcvive.com/cn/support/，如图 8-13 所示。接好电源后，打开开关。如果定位器上亮起绿灯，说明安装正确。如果是红灯或者不亮，请检查电源线是否连接正常，或者中间有阻碍。

▲图 8-13　安装定位器演示视频

> **说明**　本过程较为复杂，所以在此就不进行描述，用户按照视频可以很轻松地安装。演示视频还包括对其他常见问题的介绍，用户可以单击右侧列表来查看相关问题的解决办法。

（9）HTC Vive 设备的准备工作已经完成了，接下来就可以打开 Steam 软件，然后系统会自动提示你安装 SteamVR。安装完成之后，你会在软件界面的右上角看到一个"VR"图标，单击图标就可以开始体验 Steam VR 了。

（10）Steam 客户端会弹出一个设备连接情况的显示窗口，该窗口会显示已经安装好并可以使用的 HTC Vive 设备，如图 8-14 所示，已经连接好的设备会呈绿色。接下来还需要对 Steam VR 进行一些设置，Steam 客户端会自动提醒用户完成这一操作，首先设置房间规模，如图 8-15 所示。

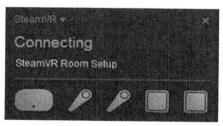

▲图 8-14　设备连接显示

▲图 8-15　设置房间规模

（11）设置程序会提醒用户进行下一步的操作，如图 8-16 所示，玩家需要保证之前选择的游玩区没有任何异物，然后单击下一步开始建立定位，如图 8-17 所示，需要打开控制器和头戴显示器，并位于定位器的可见区域进行建立定位，若设备未全部连接，则无法继续进行。

▲图 8-16　选择游玩区域

▲图 8-17　建立定位

（12）接下来用户按照提示进行操作即可，在此就不再进行介绍。由于 HTC Vive 有 Steam 平台支持，其游戏资源是十分充足的，安装完毕后，用户就可以体验 HTC Vive 所带来的 VR 游戏体验。

8.1.2　Viveport 和手机通知

Viveport 是 HTC Vive 官方提供虚拟现实内容和体验的应用程序商店。Viveport 同时具备 PC 端和 VR 场景中的用户界面，还有一个"仪表盘"作为内容启动器，提供了各式各样的虚拟现实体验，使用户能在虚拟现实界面中进行探索、创造、联络、观看和购物，如图 8-18 所示。

▲图 8-18　安装定位器演示视频

> 💡说明　在 HTC Vive 中可以实现的手机端的功能包括查看错过的电话或短信，查看即将到期的日历活动，给联系人回电以及回复短信（仅 Android 用户）等。

Viveport 与其他的应用程序商店一样，包括免费和付费内容，用户可以在 Viveport 中浏览和收藏内容，并且下载购买一些虚拟现实的图像、视频、游戏等。访问 Viveport 的方式有很多，用户可以按照以下的方式来访问。

- ❑　在系统主控面板中，切换到 Vive 选项卡，然后选择 Viveport 面板。
- ❑　在 Vive 首页中时，按菜单按钮，再选择 Viveport。
- ❑　在计算机上的 Vive 应用程序中，单击 Viveport 选项卡。
- ❑　在网页浏览器中，前往 contentstore.htcvive.com。

HTC Vive 还可以和用户的手机连接，在虚拟现实场景中接收并查看通知。比如玩家在使用 HTC Vive 体验游戏时，收到手机信息，即可直接在当下查看信息，并且还可以通过预先添加自定义信息来回复一下较为简单的信息，下面就要介绍一下这一功能是如何设置的。

首先需要下载 Vive 手机应用程序。Android 用户需要打开百度或者腾讯应用程序，搜索 Vive，然后下载并安装。iOS 用户可以直接在 Apple Store 上搜索 Vive，然后下载并安装。并且需要确保计算机上也有 Vive 应用程序，在前面的操作中已经安装，如图 8-19 所示。

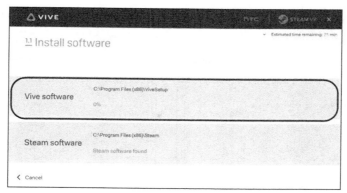

▲图 8-19 安装计算机版 Vive 应用

　　然后需要将手机与 Vive 系统配对。首先打开计算机的 Vive 应用程序，前往设置选项卡，再单击设置手机，如图 8-20 所示。接下来打开手机上的 Vive 应用程序，在计算机和手机上单击轻松上手。Vive 系统与手机的连接是通过蓝牙实现的，这时需要确保已打开手机端的蓝牙。

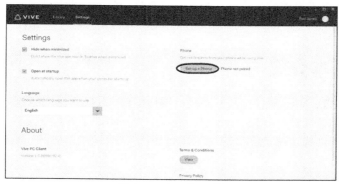

▲图 8-20 打开设置手机

　　计算机端需要安装 HTC Vive 的蓝牙驱动，如果之前已经安装好，可直接跳过此步骤。如果没有安装，需要代开 Steam VR，在设置菜单中找到通用（General），然后就会看到安装蓝牙驱动（Install Bluetooth Driver）一项，如图 8-21 所示，跟着提示一直安装下去即可。

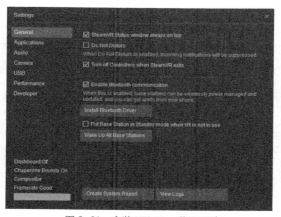

▲图 8-21 安装 HTC Vive 蓝牙驱动

　　接下来用计算机搜索附近的手机，如图 8-22 所示。搜索完毕后选择手机，如图 8-23 所示。

再单击下一步。出现提示时，在手机上接受配对请求，输入配对密码。配对完成时，分别在计算机和手机上单击确定和完成即可。配对完成后，手机在收到消息以后，就可以在虚拟现实场景中打开并查看了。

▲图 8-22　打开设置手机

▲图 8-23　打开设置手机

> 说明　　　Vive 系统会保证用户无论处于哪一虚拟现实应用程序中，在收到来电、信息或有即将到期的日期活动时都会发出通知。

8.2　SDK 基本介绍

上一节介绍了 HTC Vive 硬件的基本情况，硬件参数、HTC Vive 的安装，以及 Viveport 和手机通知的设置等，相信读者对 HTC Vvie 已经有了一个基本的了解。下面将详细讲解关于其 SDK 的相关内容，有利于读者快速了解其特性。

8.2.1　下载 Steam VR

在 HTC Vive VR 开发过程中，会利用到一些开发工具，其中就包括 Steam VR。喜欢玩游戏的读者会对 Steam 平台比较熟悉，该平台是目前全球最大的综合性数字发行平台。玩家可以在该平台购买并下载游戏、软件等。Vive 是基于 Steam VR 运行的，因此首先下载 Steam 客户端。

（1）搜索并进入 Steam 的官方网站。需要读者先注册一个账号，激活之后单击登录进入 Steam 官网。在其右上角会有"安装 Steam"的字样，如图 8-24 所示。单击该字样，跳转到下载界面，单击立即安装即可。

▲图 8-24　安装 Steam 客户端

（2）下载完成后，单击 exe 文件将其安装到任意盘符。在安装完成后会提示读者缓存一些数据文件，稍等几分钟就好。打开 Steam 客户端，登录账户，在主界面中单击库→工具菜单，找到

SteamVR 字样下载安装即可，如图 8-25 所示（笔者已经安装完成，故显示准备就绪）。

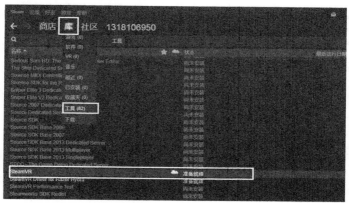

▲图 8-25　下载 SteamVR

（3）在安装完成后，根据官网下载的说明书连接设备，一切就绪后 VR Ready 的图标会变成绿色。这时读者可以首先体验一下 Steam 平台上的 VR 游戏，熟悉 HTC Vive 设备的使用以及操作，或者读者可以根据网上资料提供的信息体验一些有趣的 VR 游戏。

8.2.2　Vive SDK 的下载及导入

SteamVR 安装完成后，接下来就是下载 SDK。SDK 中包含的部分预制件，开发人员可以直接将其拖曳到场景中完成部分功能的开发，例如[CameraRig]预制件，负责 VR 模式的参数设置，规范人物活动区域等，这使得读者能够对 VR 进行快速上手及开发，下面开始介绍 SDK 的下载及导入。

（1）下载 HTC Vive SDK 有两种方式，但是殊途同归。首先介绍第一种，进入官方网站首页，单击开发者菜单进入开发者界面，单击 Unity 图标进入 SDK 下载界面，熟悉 Unity 的读者会注意到跳转到的是 Asset Store 界面，如图 8-26 和图 8-27 所示。

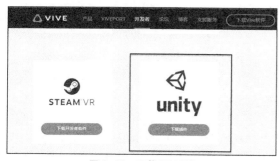

▲图 8-26　下载 SDK 图标

▲图 8-27　下载界面

（2）单击 Open in Unity 会直接跳转到 Unity 游戏引擎中。还有另外一种方式就是直接打开一个新的 Unity 项目，单击 Window→Asset Store 菜单进入 Store 界面，如图 8-28 所示。在搜索框中输入 "SteamVR Plugin"，直接搜索该插件并进行下载，如图 8-29 所示。

（3）下载完成后，如图 8-30 所示。单击导入按钮将该插件导入进 Unity 项目，导入完成后会弹出一个 SteamVR_Settings 窗口，如图 8-31 所示，点选 Accept All 即可。在该 SDK 中拥有 4 个场景，以及 3 个预制件，如图 8-32 所示。

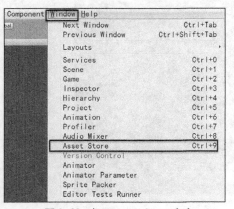

▲图 8-28　打开 Asset Store 商店

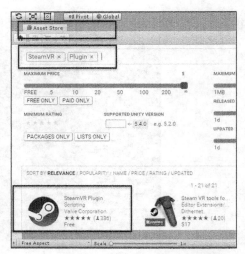

▲图 8-29　搜索 SteamVR Plugin

▲图 8-30　导入 SDK

▲图 8-31　SteamVR_Setting 界面

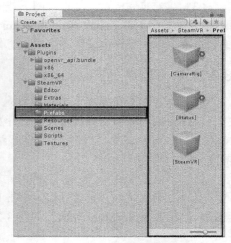

▲图 8-32　预制件列图

8.2.3　SDK 中的官方预制件

把一些在开发过程中将会用到的主要物体制作成了预制件，开发人员可以快速地将其拖曳到场景中完成部分功能的开发。在本节中笔者将着重讲解 SDK 中附带的 3 个 Prefab，每个 Prefab 的预制件功能不同，读者可以根据需要选择想用的预制件。

1. [CameraRig]预制件

首先为读者介绍的是[CameraRig]预制件，其实它相当于示例场景中的设置好的摄像机，代替了原来场景的 Camera，该预制件通过其挂载的脚本与追踪显示设备相关联，例如控制器、定位基站等。开发人员还可以自己利用场景中原有的 Camera 进行扩展。

（1）新建一场景，选中场景中原有的 Main Camera 游戏对象，为其添加 SteamVR 设置脚本。在其属性面板底部单击 Add Component 按钮输入 "SteamVR_Camera" 字样，如图 8-33 所示。该脚本的主要作用使场景转换为 VR 模式。

（2）添加完成后如图 8-34 所示，细心的读者会发现，在 Steam VR 图片下方有一个 Expand 按钮，单击其进行扩展。扩展完成后 Main Camera 游戏对象会多出几个子对象，如图 8-35 所示。每个子对象的含义都有在其括号进行解释，笔者在这里将不再重复。

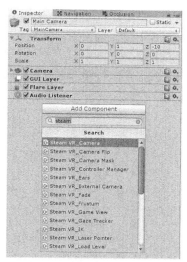

▲图 8-33 添加 VR_Camera 脚本

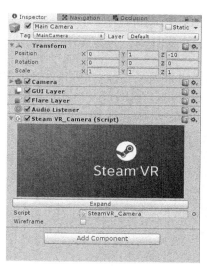

▲图 8-34 添加完成后

（3）这时 Main Camera（origin）游戏对象的属性列表变为空，其 Flare Layer 组件移动至 Camera（eye）游戏对象中，Audio Listener 组件移至 Camera（ears）上，如图 8-36 所示。至此其主要部分就介绍完成了，相对于[CameraRig]预制件其还缺少 Controller（控制器）子对象，如图 8-37 所示。

（4）选中 Main Camera 游戏对象，为其添加一个空子对象并将其命名为 Controller（left），并为其添加 SteamVR_TrackedObject 脚本，如图 8-38 所示，该脚本的参数不作修改。需要读者注意的是，若想呈现出物体，需要将该 Model 放置为 Controller 的子对象。

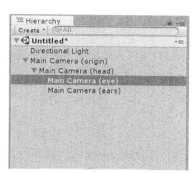

▲图 8-35 扩展完成图

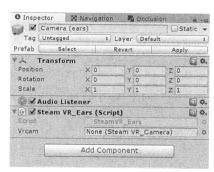

▲图 8-36 Audio Listener 组件

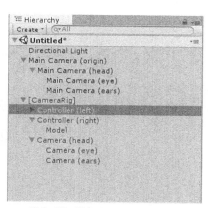

▲图 8-37 添加 Congtroller 子对象

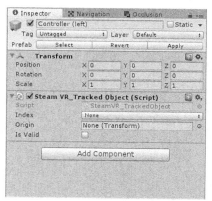

▲图 8-38 添加 SteamVR_TrackedObject 脚本

2. [SteamVR]预制件

接下来讲解[SteamVR]预制件，该游戏对象负责对 SteamVR 的全局设置，其最主要的是追踪空间的设置。该对象会被自动创建，其追踪空间默认设置为 Standing Tracking Space。若想为每只眼睛看到不同的效果，还可以为其设置特殊的遮罩，以及在渲染面板提供一些简单的文字说明，属性面板如图 8-39 所示。

3. [Status]预制件

[Status]预制件是用来提示各种状态信息的组件，开发人员可以将其添加到场景中获取系统的通知，例如当玩家离开设备的追踪空间范围时系统会通知玩家。其下有几个子对象，如图 8-40 所示。每个子对象代表一种游戏状态。

▲图 8-39　SteamVR 属性面板

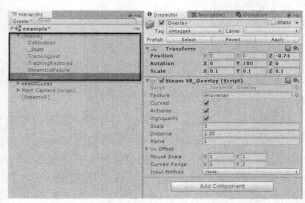
▲图 8-40　Status 子对象面板

8.3　SDK 案例讲解

上一小节中，笔者已经讲解过了关于 HTC Vive SDK 的下载导入，以及其中官方所提供的预制件的主要功能，这一小节笔者将深入到 SDK 为大家提供的学习案例以及一些脚本中，通过对代码的讲解使得读者能够对 SDK 的使用有着更深层次的了解。

SteamVR_TestThrow 案例讲解

双击打开 SDK 中 SteamVR/Extras 文件夹下的"SteamVR_TestThrow.unity"的场景文件，如图 8-41 所示。打开后 Scene 窗口场景如图 8-42 所示。该案例运行之后会在玩家的视野中出现两个和 HTC Vive 手柄一样的模型，并会随着玩家手持手柄的状态而运动，具体的效果展示及脚本讲解如下。

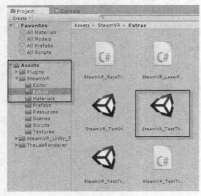
▲图 8-41　场景目录

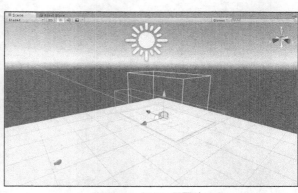
▲图 8-42　Scene 界面效果

（1）当玩家按下手柄扳机之后，场景中对应位置的手柄模型上就会出现一个物体被吸在手柄模型上，并当玩家松开扳机后，物体就会失去"引力"而掉落在地上，玩家再次按下扳机后就会在手柄模型上再次出现该物体，如此循环，被实例化的物体如图 8-43 所示，运行效果如图 8-44 所示。

▲图 8-43 被实例化的物体

▲图 8-44 运行效果图

（2）下面讲解这个案例中所使用到的脚本——SteamVR_TestThrow.cs。案例中有关预制件的实例化，扳机键的获取以及关节的创建，都是在其中完成的，笔者将一步步讲解脚本中各个部分代码的具体作用，该脚本也同样在 SteamVR/Extras 文件夹下，具体代码如下。

代码位置：见官方案例下的 SteamVR Plugin Extras Assets/SteamVR/ Extras/SteamVR_Test Throw.cs。

```
1    using UnityEngine;
2    using System.Collections;
3    [RequireComponent(typeof(SteamVR_TrackedObject))]
                                        //自动添加 SteamVR_TrackedObject 组件
4    public class SteamVR_TestThrow : MonoBehaviour{
5      public GameObject prefab;                    //预制件
6      public Rigidbody attachPoint;                //刚体
7      SteamVR_TrackedObject trackedObj;            //SteamVR_TrackedObject 组件
8      FixedJoint joint;                            //固定关节
9      void Awake(){
10       trackedObj = GetComponent<SteamVR_TrackedObject>();
                                        //获取 SteamVR_TrackedObject 组件
11     }
12     void FixedUpdate(){
13       var device = SteamVR_Controller.Input((int)trackedObj.index);
                                        //根据设备索引获取设备输入状态
14       if (joint == null && device.GetTouchDown
15       (SteamVR_Controller.ButtonMask.Trigger)){   //判断关节为空并且按下手柄扳机
16         var go = GameObject.Instantiate(prefab);         //实例化预制件
17         go.transform.position = attachPoint.transform.position;  //预制件出现的位置
18         joint = go.AddComponent<FixedJoint>();            //为预制件添加固定关节
19         joint.connectedBody = attachPoint;               //设置关节连接点
20       }else if (joint != null && device.GetTouchUp
21       (SteamVR_Controller.ButtonMask.Trigger)){   //判断关节不为空并且抬起手柄扳机
22         var go = joint.gameObject;                       //获取关节对象
23         var rigidbody = go.GetComponent<Rigidbody>();    //获取对象身上的刚体组件
24         Object.DestroyImmediate(joint);                  //立刻摧毁关节
25         joint = null;
26         Object.Destroy(go, 15.0f);                       //15 秒后摧毁预制件
27         // We should probably apply the offset between trackedObj.transform.position
28         // and device.transform.pos to insert into the physics sim at the correct
29         // location, however, we would then want to predict ahead the visual
            representation
30         // by the same amount we are predicting our render poses.
31         var origin = trackedObj.origin ? trackedObj.origin : trackedObj.transform.
            parent;
```

```
32          if (origin != null){
33            rigidbody.velocity = origin.TransformVector(device.velocity);
34            //设置速度，TransformVector 负责将 device.velocity 从局部坐标转换为世界坐标
35            rigidbody.angularVelocity = origin.TransformVector(device.angular
              Velocity);                                    //角速度
36          }else{
37            rigidbody.velocity = device.velocity;
38            rigidbody.angularVelocity = device.angularVelocity;
39          }
40          rigidbody.maxAngularVelocity = rigidbody.angularVelocity.magnitude;
                                                                //最大角速度
41    }}}
```

❑ 第 3-8 行用于对需要使用的变量进行声明，其中第三行代码用于向挂载当前脚本的游戏对象上强制添加名为 SteamVR_TrackedObjec 的组件，该组件可用于获取手柄上各个按键的状态。prefab 是需要被实例化的物体的预制件，由于需要使用关节，用于物体与手柄的连接，还需要使用到刚体以及固定关节组件。

❑ 第 9-11 行 Awake 函数在该脚本加载时就会被调用，一般用于初始化。在此脚本中，Awake 函数用来获取 SteamVR_TrackedObjec 组件的引用，并赋给 trackedObj 变量。

❑ 第 13-19 行首先使用 SteamVR_Controller.Input 函数来获取手柄上按键的输入。然后判断当前是否存在固定关节，并通过 GetTouchDown 函数来判断扳机键是否被按下，如果被按下就实例化预制件，设置预制件的出现位置，并为其添加关节。这样物体就会出现并固定在手柄顶端。

❑ 第 20-26 行是当玩家松开扳机键后的逻辑处理代码。玩家松开扳机键后，就会找到被实例化物体身上的 Rigidbody 组件，并通过刚体组件摧毁关节，这样位于手柄顶端的物体就会因为失去关节而下落，并使用 Destroy 函数，在 15 秒后将当前被实例化出来的物体销毁掉。

❑ 第 31-41 行代码用于实现物体被释放后的运动状态，设置物体的速度、角速度等参数。这样当玩家移动手柄并松开扳机键的时候，物体也能够做出正确的运动轨迹，就好像是被甩出去一样真实。

8.4　SDK 脚本讲解

前面介绍了 SDK 中一个很简单的案例，读者运行程序即可看到 Demo 画面，可以自己尝试对手柄进行操作。接下来，笔者将对其中的一些脚本进行简单讲解，这些脚本读者既可以拿来使用，也可以根据自己的需要进行定制。

8.4.1　SteamVR_GazeTracker 脚本详解

SteamVR/Extras 文件夹下有一个名为 "SteamVR_GazeTracker" 的脚本，该脚本负责处理玩家玩游戏时对注视事件的处理，由于 VR 设备的特性，玩家并不能够像玩计算机游戏一样使用鼠标来进行选取，视选则是 VR 最好的选择。该脚本官方并没有提供相应的案例，读者可以自己开发一个小程序，具体代码如下。

代码位置：见官方案例下的 SteamVR Plugin Extras Assets/SteamVR/ Extras/ SteamVR_Gaze Tracker.cs。

```
1     using UnityEngine;
2     using System.Collections;
3     public struct GazeEventArgs{                        //信息结构体
4       public float distance;                            //物体与观察者的距离
5     }
6     public delegate void GazeEventHandler(object sender, GazeEventArgs e);
                                                          //创建委托
7     public class SteamVR_GazeTracker : MonoBehaviour{
8       public bool isInGaze = false;                     //是否被注视
```

```
9    public event GazeEventHandler GazeOn;              //开启注视功能事件
10   public event GazeEventHandler GazeOff;             //结束注视功能事件
11   public float gazeInCutoff = 0.15f;                 //视距
12   public float gazeOutCutoff = 0.4f;
13   Transform hmdTrackedObject = null;                 //获取头显追踪器
14   void Start (){}
15   public virtual void OnGazeOn(GazeEventArgs e){      //触发注视时的事件
16     if (GazeOn != null)
17     GazeOn(this, e);                                 //触发事件
18   }
19   public virtual void OnGazeOff(GazeEventArgs e){     //触发结束注视时的事件
20     if (GazeOff != null)
21       GazeOff(this, e);                              //触发事件
22   }
23   void Update (){
24     if (hmdTrackedObject == null){
25       SteamVR_TrackedObject[] trackedObjects = FindObjectsOfType
26        <SteamVR_TrackedObject>();                    //获取所有的 SteamVR_TrackedObject 组件
27        foreach (SteamVR_TrackedObject tracked in trackedObjects){    //遍历组件
28          if (tracked.index ==
29           SteamVR_TrackedObject.EIndex.Hmd){         //根据索引判断当前是否是头显追踪器
30            hmdTrackedObject = tracked.transform;      //获取追踪器
31            break;
32     }}}if (hmdTrackedObject){
33       Ray r = new Ray(hmdTrackedObject.position,
34        hmdTrackedObject.forward);                     //定义射线,发射位置为追踪器位置,方向为正前方
35       Plane p = new Plane(hmdTrackedObject.
36        forward, transform.position);                  //通过点法式创建一个平面
37       float enter = 0.0f;
38       if (p.Raycast(r, out enter)){                   //如果射线与平面相交就返回 true
39         Vector3 intersect = hmdTrackedObject.position +
40          hmdTrackedObject.forward * enter;            //获取射线与平面的相交点
41          float dist = Vector3.Distance(intersect, transform.position);  //计算相交点与物体的距离
42          if (dist < gazeInCutoff && !isInGaze){
                                                         //判断距离是否大于或小于 gazeInCutoff
43            isInGaze = true;                           //改变标志位,表明正在注视中
44            GazeEventArgs e;                           //声明结构体
45            e.distance = dist;                         //结构体参数赋值
46            OnGazeOn(e);                               //激活 OnGazeOn 事件
47          }else if (dist >= gazeOutCutoff && isInGaze){
48            isInGaze = false;                          //改变标志位,表明结束注视
49            GazeEventArgs e;
50            e.distance = dist;
51            OnGazeOff(e);                              //激活 OnGazeOff 事件
52   }}}}}
```

❑　第 3-5 行创建了一个名 GazeEventArgs 的结构体,该结构体用于传递玩家在进行视选时所需要使用的一系列参数,在官方脚本中仅包括了距离参数,读者在使用时也可以根据项目需要在其中添加其他的参数。

❑　第 6-13 行进行了相关变量的声明,首先创建了一个委托,在后面可以使用其创建事件。isInGaze 用来判断玩家是否注视着当前物体。GazeOn 和 GazeOff 事件用于处理玩家注视物体与离开物体的相关函数。

❑　第 14-22 行中 Start 函数一般用于进行初始化操作,此脚本并没有在其中实现任何功能,读者可自行添加。其后创建了两个虚函数,它们都需要接收 GazeEventArgs 结构体,并在其中调用相应的事件句柄。

❑　第 24-32 行首先判断 hmdTrackedObject 是否为空,如果没有,则使用 FindObjectsOfType 函数来查找 SteamVR_TrackedObject 组件,并遍历结果集在其中找出头部追踪器设备。

❑　第 32-40 行找到头部追踪器后,首先定义一条射线,它的起点为头部追踪器,方向向前。之后通过点法式创建一个平面,注意这个平面与 Unity 中的 Plane Gameobject 没有关系,是数学意义上的平面,完全不可见。p.Raycast 函数当射线与 p 平面相加时会返回 true,平行时返回 false。

最后根据射线返回的信息找到射线与平面相交的点，并判断头盔到该点的距离。

❑　第 42-51 行会根据之前设置的视距，并根据射线与交点的距离来判断当前玩家是否在注视该物体还是将视线移开了，将距离信息存储在 GazeEventArgs 结构体中，并调用相关的事件。读者可以编写不同的关于视选的处理函数注册到相应的事件上，这样就能够被直接调用。

8.4.2　SteamVR_LaserPointer 脚本详解

SteamVR_LaserPointer 脚本位于 SteamVR/Extras 文件夹下。从脚本名称来翻译的话，读者不难看出，这个脚本可以实现激光指针功能，这是一个很酷的功能。官方脚本中激光使用的是带有颜色的 Cube，读者可以根据需要使用粒子系统来实现更加绚丽的效果。

（1）这里笔者将对此脚本进行分步讲解，首先讲解该脚本除 Update 函数外的其他代码。这些代码有变量声明，相关方面的初始化代码以及一些事件处理函数，具体代码如下。

代码位置：见官方案例下的 SteamVR Plugin Extras Assets/SteamVR/ Extras/ SteamVR_Laser Pointer.cs。

```
1    using UnityEngine;
2    using System.Collections;
3    public struct PointerEventArgs{                        //光标信息体
4      public uint controllerIndex;                         //控制器索引
5      public uint flags;                                   //标记
6      public float distance;                               //距离
7      public Transform target;                             //目标
8    }
9    public delegate void PointerEventHandler(object sender, PointerEventArgs e);
                                                            //事件委托

10   public class SteamVR_LaserPointer : MonoBehaviour{
11     public bool active = true;                           //是否激活
12     public Color color;                                  //颜色
13     public float thickness = 0.002f;                     //厚度
14     public GameObject holder;                            //载体
15     public GameObject pointer;                           //光标
16     bool isActive = false;                               //是否处于激活状态
17     public bool addRigidBody = false;                    //是否添加刚体
18     public Transform reference;                          //参考
19     public event PointerEventHandler PointerIn;          //光标进入事件
20     public event PointerEventHandler PointerOut;         //光标离开事件
21     Transform previousContact = null;                    //以前接触的对象
22     void Start (){
23       holder = new GameObject();                         //实例化游戏对象
24       holder.transform.parent = this.transform;         //设置其父对象为当前对象
25       holder.transform.localPosition = Vector3.zero;    //设置位置坐标
26       pointer = GameObject.CreatePrimitive
27         (PrimitiveType.Cube);
                 //通过 CreatePrimitive 创建一个带有基础网格渲染和碰撞器的 cube 对象
28       pointer.transform.parent = holder.transform;        //设置其父对象为 holder
29       pointer.transform.localScale = new Vector3(thickness, thickness, 100f);
                                                            //设置大小
30       pointer.transform.localPosition = new Vector3(0f, 0f, 50f);    //设置位置坐标
31       BoxCollider collider = pointer.GetComponent<BoxCollider>();
                                                        //获取 pointer 的 box 碰撞器组件
32       if (addRigidBody){                               //判断是否添加了刚体
33         if (collider){                                 //判断是否具有碰撞器组件
34           collider.isTrigger = true;                   //开启碰撞器组件的触发器功能
35         }
36         Rigidbody rigidBody = pointer.AddComponent<Rigidbody>();
                                                        //获取 pointer 身上的刚体组件
37         rigidBody.isKinematic = true;                 //使其不遵循运动定律
38       }else{
39         if(collider){
40           Object.Destroy(collider);                   //销毁 collider
41       }}
42       Material newMaterial = new Material(Shader.Find("Unlit/Color"));
                                                            //创建材质
```

```
43        newMaterial.SetColor("_Color", color);                //设置材质颜色
44        pointer.GetComponent<MeshRenderer>().material = newMaterial;
                                                       //为渲染器添加新的材质
45     }
46     public virtual void OnPointerIn(PointerEventArgs e){
                                            //当光标进入目标物体后可调用此函数
47       if (PointerIn != null)  PointerIn(this, e);        //触发事件
48     }
49     public virtual void OnPointerOut(PointerEventArgs e){
                                            //当光标离开目标物体后可调用此函数
50       if (PointerOut != null)  PointerOut(this, e);      //触发事件
51     }
52     void Update (){
53       ......//Update 函数中的相关逻辑代码会在后面进行详细讲解
54   }}
```

❑ 第 3-8 行定义结构体 PointerEventArgs，该结构体能够包含很多信息，例如目标、距离、索引等数据，其中的信息比 SteamVR_GazeTracker 脚本中的要丰富得多。

❑ 第 9-21 行首先定义了一个委托，用于后面的事件处理。后面定义了颜色、厚度、载体、光标等参数，用来进行逻辑处理。PointerIn 和 PointerOff 两个事件分别用来处理光标接触到目标和离开目标时的处理函数调用。

❑ 第 23-30 行首先实例化一个 holder 游戏对象作为光标的持有者，然后通过 CreatePrimitive 函数创建一个简单的 Cube 作为激光，并将其设置为 holder 的子对象。该脚本中将 Cube 的大小作为激光光标是否接触到物体的效果。

❑ 第 31-41 行首先获取到 Cube 身上的 Collider 组件，如果存在就将其触发器功能设置为 true，这样 Collider 将不会与其他物体产生碰撞效果。再为其添加 Rigidbody 组件，并将其 isKinematic 设置为 true，这样 Cube 将不会因为重力因素而掉落。

❑ 第 42-51 行通过创建材质球并为其指定材质颜色，Cube 对象就会根据用户的不同需求改变其自身的初始颜色。OnPointerIn 和 OnPointerOff 两个函数分别负责在光标接触到物体和离开物体时相关事件的调用。

（2）这里笔者讲解脚本中 Update 函数中的相关逻辑代码。在 Update 中负责射线的定义与发射，并根据标志位来判断光标是否照射到物体、物体与之前是否为同一个、光标是否离开了当前物体。随后根据这 3 种不同的状态来获取不同的变量，同时可实现光标的大小变化，具体代码如下。

代码位置：见官方案例下的 SteamVR Plugin Extras Assets/SteamVR/ Extras/ SteamVR_Laser Pointer.cs。

```
1    void Update (){
2     if (!isActive){                                      //如果不处于激活状态
3       isActive = true;                                   //改变标志位
4       this.transform.GetChild(0).gameObject.SetActive(true); //将子物体 holder 激活
5     }
6     float dist = 100f;                                   //设置距离
7     SteamVR_TrackedController controller =
8      GetComponent<SteamVR_TrackedController>();
                                          //获取 SteamVR_Tracked  Controller 组件
9     Ray raycast = new Ray(transform.position, transform.forward);  //定义射线
10    RaycastHit hit;
11    bool bHit = Physics.Raycast(raycast, out hit);       //判断射线是否检测到物体
12    if(previousContact && previousContact != hit.transform){
13      PointerEventArgs args = new PointerEventArgs();
                                          //实例化 PointerEventArgs 消息体
14      if (controller != null){          //判断 SteamVR_TrackedController 组件是否为空
15        args.controllerIndex = controller.controllerIndex;
                                          //获取控制器索引并对消息体赋值
16      }
17      args.distance = 0f;                                //设置距离变量
18      args.flags = 0;                                    //设置标识变量
19      args.target = previousContact;                     //设定目标为上一个目标
20      OnPointerOut(args);                                //触发光标离开事件
```

```
21          previousContact = null;                                  //清空上一个目标
22      }
23      if(bHit && previousContact != hit.transform){
                               //判断射线是否检测到物体,且与之前的物体不同
24          PointerEventArgs argsIn = new PointerEventArgs();
                                               //实例化 PointerEventArgs 消息体
25          if (controller != null){
26            argsIn.controllerIndex = controller.controllerIndex;     //获取控制器索引
27          }
28          argsIn.distance = hit.distance;                          //设置距离变量
29          argsIn.flags = 0;                                        //设置标识
30          argsIn.target = hit.transform;                           //设置目标
31          OnPointerIn(argsIn);                                     //触发光标进入事件
32          previousContact = hit.transform;
33      }
34      if(!bHit){ previousContact = null; }//射线没有检测到物体,设置 previousContact 为空
35      if (bHit && hit.distance < 100f) {    //判断射线检测到的物体与当前对象的距离
36          dist = hit.distance;                              //如果小于 100,将 dist 设置为获取的距离
37      }
38      if (controller != null && controller.triggerPressed){ //判断控制器是否被触发
39          pointer.transform.localScale = new Vector3
40          (thickness * 5f, thickness * 5f, dist);            //触发后设置光标的大小
41      }else{
42          pointer.transform.localScale = new Vector3(thickness, thickness, dist);
                                                                 //恢复正常
43      }
44      pointer.transform.localPosition = new Vector3(0f, 0f, dist/2f);
                                                             //时刻改变光标的位置
45  }
```

❑　第 2-11 行先根据 isActive 标志位来判断是否对 holder 对象进行激活,之后获取 SteamVR_TrackedController 组件,用来在后面获取相应的控制器。下面定义一条射线,从当前对象向其正前方发射。hit 用来存储射线所获取到的信息,bHit 用来判断射线是否与物体相交。

❑　第 12-22 行通过 previousContact 来判断当前接触的物体与之前的是否为同一个,不同则视为光标离开上一个物体,创建消息体。通过前面获取的 SteamVR_TrackedController 组件来获取控制器索引,并将距离、控制器索引等信息添加到结构体中并调用 OnPointerOut 函数。

❑　第 23-33 行判断光标是否接触到物体且与之前是否相同,如果不同则视为光标进入当前物体。通过前面获取的 SteamVR_TrackedController 组件来获取控制器索引,并将距离、控制器索引等信息添加到结构体中并调用 OnPointerIn 函数。

❑　第 34-44 行负责设置 previousContact 是否为空,以及对距离 dist 的设置。后面判断控制器是否被触发,如果触发就将 Cube 对象变得更大,如果没有就将光标恢复到正常状态。

8.4.3　SteamVR_TestTrackedCamera 脚本详解

这一小节笔者讲解的是 SteamVR_TestTrackedCamera 脚本,根据其英文翻译可知该脚本用来追踪摄像机,并将其渲染图像呈现在另一物体上。官方案例中是将图像渲染在一个 Quad 上,这样读者就可以很容易看到摄像机的渲染图像,具体代码如下。

代码位置:见官方案例下的 SteamVR Plugin Extras Assets/SteamVR/ Extras/ SteamVR_Test TrackedCamera.cs。

```
1   using UnityEngine;
2   public class SteamVR_TestTrackedCamera : MonoBehaviour{
3     public Material material;                                //定义 Quad 表面材质变量
4     public Transform target;                                 //定义追踪目标,为其本身
5     public bool undistorted = true;                          //定义非畸变布尔变量
6     public bool cropped = true;
7     void OnEnable(){                                         //启用摄像机追踪方法
8       var source = SteamVR_TrackedCamera.Source(undistorted);//获取非畸变视频流纹理
9       source.Acquire();                                      //开始接收视频流
10      if (!source.hasCamera)                                 //当追踪摄像机不存在时,置为不可用
```

```
11              enabled = false;
12        }
13        void OnDisable(){                                    //关闭摄像机追踪方法
14          material.mainTexture = null;                       //清除材质球表面纹理
15          var source = SteamVR_TrackedCamera.Source(undistorted);    //获取视频流资源
16          source.Release();                                  //释放视频流纹理
17        }
18        void Update(){                                       //重写 Update 方法
19          var source = SteamVR_TrackedCamera.Source(undistorted);
                                                               //获取追踪摄像机的图像视频流
20          var texture = source.texture;                      //定义 texture 变量接收图像
21          if (texture == null){
22            return;                                          //若材质为空则直接返回
23          }
24          material.mainTexture = texture;                    //将视频流纹理赋予材质的纹理
25          var aspect = (float)texture.width / texture.height;//计算宽高比系数
26          if (cropped){
27            var bounds = source.frameBounds;                      //计算主纹理中的纹理偏移量
28            material.mainTextureOffset = new Vector2(bounds.uMin, bounds.vMin);
29            var du = bounds.uMax - bounds.uMin;              //主纹理中的纹理缩放量
30            var dv = bounds.vMax - bounds.vMin;
31            material.mainTextureScale = new Vector2(du, dv); //为纹理图大小赋值
32            aspect *= Mathf.Abs(du / dv);                    //纹理图的缩放比
33          }else{
34            material.mainTextureOffset = Vector2.zero; //将主纹理图的偏移量和大小重新赋值
35            material.mainTextureScale = new Vector2(1, -1);
36          }
37          target.localScale = new Vector3(1, 1.0f / aspect, 1); //设置追踪物体的本身大小
38          if (source.hasTracking){                           //摄像机正在追踪
39            var t = source.transform;                        //获取视频流的 transform 组件
40            target.localPosition = t.pos;                    //设置其相对位置和相对旋转角度
41            target.localRotation = t.rot;
42      }}}
```

❑ 第 1-6 行定义材质球的材质变量、追踪目标变量以及图像是否畸变等参数。

❑ 第 7-12 行定义启用摄像机追踪方法，首先获取视频流纹理资源，开始接收。若追踪摄像机不可用时，放弃接收。

❑ 第 13-17 行定义关闭接收视频流的方法，清除材质球的表面纹理，并且释放视频流纹理。

❑ 第 18-23 重写 Update 方法，接收视频流资源，并通过定义变量接收图像，若其为空则直接返回。

❑ 第 24-36 行将接收到的视频流纹理图赋予给材质球纹理图，计算纹理图片的偏移量和缩放量，决定其位置信息。

❑ 第 37-42 行设置追踪摄像机的本身大小，若其正在追踪则获取资源 Transform 信息，将追踪摄像机和视频资源的位置和旋转角度进行同步。

8.4.4 SteamVR_TrackedController 脚本详解

SteamVR_TrackedController 负责监控手柄上各个按键的触发情况，并根据不同的情况调用不同的逻辑处理函数，读者可以根据自己的需要对 SteamVR_TrackedController 脚本中不同按钮的处理事件进行定制，来实现各个按钮间不同的功能，具体代码如下。

代码位置：见官方案例下的 SteamVR Plugin Extras Assets/SteamVR/ Extras/ SteamVR_Tracked Controller.cs。

```
1    using UnityEngine;
2    using Valve.VR;
3    public struct ClickedEventArgs{
4      public uint controllerIndex;                           //控制器索引
5      public uint flags;                                     //标志
6      public float padX, padY;                               //手柄触摸控制板上的坐标
7    }
8    public delegate void ClickedEventHandler(object sender, ClickedEventArgs e);
```

```
                                                      //委托事件
9    public class SteamVR_TrackedController : MonoBehaviour{
10     public uint controllerIndex;                   //控制器索引
11     public VRControllerState_t controllerState;    //控制器状态控制脚本
12     public bool triggerPressed = false;            //是否按下扳机标志位
13     public bool steamPressed = false;              //是否按下 Steam 控制按钮标志位
14     public bool menuPressed = false;               //是否按下菜单按钮标志位
15     public bool padPressed = false;                //是否触摸控制板中心按钮标志位
16     public bool padTouched = false;
17     public bool gripped = false;                      //是否持握手柄标志位
18     public event ClickedEventHandler MenuButtonClicked;    //菜单按钮单击事件
19     public event ClickedEventHandler MenuButtonUnclicked;  //菜单按钮释放事件
20     public event ClickedEventHandler TriggerClicked;       //扳机单击事件
21     public event ClickedEventHandler TriggerUnclicked;     //扳机释放事件
22     public event ClickedEventHandler SteamClicked;         //Steam 控制按钮单击事件
23     public event ClickedEventHandler PadClicked;           //控制板单击事件
24     ......//后面省略了其他按键相应的事件定义，有兴趣的读者可以参考 SDK 中相应的脚本
25     void Start(){
26       if (this.GetComponent<SteamVR_TrackedObject>() == null){
27         gameObject.AddComponent<SteamVR_TrackedObject>();
                                                      //添加 TrackedObject 组件
28       }
29       if (controllerIndex != 0){
30         this.GetComponent<SteamVR_TrackedObject>().index =
31         (SteamVR_TrackedObject.EIndex)controllerIndex;        //为控制器索引赋值
32         if (this.GetComponent<SteamVR_RenderModel>() != null){
33           this.GetComponent<SteamVR_RenderModel>().index = (SteamVR_
34           TrackedObject.EIndex)controllerIndex;
                                                      //为 SteamVR_RenderModel 组件的索引赋值
35       }}else{
36         controllerIndex = (uint) this.GetComponent<SteamVR_TrackedObject>().index;
                                                      //获取索引
37     }}
38     public void SetDeviceIndex(int index){                  //设置设备索引函数
39       this.controllerIndex = (uint) index;
40     }
41     public virtual void OnTriggerClicked(ClickedEventArgs e){
                                                      //按下扳机的逻辑处理函数
42       if (TriggerClicked != null)  TriggerClicked(this, e);
43     }
44     public virtual void OnMenuUnclicked(ClickedEventArgs e){
                                                      //释放菜单键的逻辑处理函数
45       if (MenuButtonUnclicked != null)  MenuButtonUnclicked(this, e);
46     }
47     ......//后面省略了其他按键相应的逻辑处理函数，有兴趣的读者可以参考 SDK 中相应的脚本
48     void Update(){
49       var system = OpenVR.System;
50       if (system != null && system.GetControllerState(controllerIndex, ref
       controller  State)){
51         ulong trigger = controllerState.ulButtonPressed & (1UL << ((int)
         EVRButtonId.k_ EButton
52         _SteamVR_Trigger));        //控制器状态中按键按下的数值与扳机按键左移一位
53         if (trigger > 0L && !triggerPressed){          //判断玩家按下扳机键
54           triggerPressed = true;                       //设置触发扳机标志位
55           ClickedEventArgs e;                          //创建结构体
56           e.controllerIndex = controllerIndex;         //为控制器索引赋值
57           e.flags = (uint)controllerState.ulButtonPressed;  //为标记赋值
58           e.padX = controllerState.rAxis0.x;           //为触摸控制板上按键的 x 坐标赋值
59           e.padY = controllerState.rAxis0.y;           //为触摸控制板上按键的 y 坐标赋值
60           OnTriggerClicked(e);                         //触发扳机触发事件
61         }
62           ......//后面省略了其他按键触发和释放的处理，有兴趣的读者可以参考 SDK 中相应的脚本
63     }}}
```

❑　第 3-7 行定义了结构体 ClickedEventArgs，它负责传递单击或释放事件发生时所需要提供给其他函数的具体信息，其中包括控制器索引，标记和坐标。

❑　第 8-17 行首先定义了一个委托，用于后面事件的创建，然后创建了数个标志位，是否按下扳机标志位、是否按下菜单按钮标志位等来判断当前特定按钮的状态是什么。

❑　第 18-24 行定义了多个事件，笔者仅列出了部分事件的创建，由于篇幅限制后面控制板触摸事件、持握手柄事件的创建都被省略了，创建的方式与前面的完全相同，操作很简单。

❑　第 25-40 行代码处于 Start 函数内，一般 Start 函数内的代码都起到初始化的作用，这里也一样。Start 函数内完成了 SteamVR_TrackedObject 组件的添加，控制器索引的赋值与获取等功能。后面的 SetDeviceIndex 函数可以完成对 controllerIndex 变量的赋值。

❑　第 41-47 行是多个处理不同按钮操作处理的虚函数，它们会接收结构体 ClickedEventArgs，然后根据不同的按钮触发不同的按钮触发事件，并将结构体传递给注册在该事件上的其他逻辑处理函数，这里同样省略了部分代码，实现方式与前面相同。

❑　第 48-62 行通过 51 行 52 行代码能够监控用户手柄上扳机的触发情况，一旦检测到扳机键被按下，就会改变扳机键触发标志位，创建结构体并对其中的索引、坐标等参数进行赋值，最后调用相应的虚函数。其他按键的检测与处理与扳机键大致相同。

8.5　本章小结

本章详细讲解了 HTC Vive 的基本知识与官方案例，包括 HTC Vive 设备的安装、Vive SDK 的下载和导入、SDK 内置脚本及案例详解。读者通过学习该章节后，可以按照步骤安装使用 HTC Vvie，并且能够有一定的基于 HTC Vive 进行开发的能力。

8.6　习题

1．试述 HTC Vive 的硬件配置。

2．根据安装设置向导成功对 HTC Vive 进行安装。

3．下载 Steam VR 与 Vive SDK。

4．列举 SDK 中的官方预制件并阐述每个预制件的功能。

5．列举 SDK 中的主要脚本并阐述每个脚本的具体功能。

6．试开发一个基于 HTC Vive 的小项目。

第9章 VR与AR创新风口

随着 VR 与 AR 技术的发展，其硬件设备已经取得了很大的成就，如 Oculus Rift、Hololens、HTC Vive 等，而且其技术也在多个领域有所应用。没有设备的 VR/AR 只会停留在概念阶段，没有内容的 VR/AR 同样也是不完整的，只有将技术、设备和行业挂钩才能产生价值。

VR 内容的缺少成为行业发展的障碍，但这同时也意味着机会的诞生，作为开发人员需要时刻关注行业动态，了解当前的创新点，本章将浅析 VR 与 AR 的创新方向，起到抛砖引玉的作用，读者可在此基础上进行创造性尝试。

9.1 虚拟现实技术

虚拟现实简单来说就是指利用计算机模拟产生一个三维空间的虚拟世界，提供使用者关于视觉、听觉、触觉等感官的模拟，让使用者如身临其境一般，可以及时、没有限制地观察三维空间内的事物，并与之交互。

借助 VR 头盔、游戏控制器等虚拟现实设备，人们可以"穿越"到硝烟弥漫的古战场，融入浩瀚无边的太空旅行，将科幻小说、电影里的场景移至眼前。VR 技术的面世将会为一些传统的行业带来创造性的突破，下面来看一下当前 VR 的主要创新点。

1. 看直播

如果你是一个球迷或者歌迷都有这样一种体验：好不容易抢到票，看台座椅和偶像依然隔着很远。VR 技术的出现能使你坐在球员席上看球队赛前热身，在赛场入口和喜欢的球员击掌。即便你坐在赛场最后一排，甚至坐在家里的沙发上，你的观赛视角永远都是在最佳位置，如图 9-1 和图 9-2 所示。

▲图 9-1　VR 直播 1

▲图 9-2　VR 直播 2

演唱会也一样，BIGBANG 澳门演唱会，首次采用了 360° 全视角直播，用户通过腾讯新上线的"炫境"App 搭配 VR 眼镜就可以置身现场，和所有人一起呐喊、摇摆，偶像近在咫尺。

2. 玩游戏

借助于眼镜、头盔等可穿戴设备，辅以手柄、手枪模型和地毯等配件，让用户沉浸在游戏场景中，给予其更真实的交互体验。运用虚拟现实进行开发的游戏能够最大限度地还原真实体验，全封闭的视角使玩家完全沉浸其中。

除此之外，游戏应该也是 VR 设备最有机会先行爆发的应用领域，VR 技术最大的强项就是能够给用户深度沉浸感体验，对于射击、冒险、恐怖类游戏来说，沉浸体验是其天然要求，而 VR 刚好能为我们带来这种体验，如图 9-3 和图 9-4 所示。

▲图 9-3　《重返恐龙岛》

▲图 9-4　《时间机器》

3. 监控系统

VR 摄像头当前已如雨后春笋，从 Google 和 GoPro 合作推出的堆叠式 Google Jump，到 Sphericam 2、诺基亚 Ozo、360Fly 等袖珍产品，VR 摄像头在体积和重量上已能代替传统监控高速球。

其在监控上有着传统技术无法比拟的优势——每一帧都是 360°球形画面，该特性能给侦察人员提供完整的事件追踪画面。除去被障碍物遮挡的地方之外，几乎没有死角，侦查人员可以慢镜头播放，或者暂停画面之后转动头部四处观看整个事件的来龙去脉，如图 9-5 和图 9-6 所示。

▲图 9-5　VR 升级监控系统

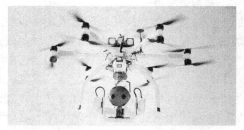

▲图 9-6　VR 无人机

4. 虚拟空间展示

VR 技术在虚拟空间展示方面也有着极大的发展空间，例如在地产项目中的招商、招租环节，提前展示真实场景的风貌，有助于客户提前了解项目规划，加速审批设计过程，这跟基于 PC 端的 3D 显示不同，VR 可以让你像真正地在一个园子里行走，一草一木皆清晰可见，如图 9-7 和图 9-8 所示。

▲图 9-7　虚拟空间展示 1

▲图 9-8　虚拟空间展示 2

5. 驾考

生活中很难找到一个宽敞并且可以随意练车的场地，要达到理想的学习效果，还须模拟出驾考现场一样规格的感应线，目前只有驾校的场地是首选。比方说倒桩项目，不在规定尺寸的库线上练习，根本无法摸清楚起步的位置和打方向盘的时机。

VR 技术面世后，自学过驾考不再是空想，根据考场和车型 1：1 建模，还原到虚拟世界，学员可以购买设备和软件在自己家长期训练，甚至可以训练到操作成功率 100% 为止，如图 9-9 和图 9-10 所示。

▲图 9-9　模拟驾考1

▲图 9-10　模拟驾考2

6. 医疗

带上 VR 设备后，医学生可以远离平时学习中要用到的尸体，可以直接在虚拟环境中练习解剖等项目，减少了许多不必要的危险，同时学校也可以节省经费，如图 9-11 和图 9-12 所示。

据调查预测，到 2020 年，虚拟现实在医疗服务的市场将会达到 19 亿美元。路易斯维尔大学的调查人员正在尝试利用虚拟现实来治疗焦虑症和恐惧症，斯坦福大学的一些研究人员也把虚拟现实应用在外科手术中，随着医疗行业不断的网络化，虚拟现实的应用会不断增加。

▲图 9-11　VR 模拟手术1

▲图 9-12　VR 模拟手术2

7. 购物

很多人已经对在线购物网站很熟悉，但虚拟现实应用将会成为消费者在线购物的下一站。这些应用可以提供整个商店的虚拟导游，提高传统在线购物的体验，相对于传统的通过查看网站目录购物，消费者可以得到实时的购物体验，甚至和朋友一起购物，如图 9-13 和图 9-14 所示。

▲图 9-13　VR 购物1

▲图 9-14　VR 购物2

同时，淘宝也推出了全新的购物方式 Buy+，Buy+使用虚拟现实技术，利用计算机图形系统和辅助传感器，生成可交互的三维购物环境，其将突破时间和空间的限制，真正实现各地商场随便逛，各类商品随便试。

8. 军事

VR 技术的进步使人们拥有功能更丰富和更智能娱乐设备的同时，也使军事装备同样日益智能化。同样的技术或硬件设备，可以是普通人的娱乐玩具，也可以是军队增强战斗力的先进兵器，或许，军事领域才是 VR 技术应用前景最广阔的舞台，如图 9-15 和图 9-16 所示。

▲图 9-15　VR 军事模拟 1　　　　　　　　　　▲图 9-16　VR 军事模拟 2

目前，VR 技术在军事领域的应用主要有以下两个方面。

❑　模拟真实战场环境。通过背景生成与图像合成创造一种险象环生、几近真实的立体战场环境，使受训士兵"真正"进入形象逼真的战场，从而增强受训者的临场反应，大大提高训练素质。

❑　模拟诸军种联合演习。建立一个"虚拟战场"，使参战双方同处其中，根据虚拟环境中的各种情况及其变化，实施"真实的"对抗演习。在这样的虚拟作战环境中，可以使众多军事单位参与到作战模拟中来，而不受地域的限制，可大大提高战役训练的效益。

9.2　增强现实技术

增强现实通过计算机技术将虚拟的信息应用到真实世界，真实的环境和虚拟的物体实时地叠加到了同一个画面或空间，同时存在。用户可通过 AR 技术扩展自己的真实世界，直接看见真实世界所看不见的虚拟物体或信息，与 VR 技术不同，AR 技术强调与现实的互动，而非简单的立体显示。

AR 技术不仅和 VR 技术有相类似的应用领域，而且由于其具有能够对真实环境进行增强显示输出的特性，在医疗研究与解剖训练、精密仪器制造和维修、军用飞机导航、工程设计和远程机器人控制等领域，具有比 VR 技术更加明显的优势。

1. 导航

出行导航方便了人们的生活，但是某种程度上也让用户成为某块屏幕的奴隶，不停地穿梭于现实和屏幕之间，而 AR 能够将导航信息送到用户眼前，真正成为方便导航的工具，如图 9-17 所示。

近期，苹果公司通过了一项名为"基于视觉的惯性导航"的专利，这项技术可以让你在某些建筑里走失的时候进行"室内导航"，而且无需借助太多工具，如果用户走过零售商店，技术能够显示商店里的商品，如图 9-18 所示。

2. 游戏

此前的传统游戏是在二维的世界中，而 AR 以其三维立体特点，为游戏开启了更多的可能，以前玩家完全依靠双手完成游戏，但在 AR 游戏世界里，他们可以利用身体位置的移动、转换等通过游戏关卡。

▲图 9-17 AR 室外导航

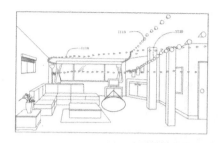

▲图 9-18 AR 室内导航

当前，《Pokémon GO》在全世界范围内掀起了风潮，其是一款利用 LBS（基于位置的服务）技术与手机相机，以真实的环境为背景捕捉精灵的 AR 游戏。现实生活中的名胜与商店成为了游戏中的道馆，在道馆可以进行精灵许槎与其他队伍进行对战，如图 9-19 和图 9-20 所示。

▲图 9-19 Pokémon GO 1

▲图 9-20 Pokémon GO 2

3. 教育

越来越多的 80 后跻身"奶爸奶妈"的行列，他们习惯消费 3C 产品，对新科技事物接受能力强，因而在育儿观上，他们会适当引导孩子们接触计算机、手机、平板电脑等电子产品，对于一些优质的儿童应用，他们的接纳程度也很高。

教育无疑是儿童应用市场的一块大蛋糕，幼儿好动好奇的特点要求儿童教育寓教于乐，满足趣味和教育的双重要求，将 AR 应用与实体教具结合，既培养了孩子的动手能力，又扩展了教具的互动性，让孩子在游戏中潜移默化地学习，如图 9-21 和图 9-22 所示。

▲图 9-21 AR 教育类应用 1

▲图 9-22 AR 教育类应用 2

4. 医疗

无论是牙科还是肝脏外科手术，医生都很难准确找到病灶部位，AR 能使外科医生变得更有效率，其能帮助医生在更大程度上挽救生命，对患者进行更好的治疗，如图 9-23 和图 9-24 所示。

未来的模式一定会越来越多样化，提供的产品会更丰富，比如医生可以借助 AR 医疗应用提供的精确图文一步步地完成手术全过程；急救人员通过 AR 应用指挥现场医护人员作出针对性的抢救措施，防止错失最佳抢救时间。

▲图 9-23　AR 手术

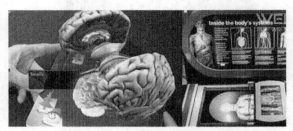
▲图 9-24　AR 医疗

5. 购物

不久前举办的天猫年度盛典上，众多 AR 网购应用惊艳亮相，天猫宣布将采用全新的 AR 互动技术来重新定义网购方式，将实现网购试穿试戴，帮助用户形成真实的触摸感，体验商品穿戴效果与质感等。

通过摄像头拍下体验者，并自动识别头、肩、腰等关键部位，然后体验者就可以自由"试穿"各款衣服，对着摄像头，摆出各种动作或造型，全面体验衣服穿上后的效果，AR 技术在屏幕和用户之间建立起了隐形的纽带，使得那些原本呆板的商品展示变得可触可碰，如图 9-25 和图 9-26 所示。

▲图 9-25　AR 购物 1

▲图 9-26　AR 购物 2

6. 设计

在设计领域，再精确的图纸也会限制设计师设计理念的准确表达，影响和客户的沟通。而增强现实技术恰恰弥补了这个缺陷，在工业设计、建筑设计中等都能通过增强现实技术将设计师的创意快速、逼真地融合到现实场景中，让用户在设计阶段就能对最终产品有直观的感受，如图 9-27 和图 9-28 所示。

▲图 9-27　AR 建筑设计

▲图 9-28　AR 设计展示

7. 工业

现在的工业设备愈加复杂，无论是安装还是维修都成为了难题，但 AR 技术给工业领域带来了创新突破，可以通过 AR 技术现实设备故障维修教程，甚至能准确地教会你如何拆卸零部件，即使是没有任何经验的新手，也能利用 AR 完成维修，同时也大大降低了成本，如图 9-29 和图 9-30 所示。

▲图 9-29　VR 工业 1

▲图 9-30　VR 工业 2

8. 营销

增强现实技术带来的触手可及的逼真展示效果，已经为广告设计、产品推广敞开了全新的创作空间。国际众多知名品牌，包括宝马汽车、通用电气、乐高玩具，甚至好莱坞著名制片厂，都在一次次将增强现实技术成功地用于产品宣传和商业活动。

相比于传统的实物加信息板的展示方式，增强现实技术带来层层深入的丰富信息展示能力，贴近自然的人机交互体验，为产品发布会、展览会、产品展示厅带来了全新的展示空间。同时，展馆内可控并便于调整的环境，为实现最佳的增强现实效果提供了条件，如图 9-31 和图 9-32 所示。

▲图 9-31　AR 展示板

▲图 9-32　AR 展览会

9.3　混合现实技术

混合显示（Mixed Reality，简称 MR）是一种介于 VR 与 AR 之间的技术，它既继承了两者的优点，同时也摒除了两者的大部分缺点。

❑　VR 强调沉浸性，它尽可能将用户的身体感官置于计算机系统创造的虚拟世界中，最大限度地切断他们与真实世界的联系，而 MR 则允许用户同时保持与真实世界及虚拟世界的联系，并根据自身的需要及所处情境调整上述联系。

❑　AR 源于真实世界，但更注重将动态的、背景专门化的信息加载在用户的视觉域上，强调让虚拟技术服务于真实世界，而 MR 则对真实世界和虚拟世界一视同仁，不论是将虚拟物体融入真实环境，还是将真实物体融入虚拟环境，都在允许的范围之内。

简单来说，MR 能通过一个摄像头让你看到裸眼看不到的显示，其是站在两者肩膀上发展起来的混合技术形式。由于 MR 让用户与眼前的虚拟信息进行互动，所以它会比 VR、AR 更彻底地颠覆我们的生活、工作。

1. 工作模式

MR 可以让远隔千里的工作团队一起合作对应挑战，只需带上头盔和防噪耳机就能沉浸到互相合作的环境中，语言障碍也会被消除，MR 应用可以实时准确地翻译各种语言。

除此之外，MR 还意味着更具弹性化的工作模式，尽管目前大部分雇主对员工在固定的时间和固定的地点上班，但是有证据证明，员工如果可以更自主地选择工作地点、时间和方式，他们的工作效率更高，MR 就可以满足这些需求，大幅地提高工作效率，如图 9-33 和图 9-34 所示。

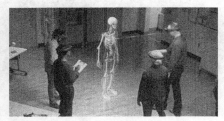 

▲图 9-33　MR 工作 1　　　　　　　　　　▲图 9-34　MR 工作 2

2. 生活方式

在使用方式上，佩戴 MR 头盔后可以随意走动，并在所有空间甚至户外都能无障碍地使用，同时也可以和周围的人正常交流沟通，这一点是 VR 技术所不能比拟的。

我们想象一个场景，做菜的时候把浏览窗口放在洗菜池旁边，抬头就能看到菜谱，还可以在卧室的墙上放一个足够大的窗口当做电视用，随着 MR 应用内容的丰富，将会有更多使用方式，如图 9-35 和图 9-36 所示。

▲图 9-35　虚拟菜谱　　　　　　　　　　▲图 9-36　虚拟电视

3. 娱乐

MR 游戏可以看做是可以互动的 AR，所以在游戏领域能获得更好的参与体验，其可以把显示与虚拟互动展示在眼前，让玩家同时保持真实世界与虚拟世界的联系。

简单来说，MR 是真实世界、虚拟世界与数字化信息的集合，是 AR 技术与 VR 技术的完美融合以及升华，虚拟和显示互动，不再局限于现实，能带来前所未有的体验，如图 9-37 和图 9-38 所示。

▲图 9-37　MR 游戏 1　　　　　　　　　　▲图 9-38　MR 游戏 2

9.4 本章小结

　　VR、AR 与 MR 虽然在全球很火，但是同样存在很多挑战，从技术角度来讲，现在这些头戴式设备还要克服例如眩晕、延迟、交互等技术上的一些缺陷，同时消费者对这些技术的认知还是相对比较低的，还需要价格的降低带来设备的普及，整个产业链还缺乏统一的内容开发标准，好内容十分匮乏。

　　本章介绍了 VR、AR 与 MR 的创新方向，读者可在此基础上进行拓展延伸，结合当前不同的领域与新颖技术，开发出优秀的应用。

9.5 习题

1. 列举当前 VR 的主要创新点。除了这些你还能想到什么？
2. 列举当前 AR 的主要创新点。除了这些你还能想到什么？
3. 请下载一款 Gear VR 游戏进行体验。
4. 请下载"Pokémon GO"进行体验。
5. 请阐述什么是混合现实技术（MR）。

第10章　Gear VR 游戏——Breaker

随着 VR 技术的发展，虚拟现实游戏已经逐渐发展起来，借助 VR 头盔辅以触摸板、手柄等配件，能让用户沉浸在游戏场景中，为其带来更真实的交互体验。

本章的游戏"Breaker"是一款物理有轨道射击类游戏，其基于 Unity 3D 游戏引擎开发并能在 Gear VR 上运行，游戏中玩家将会沉浸在虚拟的建筑物中操纵一颗颗弹珠大肆破坏，为玩家带来极强的视觉冲击。接下来，将对该游戏的背景和功能，以及开发流程逐一进行详细介绍。

10.1 背景以及功能概述

本节将对本游戏的开发背景进行详细介绍，并对其功能进行简要概述。读者通过对本节的学习，将会对本游戏的整体结构有一个简单的认识，明确本游戏的开发思路，更加直观地了解到本游戏的设计构思，为后面更好地学习本款游戏的开发打下良好基础。

10.1.1　游戏背景概述

射击类游戏能够充分调动人们的积极性，以其独特的风格吸引着广大的玩家，其游戏本身独有的特点，让玩家能够体验到射中目标后的成就感。这类游戏能够充分调动玩家兴趣，使玩家沉浸到虚拟世界中。比较有代表性的 VR 射击类游戏如《Bullet Train》《Zombie Trigger》等，如图 10-1 和图 10-2 所示。

▲图 10-1　《Bullet Train》　　　　　　▲图 10-2　《死亡扳机 2》

Breaker 是使用当前最为流行的 Unity 3D 游戏开发引擎，结合 Gear VR 虚拟现实头盔打造的一款射击类 VR 游戏。玩家通过轻触 Gear VR 上的触摸板发射小球，在限定的小球数内走过更远的距离，同时可以击碎晶体增加小球数量，借助虚拟现实技术使玩家沉浸其中。

10.1.2　游戏功能简介

前一个小节简单地介绍了本游戏的开发背景，本小节将对游戏主要的功能进行介绍。读者将了解本游戏的主要功能，并对本游戏有一个初步的了解，对本游戏的操作有简单的认识。

（1）运行游戏，首先进入菜单界面，如图 10-3 所示。玩家可以转动 VR 头盔进行 360°场景查看，并通过位于摄像机中心的准星进行选取，单击帮助按钮，弹出本游戏的帮助提示界面，如图 10-4 所示。

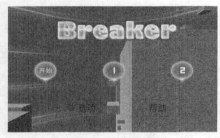
▲图 10-3　菜单界面

▲图 10-4　帮助界面

（2）单击选项按钮，弹出音量调节界面，如图 10-5 所示，分别单击两个按钮可以对背景音乐与音效的音量进行调节，音量有 4 个等级，可对音量大小进行控制，单击其他任意位置退出音量调节界面，退回菜单界面。单击第一关、第二关按钮弹出关卡信息界面，单击开始进入相应关卡，如图 10-6 所示。

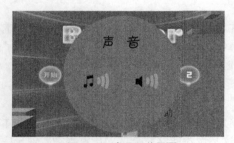
▲图 10-5　音量调节界面

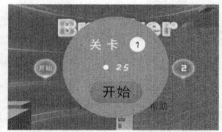
▲图 10-6　关卡信息界面

（3）单击开始按钮，直接进入游戏场景，场景上方会提示当前小球数量，下方提示"轻触抛球"，玩家可触摸 Gear VR 上的触摸板发射小球，如图 10-7 所示。单击右上角的暂停按钮，弹出暂停菜单，其中可进行重新开始游戏或返回菜单场景的操作，如图 10-8 所示。

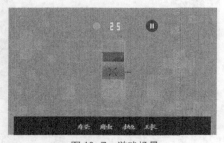
▲图 10-7　游戏场景

▲图 10-8　暂停菜单

（4）轻触触摸板，沿准星方向发射小球，当击中玻璃时，产生玻璃破碎效果并启动相应的烟雾粒子系统效果；击中晶体时，晶体破碎同时小球数量增加 3 个，如图 10-9 和图 10-10 所示。

（5）当撞击障碍物时，画面短暂变红，同时丢失 10 个小球，如图 10-11 所示，当小球数量少于 5 个时，在场景中心将播放小球数量动画，提示玩家当前剩余的小球数量，如图 10-12 所示。

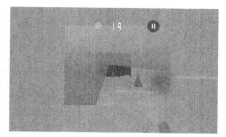

▲图 10-9　击碎玻璃

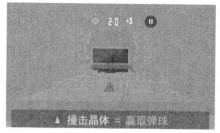

▲图 10-10　击碎晶体

▲图 10-11　撞击障碍物

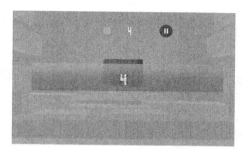

▲图 10-12　播放剩余小球数量动画

（6）小球数量为 0 后，游戏失败，播放失败音效并提示"没有小球了"，同时弹出选项菜单，如图 10-13 所示。当顺利通过两个关卡到达终点时，弹出胜利画面并播放胜利音效，5 秒之后同样弹出选项菜单供玩家进行选择，如图 10-14 所示。

▲图 10-13　游戏失败

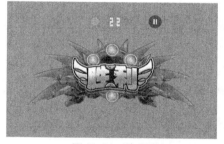

▲图 10-14　游戏通关

> 💡 说明
>
> 　　本游戏是一款基于 Gear VR 的虚拟现实游戏，本小节所展示的均为 2D 截图，并不能完全地体现出游戏的真实体验，强烈建议读者打开随书程序中本游戏的项目，替换签名文件并生成 APK，利用 Gear VR 与三星的相应手机进行更真实的游戏体验。

10.2　游戏的策划及准备工作

　　上一节介绍了本游戏的开发背景和主要功能，本节主要对游戏的策划和开发前的一些准备工作进行介绍。在游戏开发之前做一个细致的准备工作可以起到事半功倍的效果。准备工作大体上包括游戏主体策划、相关图片及音效准备等。

10.2.1　游戏的策划

　　本节将对本游戏的具体策划工作进行简单介绍。在项目的实际开发过程中，要想使自己将要开发的项目更加的具体、细致和全面，准备一个相对完善的游戏策划工作可以使开发事半功倍，读者在以后的实际开发工程中将有所体会，本游戏的策划工作如下所示。

❑　游戏类型

本游戏是以 Unity 3D 游戏引擎作为开发工具，C#作为开发语言开发的一款虚拟现实射击类游戏。本游戏大量使用物理引擎，使游戏中的碰撞、射击等效果十分真实，配合 Gear VR 使玩家沉浸其中，极大地增强了游戏的可玩性。

❑　运行目标平台

该游戏仅能运行在 Gear VR 所支持的三星系列手机上，当前支持 Gear VR 的机型有 Galaxy Note 5、Galaxy Note 7、Galaxy S6 系列与 Galaxy S7 系列。

❑　受众目标

本游戏以手持移动设备为载体，通过 Gear VR 进行显示呈现。操作难度适中，画面效果逼真，耗时适中。此外，本游戏操作简易，但想要通关有一定的难度，适合全年龄段人群进行游戏，可在娱乐中锻炼玩家的反应能力等。

❑　操作方式

本游戏操作难度适中，在关卡中，玩家可通过转动 VR 头盔 360°查看游戏场景，同时，轻触触摸板发射小球击打晶体与障碍物，玩家可通过击碎晶体获得小球，当撞击到障碍物时丢失小球。

❑　呈现技术

本游戏以 Unity 3D 游戏引擎为开发工具。使用粒子系统实现各种游戏特效，着色器对模型和效果进行美化，物理引擎模拟现实物体特性，游戏场景具有很强的立体感和逼真的光影效果以及真实的物理碰撞，同时，借助虚拟现实技术，玩家将在游戏中获得更为真实的视觉体验。

10.2.2　使用 Unity 开发游戏前的准备工作

上一节对本游戏的策划工作进行了简单介绍。本节将介绍本游戏开发之前的准备工作，包括相关的图片、声音、模型等资源的选择与用途等，介绍内容包括资源的资源名、大小、像素（格式）以及用途和各资源的存储位置，并将其整理列表，其详细步骤如下。

（1）首先对本游戏菜单场景所用到的图片资源进行介绍，游戏中将其中部分图片制作成图集，在这里将依次介绍，介绍内容包括图片名、图片大小（KB）、图片像素（W×H）以及图片的用途，这些图片资源全部放在项目文件 Assets/Textures 文件夹下，如表 10-1 所示。

表 10-1　　　　　　　　　　　　　　　　菜单场景中的图片资源

图 片 名	大小（KB）	像素（W×H）	用　　途
back.bmp	98.8	147×172	关卡按钮背景图片
gl.bmp	98.8	147×172	关卡高光效果图片
start.bmp	98.8	147×172	开始游戏图片
help.bmp	26.4	135×50	帮助按钮图片
set.bmp	36.1	185×50	选项按钮图片
begin.png	21.9	205×92	开始按钮图片
crosshair.png	4.57	114×104	准星图片
guanka1.png	9.63	369×369	关卡 1 背景图片
guanka2.png	9.78	369×369	关卡 2 背景图片
tishi.png	67.3	668×230	帮助提示图片

图 片 名	大小（KB）	像素（W×H）	用 途
back.png	189	491×466	选项背景图片
music0.png	14.6	174×94	音乐音量图片 1
music1.png	14.7	174×94	音乐音量图片 2
music2.png	14.7	174×94	音乐音量图片 3
music3.png	14.6	174×94	音乐音量图片 4
sound0.png	13.4	174×94	音效音量图片 1
sound1.png	13.7	174×94	音效音量图片 2
sound2.png	13.6	174×95	音效音量图片 3
sound3.png	13.6	174×94	音效音量图片 4

（2）然后对本游戏中游戏关卡场景中用到的图片进行详细介绍，介绍内容包括图片名、图片大小（KB）、图片像素（W×H）以及这些图片的用途，这些图片资源全部放在项目文件 Assets/Textures 文件夹下。具体如表 10-2 所示。

表 10-2　　　　　　　　　　　　　　关卡场景中的图片资源

图 片 名	大小（KB）	像素（W×H）	用 途
ball.bmp	43.1	105×105	计数板图片
nineNumber.bmp	256	256×256	数字图片
noBall.bmp	400	1024×100	死亡提示图片
tipTwo.bmp	396	1024×99	撞击晶体提示图片
glass.jpg	4.13	190×220	玻璃纹理图片
wall.jpg	124	1540×1760	墙纹理图片
levelTwo.png	4.69	269×86	关卡 2 提示图片
message.png	5.03	277×128	门开关图片
plusThree.png	3.72	74×47	增加小球数量提示图片
three.png	9.76	212×218	击碎晶体提示图片
tipOne.png	7.63	684×156	轻触抛球提示图片
victory.png	148	543×222	胜利图片
back.png	13.3	298×299	选项背景图片
menu.png	31.7	218×92	菜单按钮图片
continue.png	36.7	229×90	继续按钮图片
pause.png	0.67	60×60	暂停按钮图片
restart.png	38.7	274×93	重新开始按钮图片

（3）本游戏中用到各种声音效果，这些音效使游戏更加真实。下面将对游戏中所用到的各种音效进行详细介绍，介绍内容包括文件名、文件大小（KB）、文件格式以及用途。将声音资源全部放在项目目录中的 Assets/Audio 文件夹下，具体如表 10-3 所示。

表 10-3　　　　　　　　　　　声音资源列表

文　件　名	大小/KB	格　　式	用　　途
Vistory.wav	126	WAV	胜利音效
Open.wav	4.08	WAV	开门音效
Noball.wav	29.3	WAV	无球音效
HitZhui.wav	78.1	WAV	击碎晶体音效
HitGlass.wav	26.3	WAV	击打玻璃音效
HitCube.wav	29.3	WAV	击打墙壁音效
Gameover.wav	117	WAV	失败音效
Fire.wav	44	WAV	发射小球音效
Button.wav	6.05	WAV	点击按钮图片
Alert.wav	22.4	WAV	撞到障碍物音效
Background	3.88	WAV	背景音乐

10.3　游戏的架构

　　上一节介绍了游戏开发前的策划和准备工作。本节将介绍本游戏的开发思路以及各个场景的结构，读者通过在本节的学习可以对本游戏的整体开发思路有一定的了解，并对本游戏的开发过程有更进一步的了解。

10.3.1　各个场景的简要介绍

　　VR 游戏开发中，场景开发是游戏开发的主要工作。每个场景包含了多个游戏对象，其中某些对象还被附加了特定功能的脚本。本游戏包含了两个场景，接下来对这几个场景进行简要介绍。

　　❑　游戏菜单场景

　　游戏的菜单场景中，玩家可以通过轻触 Gear VR 的触摸板点选选关按钮，进入相应的关卡，第二关较之第一关在难度上有所提升。单击帮助按钮会弹出帮助信息

▲图 10-15　游戏菜单场景架构图

菜单，单击选项按钮进行音乐与音效音量的调节。该场景中所包含的脚本如图 10-15 所示。

　　❑　游戏关卡场景

　　游戏的关卡场景中涉及多个方面的管理，这些方面的协同工作，让游戏能够有效率地运行，也让游戏的结构更加清晰。在关卡一中，UI 画面下方会出现游戏帮助提示，玩家可根据操作提示进行操作。场景中所包含的主要脚本如图 10-16 所示。

▲图 10-16　游戏关卡场景架构图

10.3.2 游戏架构简介

上一小节已经简单介绍了游戏的主要场景和使用到的相关脚本，为加深读者理解，在这一节中将介绍一下游戏的整体架构。本游戏中使用了很多脚本，接下来将按照程序运行的顺序介绍脚本的作用以及游戏的整体框架，具体步骤如下。

（1）运行本游戏，首先会进入到游戏场景 MenuScene.untiy。进入此场景时摄像机前的黑色蒙布逐渐变为透明，同时挂载在准星对象上的 UIControl.cs 脚本会调整准星位置时位于摄像机的正前方，当准星拾取相应按钮时，按钮会发生颜色变化。

（2）当从摄像机中心发出的射线与"选项"按钮相交时，MenuListener.cs 脚本会监听判断所单击按钮并执行相应的逻辑功能，该操作会触发 ButtonSound.cs 脚本播放单击按钮的音效，同时弹出音量调节界面，同样当点选帮助按钮时会弹出帮助界面。

（3）当射线拾取到第一关与第二关按钮时，MenuListener.cs 脚本会监听该事件并显示所在关卡的基本信息，点选开始按钮时加载 MenuScene.untiy 关卡场景。

（4）进入关卡场景后，播放 fade1.anim 动画，控制摄像机前的黑色幕布的透明度从 1 到 0 变化，当轻触触摸板时，摄像机上的 Fire.cs 脚本被激活，克隆 Sphere 对象并施加一个沿准星方向的力，而该克隆体小球上挂载的 CollisionEffect.cs 脚本根据所碰撞的物体执行相应的逻辑功能。

（5）当小球击中晶体对象时，执行晶体对象上挂载的 ShatterToll.cs、ShatterOnCollision.cs、WorldUvMapper.cs 与 CheckBug.cs 脚本，实现晶体的破碎效果；当小球击中玻璃对象时，执行玻璃对象上挂载的 ChipOffController.cs 脚本，实现玻璃的破碎效果。

（6）开始游戏后，激活 Sphere 对象上挂载的 FollowNode.cs 脚本与摄像机上挂载的 SmoothFollow.cs 脚本，控制摄像机的行走路径。SmoothFollow.cs 控制摄像机实时平滑跟随 Sphere 对象进行移动；FollowNode.cs 控制 Sphere 对象根据 Line 的路径设置进行运动。

（7）当摄像机碰撞到障碍物时，触发摄像机上挂载的 CameraShake.cs 脚本实现摄像机的抖动、播放警告音效等效果。

（8）当单击右上方的暂停按钮时，触发 BaseListener.cs 脚本实现 UI 的监听，同时小球击中晶体时播放 plusthree.anim 动画并增加小球数量。

（9）当小球数量为 0 或游戏通关时，激活 GameOver.cs 脚本。游戏失败时，显示失败提示画面并播放死亡音效，同时弹出选项菜单；游戏胜利时，显示胜利提示画面并播放胜利音效，弹出选项菜单界面。

10.4 Gear VR 开发环境的搭建

上一节对游戏的整体架构进行了介绍，从本节开始将依次介绍本游戏的具体开发流程，首先进行 Gear VR 开发环境的搭建，完成开发环境搭建后才能保证游戏开发的正确性，具体开发步骤如下。

（1）新创建项目。打开 Unity，单击"New Project"，命名为"Breaker"，更改创建路径，本项目的创建路径为"F:\Unity"，选择"3D"，单击"Create project"按钮即可生成项目，如图 10-17 所示。

（2）单击"File-Bulid Settings..."弹出"Bulid Settings"对话框，选择 Android 平台，并且选择 Texture Compression 为"ETC2（GLES 3.0）"选项，单击 Switch Platform 切换平台，如图 10-18 所示；导入 Oculus Mobile SDK 的 Unity 插件 UnityIntegration.unityPackage，如图 10-19 所示。

▲图 10-17 新创建项目

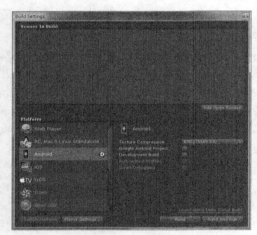

▲图 10-18 项目设置

▲图 10-19 导入 SDK

（3）导入 UnityIntegration.unityPackage 之后，关闭 Unity，打开 OculusMobileSDK 目录，找到/VrSamples /Unity /UnityIntegration/ ProjectSettings 文件夹，如图 10-20 所示，把已经创建该项目工作区目录中的 ProjectSettings 文件夹替换成 Oculus Mobile SDK 中的 ProjectSettings 文件夹，如图 10-21 所示。

（4）打开本项目，在"Assets\Plugins\Android"路径下新建文件夹并命名为"assets"，将手机的签名文件拖入进该文件夹内，如图 10-22 所示，签名文件的获取在前面的章节已经进行了详细介绍，在此不再赘述。

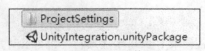

▲图 10-20 SDK 中的文件

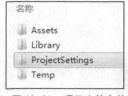

▲图 10-21 项目中的文件

▲图 10-22 签名文件

10.5 游戏菜单场景的开发

上一节对 Gear VR 开发环境的搭建进行了介绍，从本节开始将依次介绍本游戏中各个场景的开发，首先介绍的是本游戏的菜单场景，该场景在游戏开始时呈现，在该场景中玩家可对游戏的音量进行调节，选择相应的关卡，下面将对其进行详细介绍。具体开发步骤如下。

10.5.1　场景的搭建及相关设置

此处场景的搭建主要是针对 VR 菜单界面的基本设置。通过本节学习，读者将会了解到如何搭建出一个基本的 VR 游戏场景界面，并对 VR 开发中的 UI 界面有一个初步的认识，由于本场景是游戏中创建的第一个场景，所有步骤均有详细介绍，具体步骤如下。

（1）新创建场景。依次单击"File→New Scene"。单击 File 选项中的"Save Scene"选项，将场景命名为"MenuScene"作为游戏的菜单场景。

（2）本项目为 VR 游戏，所以要对摄像机进行替换，在 Hierarchy 面板中选中 MainCamera 对象，右击点选 Delete 进行删除，如图 10-23 所示，之后将"Assets\OVR\Prefabs"路径下的 OVRCameraRig 预制件拖入到场景中，摆放到合适位置并命名为"MainCamera"，如图 10-24 所示。

▲图 10-23　删除默认摄像机

▲图 10-24　OVRCameraRig 预制件

（3）添加天空盒。在"Assets\Textures\MenuScene"目录下新建材质，修改其 Shader 为"Mobile\Particles\Additive"，并将"ray.tga"贴图拖入 Particle Texture 属性框内，如图 10-25 所示。之后依次单击"Window→Lighting→Scene"，将该材质拖入 Skybox 属性框内，如图 10-26 所示。

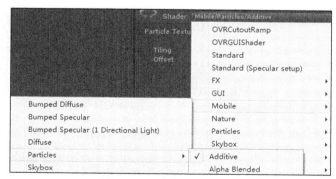

▲图 10-25　选择 Shader 属性

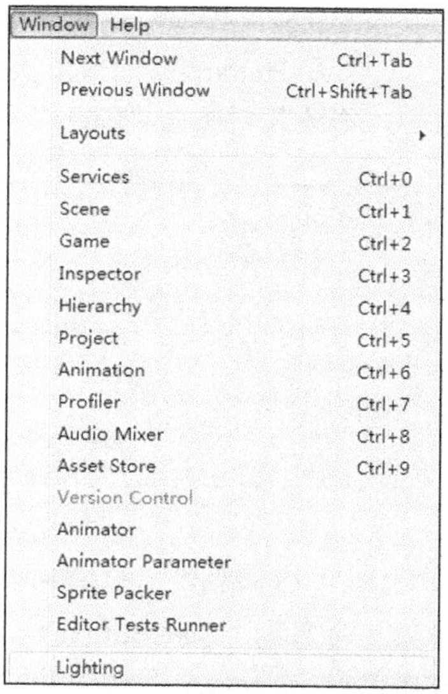

▲图 10-26　修改天空盒

（4）依次单击"GameObject→3D Object→Quad"创建 Quad 对象，并命名为"Black"，调整其大小、位置位于摄像机正前方，如图 10-27 所示，修改其材质着色器为"Unlit\Transparent HUD"，并将其颜色变为黑色，如图 10-28 所示。

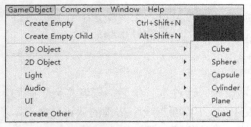

▲图 10-27　创建 Quad 对象

▲图 10-28　修改 Black 对象颜色

（5）在"Assets\Animation\Main Camera"目录下创建 Animation，并命名为"Fade"，将其挂载到 Black 对象上，依次单击"Window→Animation"弹出动画控制面板，单击"Add Property"按钮添加 Material._Color，分别在 1 秒与 2 秒时添加关键帧修改透明度，如图 10-29 和图 10-30 所示。

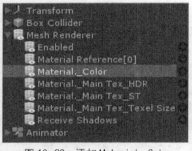

▲图 10-29　添加 Material._Color

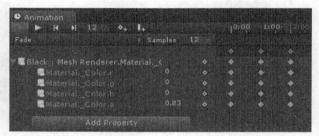

▲图 10-30　添加关键帧

（6）准星的创建。在 Project 面板右击新建材质，命名为"aimingstar"，如图 10-31 所示，修改其 Shader 为"Unlit\TransparentHUD"，将"crosshair.png"纹理拖入到纹理属性框内，同时创建"UIControl.cs"脚本挂载到准星对象上，下面会对该脚本进行详细介绍。

（7）在 Hierarchy 面板依次单击"Create→3D Object→Cube"创建对象，调整该对象的位置与大小，修改其材质为"Cube"，多次重复此步骤搭建出静态场景，如图 10-32 所示。

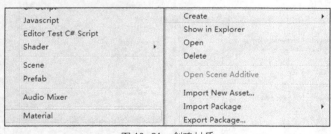

▲图 10-31　创建材质

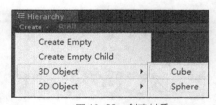

▲图 10-32　创建材质

（8）UI 的搭建。本场景包含多个按钮，在此以开始按钮为例进行讲解。在场景中创建 Quad 对象，命名为"StartButton"，将"start"材质拖入到 Materials 面板中，如图 10-33 所示，同时依次单击 Inspector 面板中的"AddComponen→Physics→BoxCollider"添加碰撞器，如图 10-34 所示。

（9）在上述步骤中提到的"StartButton"对象下创建"Quad"，在 Inspector 面板修改其材质为"gl"并为其添加碰撞器，勾选掉其可见选项，如图 10-35 所示。

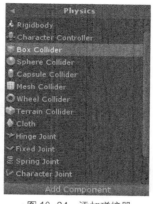

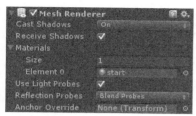

▲图 10-33 修改材质 　　　　▲图 10-34 添加碰撞器 　　　　▲图 10-35 修改可见选项

10.5.2 各对象的脚本开发及相关设置

上一小节介绍了游戏菜单场景的搭建，本节将各个对象相关脚本的开发进行介绍。此次设置中所有步骤均有详细介绍，下文中各个对象的脚本及相关设置开发小节中省略了部分重复步骤，读者应注意。具体步骤如下。

（1）首先在 Assets/Scripts 中新建一个脚本，将其重命名为"UIdata"，此脚本定义了在整个游戏过程中用到的所有全局变量，这样游戏菜单场景与关卡场景均能使用这些变量进行相应的设置，大大降低了游戏的开发成本，具体代码如下。

代码位置：见随书源代码/第 10 章目录下的 Assets/Scripts/UIdata.cs。

```
1    using UnityEngine;
2    using System.Collections;
3    public class UIdata {
4      public static int sco = 25;                        //储存成绩
5      public static int whitchScene = 0;                 //所在场景
6      public static int targetScene = 1;                 //目标关卡（默认为第一关）
7      public static bool isGamePlaying = true;           //游戏是否正在运行的标志位
8      public static bool isInjured = false;              //是否受伤
9      public static bool isDead = false;                 //是否死亡
10     public static bool isTouchButton = false;          //是否点击在 Button 上
11     public static bool isHaveCamera = false;           //当前坐在摄像机
12     public static bool isHitedZhui = false;            //是否打碎过水晶
13     public static int soundIndex=3;                    //音效等级
14     public static int musicIndex=3;                    //音乐等级
15     public static float musicVolume = 1.0f;            //音量大小因数
16     public static float soundVolume = 1.0f;            //音效大小因数
17     public static float[] volumes = new float[]{       //音量数组
18       0.01f,                 //击打墙壁
19       0.15f,                 //背景音乐、按钮音效、发射小球、无小球、击打开门机关
20       0.3f                   //警告碰撞、击打棱锥、击打玻璃、击打开门机关、死亡音效
21     };
22     public static void init () {                       //初始常量
23       sco = 25;                                        //初始小球数
24       isGamePlaying = true;                            //游戏是否正在运行的标志位
25       isInjured = false;                               //是否受伤
26       isDead = false;                                  //是否死亡
27       isTouchButton = false;                           //是否点击在 Button 上
28       isHitedZhui = false;                             //是否打碎过水晶
29     }
30     public static void setFirst(){                     //设置关卡为第一关
31       targetScene = 1;
32     }
33     public static void setSecond(){                    //设置关卡为第二关
34       targetScene = 2;
35 }}
```

❑ 第 4-12 行定义了存储成绩、所在场景、目标关卡等全局变量，游戏关卡场景中的一些脚

本会根据这些变量状态进行小球数量的初始化，设置摄像机位置等操作。

❑　第 13-21 行定义了有关游戏中声音音量的变量，在游戏菜单场景中会根据这些音效与音乐等级实时更改选项贴图界面并调整音量大小。

❑　第 22-29 行定义了初始化常量的方法，在重新开始游戏时会调用该方法对必要的状态进行初始化，以保证游戏的正常运行。

❑　第 30-35 行为关卡的设置方法，分别将 targetScene 变量赋值为 1 与 2，以表示当前的目标关卡，当切换到游戏关卡场景时，会根据此变量调成摄像机的起始位置。

（2）下面介绍准星对象与幕布对象上的脚本 UIControl.cs，创建方法请参看步骤 1，在这里不再赘述。此脚本实现的功能是，使准星与黑色幕布实时位于摄像机的正前方，具体代码如下。

代码位置：见随书源代码/第 10 章目录下的 Assets/Scripts/UIControl.cs。

```
1    using UnityEngine;
2    using System.Collections;
3    public class UIControl : MonoBehaviour {
4      private Transform myTransform;                          //自身坐标系引用
5      public Transform centerEye;                             //摄像机中心位置
6      public float fixedDepth;                                //距离摄像机位置
7      void Start () {
8      myTransform = transform;                                //获取自身坐标
9      }
10     void Update () {
11       myTransform.forward = centerEye.forward;              //设置随摄像机转动而转动
12       myTransform.position = centerEye.position + (centerEye.forward * fixedDepth);
                                                               //位置跟随摄像机转动
13     }}
```

❑　第 4-6 行定义了所挂载对象的 transform 与摄像机中心位置的引用，同时定义了挂载对象距离摄像机的位置，读者可在 Inspector 面板中进行修改。

❑　第 7-9 行定义了 Start 方法，实现了所挂载对象 transform 的获取。

❑　第 10-13 行定义了 Update 方法，根据 centerEye 引用的朝向更改所挂载对象的朝向，并且根据 centerEye 的位置与 fixedDepth 的数值定义挂载对象的位置。

注意：编写完此脚本后需要挂载在准星与幕布对象上，同时需要将 Hierarchy 面板中 MainCamera/TrackingSpace 对象下的 CenterEyeAnchor 拖入到 centerEye 对象面板中，摄像机中的 CenterEyeAnchor 的位置与方向表示了左右眼两个摄像机的中心位置与中心方向。

（3）接下来向读者介绍挂载在主摄像机上的脚本 MenuListener.cs，该脚本实现对 UI 界面的监听控制，当轻触触摸板时，Gear VR SDK 中的 OVRTouchpad.cs 脚本会调用此脚本中相应的方法，实现相应的功能，具体代码如下。

代码位置：见随书源代码/第 10 章目录下的 Assets/Scripts/MenuScene/MenuListener.cs。

```
1    using UnityEngine;
2    using System.Collections;
3    public class MenuListener : MonoBehaviour {
4      public GameObject[] buttons = new GameObject[10];       //按钮数组
5      public Transform centerEye;                             //摄像机中心位置
6      public int Bit = -1;                                    //按钮的标志位
7      public AudioSource music;                               //音乐声音源
8      public AudioSource sound;                               //音效声音源
9      public GameObject Panel;                                //选项面板
10     public GameObject musicPanel;                           //音乐面板
11     public GameObject soundPanel;                           //音效面板
12     public GameObject guankaOnePanel;                       //关卡一面板
13     public GameObject guankaTwoPanel;                       //关卡二面板
14     public GameObject TipPanel;                             //提示面板
15     public Material[] soundTexture;                         //音效纹理数组
16     public Material[] musicTexture;                         //音乐纹理数组
17     void Start(){
18       UIdata.isHaveCamera = false;                          //初始化摄像机标志位
19       UIdata.whitchScene = 0;                               //更新场景标志
```

```
20        sound.volume = UIdata.soundVolume * UIdata.volumes[1];      //调节按钮音效音量
21        music.volume = UIdata.musicVolume * UIdata.volumes[1];      //调节按钮音效音量
22        //更改音效纹理图片
23        soundPanel.GetComponent<MeshRenderer>().material = soundTexture[UIdata.
          sound Index];
24        //更改音乐纹理图片
25        musicPanel.GetComponent<MeshRenderer>().material = musicTexture[UIdata.
          music Index];
26      }
27      void Update(){   //...这里省略对 Update 方法的重写，下面将详细介绍}
28      //...此处省略了一些单击事件的方法，下面将详细介绍
29    }
```

❑ 第 4-8 行定义了按钮数组、摄像机中心位置与声音源。

❑ 第 4-16 行定义了该脚本中需要用到的成员变量，例如按钮数组包含游戏菜单场景中的所有按钮，音乐、音效纹理数组包含了所有等级的纹理图片等。

❑ 第 17-26 行定义了 Start 方法，对 UIdata 中的一些方法进行初始化，同时根据当前的音乐、音效音量等级初始化当前音量与纹理图片。

❑ 第 27-29 行为 Update 方法与一些其他的处理单击事件的方法，当轻触触摸板时，Gear VR SDK 中的 OVRTouchpad.cs 脚本需要调用这些方法。

接下来详细介绍 Update 方法，在该方法中将会实时检测从摄像机中心发出的射线与哪一个按钮相交，相交后会实现按钮的变色效果，当该射线不与任何按钮相交时，还原所有按钮的选中变色效果，具体代码如下。

```
1     void Update () {
2       Ray ray = new Ray (centerEye.position, centerEye.forward);
                                                      //摄像机视野正前方的射线
3       RaycastHit hit = new RaycastHit ();              //实例化 RaycastHit
4       Bit = -1;                                        //初始化 Bit 值
5       for (int i = 0; i < buttons.Length; i++) {       //如果射线与按钮发生了碰撞
6         if (buttons [i].GetComponent<BoxCollider> ().Raycast (ray, out hit, 50.0f)){
7           if (buttons [i].transform.FindChild ("gl") != null){    //若 gl 对象不为空
8             buttons [i].transform.FindChild ("gl").gameObject.SetActive (true);
                                                      //将 gl 设为可见
9           }else if(hit.transform.name.Substring(0,1).Equals("x")){
                                                      //如果是选项或帮助按钮
10            buttons [i].GetComponent<Renderer> ().GetComponent<MeshRenderer> ().
11            material.SetColor ("_Color", new Color (0f, 0f, 0f,1.0f));  //改变颜色
12          }else{
13            buttons[i].GetComponent<Renderer>().GetComponent<MeshRenderer>().
14            material.SetColor("_Color", new Color(0.5f, 0.5f, 0.75f,1.0f));
                                                      //改变颜色
15          }
16          Bit = i;                                  //更新标志
17          UIdata.isTouchButton = true;              //已经单击，在按钮上设为 true
18        }else{
19          if (buttons [i].transform.FindChild ("gl") != null){    //若 gl 对象不为空
20            buttons [i].transform.FindChild ("gl").gameObject.SetActive (false);
                                                      //将 gl 设为可见
21          }else{
22            buttons [i].GetComponent<Renderer> ().GetComponent<MeshRenderer> ().
23            material.SetColor ("_Color", new Color (1.0f, 1.0f, 1.0f, 1.0f));
              //改变颜色
24        }}}
25        if (Bit == -1) {
26          UIdata.isTouchButton = false;             //已经单击，在按钮上设为 true
27      }}
```

❑ 第 2-4 行定义了一条从摄像机当前位置发出沿其朝向的射线，并创建了 RaycastHit 结构体对象记录碰撞信息，同时对拾取按钮编号进行了初始化。

❑ 第 5-17 行主要功能为遍历所有的按钮，当拾取到某一按钮时进行执行颜色变换效果，当拾取到关卡按钮时，将该关卡按钮下的高光物体变为可见；当拾取到选项、帮助或音量按钮时变换其材质颜色与透明度，同时更新拾取按钮标志。

❑　第 18-27 行为当从摄像机发出的射线没有与任何按钮相交时，将所有的颜色变化初始化。

❑　第 25-27 行为根据 Bit 标志位更改 UIdata 中的 isTouchButton 标志位。

下面介绍 MenuListener.cs 脚本中的触摸监听的事件处理方法，这些方法实现了面板的显示、关卡场景的加载等功能，供 GearVR SDK 中自带的 OVRTouchpad.cs 脚本所调用，OVRTouchPad.cs 脚本将在下文中进行详细介绍。具体代码如下。

```
1    public void start (){                                          //从第一关开始游戏
2      UIdata.setFirst();                                           //确定目标关卡为第一关
3      UIdata.init();                                               //初始化 UIdata 中的变量
4      UIdata.sco = 25;                                             //初始化关卡分数
5      Application.LoadLevel (1);                                   //加载第一个场景
6    }
7    public void startTwo() {                                       //从第二关开始游戏
8      UIdata.setSecond();                                          //确定目标关卡为第二关
9      UIdata.sco = 10;                                             //初始化关卡分数
10     UIdata.init();                                               //初始化 UIdata 中的变量
11     Application.LoadLevel(1);                                    //加载第一个场景
12   }
13   public void soundSet () {
14     Panel.SetActive (true);                                     //显示选项面板
15   }
16   public void soundHide(){
17     Panel.SetActive(false);                                     //隐藏选项面板
18   }
19   public void soundHit(){                                        //单击音效按钮
20     UIdata.soundIndex = (UIdata.soundIndex + 1) % 4;            //增加音效等级
21     UIdata.soundVolume = 0.1f * UIdata.soundIndex;             //更改音效大小
22     sound.volume = UIdata.soundVolume * UIdata.volumes[1];     //调节按钮音效音量
23     soundPanel.GetComponent<MeshRenderer>().material = soundTexture[UIdata.sound
       Index];                                                     //更改贴图
24   }
25   public void musicHit(){                                        //单击音乐按钮
26     UIdata.musicIndex = (UIdata.musicIndex + 1) % 4;            //增加音乐等级
27     UIdata.musicVolume = 0.1f * UIdata.musicIndex;             //更改音效大小
28     music.volume = UIdata.musicVolume * UIdata.volumes[1];     //调节按钮音效音量
29     musicPanel.GetComponent<MeshRenderer>().material=musicTexture[UIdata.music
       Index];                                                     //更改贴图
30   }
31   public void showTip() {
32     TipPanel.SetActive(true);                                   //显示提示面板
33   }
34   public void hideTip(){
35     TipPanel.SetActive(false);                                  //隐藏提示面板
36   }
37   //...此处省略了关卡一、二显示与隐藏的方法，读者可参考源码进行学习
```

❑　第 1-12 行为设置游戏开始的关卡数，首先调用 UIdata 中的对应方法更改 targetSence 变量为对应关卡数，初始化 UIdata 中的相关变量，修改对应关卡初始小球数，同时加载对应场景。

❑　第 13-18 行为选项面板的呈现与隐藏，当调用这两个方法时会对 Panel 引用所表示的对象进行相应的操作。

❑　第 19-30 行是对音效与音乐音量的控制，当单击音效按钮时，增加音效等级并更改 UIData 脚本中对应的变量，同时根据音量等级变换选项面板中的贴图。

❑　第 31-37 行主要功能是定义提示面板与关卡面板显示、隐藏的方法，当检测到对应的触摸事件后对这些方法进行调用。

（4）编写完 MenuListener.cs 脚本后，需到 Inspector 面板中进行相应的设置，将场景中用到的对象拖入相应的选项框内，如图 10-36 和图 10-37 所示。

（5）之后需要对触摸事件进行监听，该步骤需要对 Gear VR SDK 中的 OVRTouchpad.cs 进行修改，在该脚本中的 OVRTouchpadHelper 密封类中 LocalTouchEventCallback 的方法中调用相应的处理方法，当监听到触摸事件后，根据 Bit 标志位的数值调用对应的处理方法，具体代码如下。

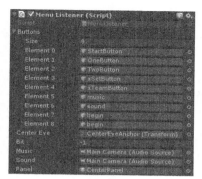

▲图 10-36 MenuListener.cs 脚本设置 1

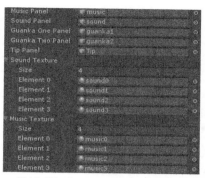

▲图 10-37 MenuListener.cs 脚本设置 2

代码位置：见随书源代码/第 10 章目录下的 Assets/OVR/Moonlight/Scripts/OVRTouchpad.cs。

```
1    void LocalTouchEventCallback(object sender, EventArgs args){
2      var touchArgs = (OVRTouchpad.TouchArgs)args;              //获取触摸参数
3      OVRTouchpad.TouchEvent touchEvent = touchArgs.TouchType;  //获取触摸事件
4      switch(touchEvent){                                       //判断触摸事件
5      case OVRTouchpad.TouchEvent.SingleTap:                    //触摸触摸板事件
6        if (UIdata.whitchScene == 0) {                          //若当前场景为游戏菜单场景
7          if (UIdata.isTouchButton) {                           //当前可触摸
8            camera.GetComponent<ButtonSound>().playSound();     //播放点选按钮音效
9            switch (camera.GetComponent<MenuListener>().Bit) {
10             case 0:                                            //触摸开始按钮
11               camera.GetComponent<MenuListener>().start ();break;
12             case 1:                                            //触摸第一关按钮
13               camera.GetComponent<MenuListener>().showGuankaOne();break;
14             case 2:                                            //触摸第二关按钮
15               camera.GetComponent<MenuListener>().showGuankaTwo();break;
16             case 3:                                            //触摸选项按钮
17               camera.GetComponent<MenuListener>().soundSet();break;
18             case 4:                                            //触摸帮助按钮
19               camera.GetComponent<MenuListener>().showTip();break;
20             case 5:                                            //触摸音乐按钮
21               camera.GetComponent<MenuListener>().musicHit();break;
22             case 6:                                            //触摸音效按钮
23               camera.GetComponent<MenuListener>().soundHit();break;
24             case 7:                                            //触摸第一关开始按钮
25               camera.GetComponent<MenuListener>().start ();break;
26             case 8:                                            //触摸第二关开始按钮
27               camera.GetComponent<MenuListener>().startTwo(); break;
28        }}else{
29          camera.GetComponent<MenuListener>().soundHide();      //关闭声音控制界面
30          camera.GetComponent<MenuListener>().hideTip();        //隐藏提示面板
31          camera.GetComponent<MenuListener>().hideGuankaOne();  //隐藏关卡一面板
32          camera.GetComponent<MenuListener>().hideGuankaTwo();  //隐藏关卡二面板
33    }}}
```

❑ 第 1-4 行是 SDK 中已经编写好的，获取当前发生的事件并获取该事件的类型，之后根据事件的类型执行相应的逻辑代码。

❑ 第 5-27 行主要是针对点击触摸板处理的逻辑代码，根据 MenuListener.cs 脚本中的 Bit 标志位判断当单击触摸板时，从摄像机发出的射线是否与 UI 按钮相交，若相交则判断是哪个按钮并执行相应的功能。

❑ 第 28-33 行为当单击触摸板时，从摄像机发出的射线并未与任一 UI 按钮相交，则将所有的弹出面板还原设为隐藏。

> **注意** 触摸板的事件监听功能在 Gear VR SDK 的 OVRTouchpad.cs 脚本中已经编写好，读者只需要在 LocalTouchEventCallback 方法中的对应监听事件块内编写相应的逻辑代码。

10.6　关卡场景的开发

上一节介绍了游戏菜单场景，接下来介绍关卡场景，本游戏的关卡场景是本款游戏最主要的部分，本场景涵盖了大部分内容，包括场景地形的制作，游戏动态 UI 界面的开发，各种游戏控制器的开发等。通过学习本节内容，读者可以了解到一款射击类 VR 游戏场景的制作流程。

需要特别说明的是，本款游戏设置了两个关卡，每个关卡在难度上有所差别，但是在功能上差别不大，所以本节只介绍第一关场景的开发。另一个关卡的内容，有兴趣的读者可以自行翻看书中的项目程序文件，自行学习。具体开发步骤如下。

10.6.1　场景的搭建

本款游戏在关卡场景上没有复杂的地形，通过长方体进行搭建，并为其设置合适的位置和大小参数，关卡中掺杂游戏关卡机关与晶体，增加游戏的趣味性，制作步骤如下。

（1）创建一个场景"LevelScene"，场景的创建步骤在菜单场景中已经做了详细介绍，这里不再赘述。创建完场景以后，依次单击"Create→3D Object→Cube"，根据此步骤创建多个 Cube 并调整位置与大小，摆放出游戏场景，如图 10-38 所示。

（2）创建墙壁贴图材质，在 Project 面板中，右击依次单击"Create"→"Material"创建材质，修改其纹理图片为"wall.jpg"，并将每个 Cube 的材质改为此材质，如图 10-39 所示。

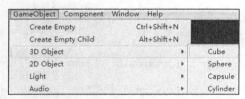

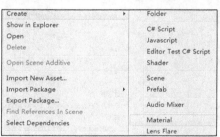

▲图 10-38　创建 Cube 对象　　　　　　　　　　　▲图 10-39　创建 Material 材质

（3）添加天空盒。创建 Skybox 材质，并将"Assets\Textures\SkyBox"目录下的图片拖入到该材质中，依次单击"Window"→"Lighting"，打开光照设置窗口，单击"Enviornment Lighting"下拉界面，将该材质拖入到 Skybox 中，如图 10-40 和图 10-41 所示。

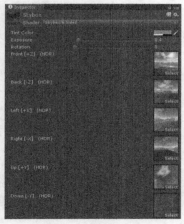

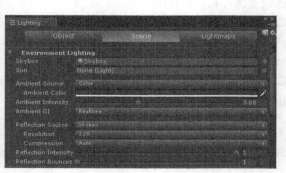

▲图 10-40　创建 Skybox 材质　　　　　　　　　　▲图 10-41　添加天空盒

（4）创建雾效果。在 Hierarchy 面板中依次单击"Create→Particle System"创建粒子系统，调节其位置与大小使其覆盖摄像机范围内的全部场景，修改其参数已达到理想效果，如图 10-42 和图 10-43 所示，有兴趣的读者可以自行查看书中的项目程序文件，详细查看其参数。

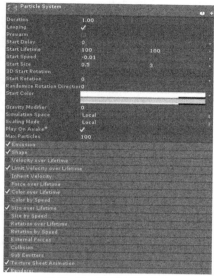

▲图 10-42　粒子系统参数 1

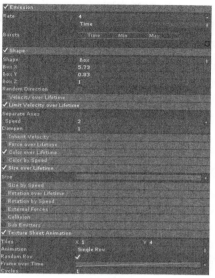

▲图 10-43　粒子系统参数 2

（5）创建小球对象。在 Project 面板依次单击"Create→Physical Material"创建小球物理材质，修改其参数如图 10-44 所示。创建 Sphere 对象，为其挂载"Sphere Collider""Rigidbody"组件并勾选掉其显示效果，同时为其挂载声音源以便播放小球碰撞音效，如图 10-45 所示。

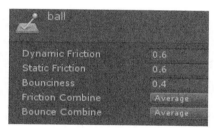

▲图 10-44　小球物理材质

▲图 10-45　小球挂载组件

（6）确定摄像机运动轨迹。在 Hierarchy 面板中创建空物体并命名为"Line"，如图 10-46 所示，在其中创建多个"Sphere"对象并调整位置，同时将其显示效果勾选掉，使得小球标志在场景中不可见。

（7）创建增加小球效果对象。依次单击"GameObject→3D Object→Cylinder"创建圆柱对象，如图 10-47 所示，更改其材质为"three"，调整其位置到摄像机可见范围外。

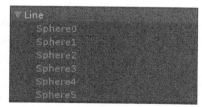

▲图 10-46　定义摄像机运动轨迹

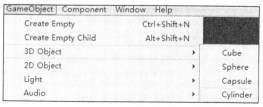

▲图 10-47　创建"Cylinder"对象

10.6.2　摄像机设置及脚本开发

前一小节完成了游戏功能场景的搭建，在本小节将要介绍摄像机相关功能的脚本的开发。实现摄像机跟随、发射小球、音效变换、摄像机振动等功能，具体步骤如下。

（1）新建 SmoothFollow 摄像机跟随脚本，此脚本实现了使主摄像机实时跟随物体的功能，并且能够控制跟随时的各种参数，例如与被跟随的距离、高度、高度变化中的阻尼参数等。该脚本在 Unity 自带的标准资源包中可以找到，笔者这里将其由 JavaScript 改成了 C#，具体代码如下。

代码位置：见随书源代码/第 10 章目录下的 Assets/Scripts/GameScene/SmoothFollow.cs。

```
1    using UnityEngine;
2    using System.Collections;
3    public class SmoothFollow : MonoBehaviour{
4      public GameObject target;                          //所要跟随的目标对象
5      public float distance = 10.0f;                     //与目标对象的距离
6      public float height = 5.0f;                        //与目标对象的高度差
7      public float heightDamping = 2.0f;                 //高度变化中的阻尼参数
8      public float rotationDamping = 3.0f;               //绕 y 轴的旋转中的阻尼参数
9      private float wantedRotationAngle;                 //摄像机期望的旋转角度
10     private float wantedHeight;                        //摄像机期望的旋转高度
11     private float currentRotationAngle;                //摄像机当前的旋转角度
12     private float currentHeight;                       //摄像机当前的旋转高度
13     void LateUpdate() {
14       if (!target)   return;                           //如果目标对象不存在将跳出方法
15       //摄像机期望的旋转角度和高度
16       wantedRotationAngle = target.transform.eulerAngles.y;
17       wantedHeight = target.transform.position.y + height;
18       //摄像机当前的旋转角度及高度
19       currentRotationAngle = transform.eulerAngles.y;
20       currentHeight = transform.position.y;
21       //计算摄像机绕 y 轴的旋转角度
22       currentRotationAngle = Mathf.LerpAngle(currentRotationAngle, wantedRotation
         Angle,
23           rotationDamping * Time.deltaTime);
24       //计算摄像机高度
25       currentHeight = Mathf.Lerp(currentHeight, wantedHeight, heightDamping * Time.
         deltaTime);
26       //转换成旋转角度
27       var currentRotation = Quaternion.Euler(0, currentRotationAngle, 0);
28       //摄像机距离目标背后的距离
29       transform.position = target.transform.position;
30       transform.position -= currentRotation * Vector3.forward * distance;
31       //设置摄像机的高度
32       transform.position = new Vector3(transform.position.x, currentHeight,
         transform.position.z);
33       //摄像机一直注视目标
34       transform.LookAt(target.transform);
35     }}
```

❑　第 4-12 行定义了该脚本中所用的成员变量，包含所要跟随的目标对象、与目标对象的距离、与目标对象的高度差、高度变化中的阻尼参数等。

❑　第 14 行为判断目标对象是否存在。如果不存在，直接跳出。

❑　第 15-17 行为获取摄像机期望的旋转角度和高度。

❑　第 18-20 行为获取摄像机当前的旋转角度和高度。

❑　第 21-23 行为计算摄像机绕 y 轴的旋转中的阻尼。使用了 Mathf 函数库提供的 LerpAngle 方法进行差值计算，LerpAngle 方法的含义就是基于浮点数 rotationDamping * Time.deltaTime 返回 currentRotationAngle 到 wantedRotationAngle 之间的差值。

❑　第 24-25 行为计算摄像机高度变化的阻尼，原理同上。

❑　第 26-27 行为将计算出的 currentRotationAngle 变量转换成旋转角度保存在 currentRotation 变量中。

- 第 28-30 行为使摄像机与目标对象保持一定的距离。
- 第 31-32 行为设置计算机的高度。因为高度，所以只改变了 y 轴上的值。
- 第 33-34 行为让摄像机一直注视目标，保证目标一直出现在视野里。

（2）上面介绍了 SmoothFollow 脚本，接下来介绍发射小球的 Fire 脚本。此脚本包装了发射小球的方法，以及受伤时掉落小球的方法，同时可以控制小球发射时的速度，游戏过程中触摸 Gear VR 上的触摸板调用 fire 方法发射小球。具体代码如下。

代码位置：见随书源代码/第 10 章目录下的 Assets/Scripts/GameScene/Fire.cs。

```
1    using UnityEngine;
2    using System.Collections;
3    using UnityEngine.EventSystems;
4    public class Fire : MonoBehaviour {
5      public GameObject ballPre;                                //小球预制体
6      public GameObject MainCamera;                             //主摄像机
7      public Transform centerEye;                              //摄像机中心位置
8      private Vector3 target;                                  //触摸点的坐标
9      public float speed = 18.0f;                              //小球的初始速度
10     public AudioSource audio_fire;                           //发射小球的音效
11     public AudioSource audio_noball_fire;                    //没有小球时发射小球的音效
12     private Vector3 ballPos;                                 //克隆体小球初始位置
13     public void fire () {
14       if (UIdata.isGamePlaying) {
15         if (UIdata.sco > 0) {                                //如果当前球数大于零
16           Ray ray = new Ray(centerEye.position, centerEye.forward);
                                                                //实现正前方射线
17           //克隆体小球初始位置为主摄像机位置
18           ballPos = MainCamera.transform.position + centerEye.forward * 2.0f;
19           Rigidbody ballRi = ((GameObject)(Instantiate(ballPre, ballPos , ballPre.
             transform.rotation))).
20               GetComponent<Rigidbody>();                     //克隆出一个小球（刚体）
21           initBallAttribute(ballRi, ray);                    //更改参数
22           ballRi.gameObject.AddComponent<DestoryBall>();//不在摄像机可视范围内就干掉
23           checkScore();                                      //更新分数
24           audio_fire.Play ();                                //播放发射音效
25         } else if(UIdata.sco == 0) {                         //如果当前球数等于零
26           audio_noball_fire.Play ();                         //播放发射音效
27    }}}
28     public void hertFire () {
29       for (int i = 0; i < 5; i++) {
30         Rigidbody ballRi = ((GameObject)(Instantiate(ballPre, new Vector3(transform.
             position.x - 4.0f,
31           transform.position.y, transform.position.z), ballPre.transform.
             rotation))).GetComponent
32           <Rigidbody>();                                     //克隆出一个小球（刚体）
33         initBallAttribute2(ballRi);                          //更改参数
34       }
35       for (int i = 0; i < 5; i++) {
36         //克隆出一个小球（刚体）
37         Rigidbody ballRi = ((GameObject)(Instantiate(ballPre, ballPre.transform.
             position , ballPre.
38           transform.rotation))).GetComponent<Rigidbody>();
39         initBallAttribute2(ballRi);                          //更改参数
40    }}
41     private void initBallAttribute (Rigidbody ballRi, Ray ray) {
42       ......//此处省略了设置发射小球参数的代码，下面将详细介绍
43     }
44     private void initBallAttribute2 (Rigidbody ballRi) {
45       ......//此处省略了受伤时设置发射小球参数的代码，有兴趣的读者可以自行查看源代码
46     }
47     private void checkScore () {
48       UIdata.sco -= 1;                                       //分数减 1
49    }}
```

- 第 5-12 行定义了该脚本中所用的成员变量，包含小球预制体、主摄像机、摄像机中心位置、触摸点的坐标与小球的初始速度等，用以控制小球发射时的属性。
- 第 13-27 行为小球发射方法，该方法判断如果游戏正在进行并且分数大于 0，则在摄像机

视野正中间的方向上发射出一个小球，小球是由预制体 ballPre 克隆得来的，不过在发射前要更改一些小球的组件参数，之后进行声音的播放和分数的更新等逻辑操作。

❑　第 28-40 行是当玩家撞到障碍物受伤时散落小球的方法，实际上是瞬间克隆出 10 个更改过参数的小球，并且给予它们随机的发射方向，并且发射位置也分成了 2 组，这样效果会更好。

❑　第 41-46 行为更改小球克隆体组件参数的方法，使克隆出来的小球能够进行碰撞等一系列物理运动行为。

❑　第 47-49 行为发射小球后更新分数的 checkScore 方法。

（3）下面将对 initBallAttribute 函数进行介绍，该函数更改了克隆出来的小球的参数，使得克隆出来的小球可以与其他物体发生碰撞，具体代码如下。

```
1    private void initBallAttribute (Rigidbody ballRi, Ray ray) {
2      ballRi.GetComponent<Rigidbody>().useGravity = true;        //启用重力
3      ballRi.GetComponent<SphereCollider> ().enabled = true;    //启用碰撞器
4      ballRi.GetComponent<MeshRenderer> ().enabled = true;      //启用材质
5      ballRi.GetComponent<FollowNode> ().enabled = false;       //关闭 FollowNode 脚本
6      ballRi.GetComponent<CollisionEffect> ().enabled = true;
                                                    //启用 CollisionEffect 脚本
7      //添加力
8      ballRi.AddForce (new Vector3(ray.direction.x, ray.direction.y, ray.direction
       .z) * speed * 10000);
9    }
```

> 📓 **说明**　此方法中启用重力使得克隆小球可以自由落体运动，启用碰撞器使得其可以发生碰撞，启用材质使得其可见，关闭 FollowNode 脚本使得其不进行寻点移动，启用 CollisionEffect 脚本并添加力使得其可以完成碰撞时的逻辑处理。

（4）上面介绍了发射小球的 Fire 脚本，接下来介绍的是 CameraShake 脚本，该脚本的功能是当撞到障碍物时摄像机发生轻微抖动，抖动的强度也可以由代码中的变量来控制，抖动强度会随时间不断减小，其中减小的速度取决于衰退速度的大小，具体代码如下。

代码位置：见随书源代码/第 10 章目录下的 Assets/Scripts/GameScene/CameraShake.cs。

```
1    using UnityEngine;
2    using System.Collections;
3    public class CameraShake : MonoBehaviour {
4      private Vector3 originPosition;                         //初始位置
5      private Quaternion originRotation;                      //初始旋转角度
6      public float shake_decay;                               //衰退速度
7      public float shake_intensity;                           //抖动强度
8      void Update (){
9        if (shake_intensity > 0){                             //如果抖动强度大于 0
10         //设置摄像机位置
11         transform.position = originPosition + Random.insideUnitSphere * shake_
           intensity;
12         //设置摄像机旋转角度
13         transform.rotation = new Quaternion (
14           originRotation.x + Random.Range (-shake_intensity, shake_intensity) * 0.2f,
15           originRotation.y + Random.Range (-shake_intensity, shake_intensity) * 0.2f,
16           originRotation.z + Random.Range (-shake_intensity, shake_intensity) * 0.2f,
17           originRotation.w + Random.Range (-shake_intensity, shake_intensity) *
             0.2f);
18         shake_intensity -= shake_decay;             //抖动强度每次减小衰退系数的大小
19       }}
20     public void Shake () {
21       originPosition = transform.position;                  //给 originPosition 赋值
22       originRotation = transform.rotation;                  //给 originRotation 赋值
23       shake_intensity = 0.12f;                              //初始抖动强度为 0.12f
24       shake_decay = 0.005f;                                 //初始衰退速度为 0.005f
25     }}
```

❑　第 4-7 行定义了该脚本中所用的成员变量，包含初始位置、初始旋转角度、衰退速度、抖动强度等，这些变量一起来控制整个抖动的效果。

❑ 第 10-11 行为设置摄像机的随机位置。

❑ 第 12-17 行设置了摄像机的旋转角度,其中用到了 Random.Range 函数表示角度是在某一范围内随机产生的。

❑ 第 18 行为控制当前抖动强度减小衰退速度的大小,使得抖动的效果强度逐渐减小直至平静。

❑ 第 20-25 行为 Shake 方法,对于摄像机的位置和旋转角度进行赋值,并且初始化了抖动强度和衰退速度,这两个值读者可以自行更改查看效果。

(5)上面介绍了控制摄像机抖动的 CameraShake 脚本,接下来介绍一下 AudioExchange 脚本,该脚本的主要功能是控制游戏场景中部分音效的音量和播放切换,例如初始时的音量大小、死亡时的音效切换、胜利时的音效播放等,具体代码如下。

代码位置: 见随书源代码/第 10 章目录下的 Assets/Scripts/GameScene/AudioExchange.cs。

```
1    using UnityEngine;
2    using System.Collections;
3    public class AudioExchange : MonoBehaviour {
4      public AudioSource backmusic;                          //背景音乐
5      public AudioSource audiodie;                           //死亡音效
6      public AudioSource victorySource;                      //胜利音效
7      public GameObject ball;                                //小球对象
8      public AudioSource[] audios;                           //声音数组
9      void Start() {
10       audios[0].volume = UIdata.volumes[1] * UIdata.musicVolume; //设置背景音乐音量
11       for (int i = 1; i < audios.Length-1; i++) {
12         audios[i].volume = UIdata.volumes[1]*UIdata.soundVolume; //设置音效音量
13       }
14       audios[3].volume = UIdata.volumes[2] * UIdata.soundVolume; //死亡警告音量
15       audios[audios.Length-1].volume = UIdata.volumes[2] * UIdata.soundVolume;
                                                               //调节警告音量
16       ball.GetComponent<CollisionEffect>().audio_hitcube.volume = UIdata.volumes
         [0] *
17           UIdata.soundVolume;
18       ball.GetComponent<CollisionEffect>().audio_hitzhui.volume = UIdata.volumes
         [2] *
19           UIdata.soundVolume;
20       ball.GetComponent<CollisionEffect>().audio_hitglass.volume = UIdata.volumes
         [2]*
21           UIdata.soundVolume;
22       ball.GetComponent<CollisionEffect>().audio_hitswitch.volume = UIdata.
         volumes[2] *
23           UIdata.soundVolume;
24     }
25     void Update() {
26       if (UIdata.sco == 0) {                               //如果小球数为 0
27         audiodie.Play();                                   //播放死亡音效
28         backmusic.Stop();                                  //暂停背景音乐
29         this.enabled = false;                              //本脚本消失
30     }}
31     public void victory() {
32       backmusic.Stop();                                    //暂停背景音乐
33       victorySource.Play();                                //播放胜利音乐
34     }}
```

❑ 第 4-8 行定义了该脚本中所用的成员变量,包含背景音乐、死亡音效、胜利音效、小球对象和声音数组等。

❑ 第 10 行为设置背景音乐的音量,其音量由 UIdata.musicVolume 变量动态控制。

❑ 第 11-13 行遍历声音数组为每个音效设置音量,其音量由 UIdata. soundVolume 变量动态控制。

❑ 第 14-15 行分别设置了死亡警告音量并对其进行调节。

❑ 第 16-23 行对小球上的声音的音量进行控制,每个被实例化的小球当发生碰撞时就会播放音效,这里对它们的音量进行控制。

❑　第 25-30 行为判断如果当前分数为 0 了，则播放死亡音效，暂停背景音乐的播放，并使此脚本消失节省资源，使死亡时音乐更加合理。

❑　第 31-34 行为当游戏胜利时，暂停背景音乐，播放胜利音乐，实现了游戏胜利时的音效控制。

（6）上面介绍了控制场景音效的 AudioExchange 脚本，接下来介绍一下 GameOver 控制游戏结束的脚本，该脚本的主要功能是对于游戏是否结束的判断，以及游戏如果结束，对于 UI 的控制和场景与摄像机的控制，具体代码如下。

代码位置：见随书源代码/第 10 章目录下的 Assets/Scripts/GameScene/GameOver.cs。

```
1    using UnityEngine;
2    using System.Collections;
3    public class GameOver : MonoBehaviour {
4      public GameObject CenterPanel;                              //获取 CenterPanel
5      public GameObject over;                                     //结束面板
6      public GameObject victoryPanel;                             //胜利面板
7      void Update () {
8        if (UIdata.sco == 0 && UIdata.isGamePlaying) {            //如果小球数为 0
9          UIdata.isGamePlaying = false;                           //正在进行游戏,置为 false
10         over.SetActive(true);                                   //打开 over 面板
11         gameOver();                                             //调用结束方法
12     }}
13     public void gameOver () {                                   //游戏结束的方法
14       StartCoroutine(waitOver(2.5f));
15       UIdata.isDead = true;                                     //死亡
16     }
17     IEnumerator waitOver (float seconds) {
18       yield return new WaitForSeconds (seconds);
19       CenterPanel.SetActive (true);                             //打开中央画布
20       CenterPanel.transform.FindChild("btgoon").gameObject.SetActive(false);
                                                                   //不绘制继续游戏按钮
21       victoryPanel.SetActive(false);                           //关闭胜利面板
22       this.enabled = false;                                    //删除此脚本
23     }
24     public void gameWin() {
25       victoryPanel.SetActive(true);                            //激活胜利面板
26       StartCoroutine(waitOver(4f));                            //胜利
27     }}
```

❑　第 4-6 行定义了该脚本中所用的成员变量，包含 CenterPanel 引用、结束面板、胜利面板，用于实现游戏结束时的 UI 变化等行为。

❑　第 7-12 行判断如果小球数为 0 了，则将游戏正在进行的标志位置为 false，同时打开 over 面板并调用结束的 gameOver 方法。

❑　第 13-16 行定义了游戏结束的方法，使用协程使游戏 2.5 秒后结束，同时将是否死亡的标志位置为 true，表示玩家已经结束了。

❑　第 17-23 行为 waitOver 方法，在等待 seconds 时间后，依次进行打开中央菜单面板、关闭继续按钮、关闭胜利面板、删除此脚本的操作，使游戏结束，并弹出选择菜单。

❑　第 24-27 行为游戏胜利的方法，主要功能是完成游戏胜利时在 4 秒后打开胜利面板。

说明　在 GameOver 脚本中使用到了协程，其目的是可以使玩家在没有球时继续行进一段时间，之后再进行游戏结束的处理，这样做是为了防止游戏的突兀停止，有关协程的知识读者可以查阅资料自行学习，同时网络上也有大量关于协程知识的讲解。

10.6.3　小球的脚本开发

前一小节完成了游戏摄像机设置及脚本开发，在本小节将要介绍小球相关功能的脚本的开发。实现小球寻点移动、碰撞等功能，具体步骤如下。

（1）新建 FollowNode 脚本，挂载在小球对象上，该脚本对小球的运动轨迹与运动过程中的速度进行了控制，使小球对象可以在游戏场景中能够沿着预设好的节点移动，同时根据当前的目标场景将摄像机移动到相应关卡的位置并调节相应参数，具体代码如下。

代码位置：见随书源代码/第 10 章目录下的 Assets/Scripts/GameScene/FollowNode.cs。

```
1    public class FollowNode : MonoBehaviour {
2      public int index;                                        //当前目标节点序号
3      public float[] m_speed = new float[5];                   //存放移动速度数组
4      public GameObject[] nodes = new GameObject[5];           //存放节点数组
5      public GameObject camera;                                //摄像机引用
6      public GameObject guankaPanel;                           //关卡面板
7      private GameObject target_node;                          //目标节点
8      private bool isShow = false;                             //是否显示过关卡面板
9      void Start() {
10       if(UIdata.targetScene==1){
11         camera.transform.position = new Vector3(-95f,2.0f,1.76f); //移动摄像机位置
12         transform.position = new Vector3(-94f, 2.0f, 1.76f);//移动小球位置
13         index = 0;                                           //目标节点序号
14         target_node = nodes[index];                          //目标节点
15       }else if(UIdata.targetScene==2){
16         camera.transform.position = new Vector3(1130f, 5.17f, 1.76f);
                                                                //移动摄像机位置
17         transform.position = new Vector3(1130f, 5.17f, 1.76f);    //移动小球位置
18         index = 5;                                           //目标节点序号
19         target_node = nodes[index];                          //目标节点
20       }}
21     void Update() {
22       if (!UIdata.isDead) {
23         RotateTo();                                          //转向下一个节点
24         MoveTo();                                            //朝向下一个节点移动
25       }
26       if(!isShow&&index==4) {              //没有显示过，并且当进入第二关时激活关卡面板
27         isShow = true;                                       //标志位置 true
28         guankaPanel.SetActive(true);                         //激活关卡 2 面板
29       }}
30     public void RotateTo() {                                 //旋转方法
31       this.transform.LookAt(target_node.transform);          //摄像机看向下一目标节点
32     }
33     public void MoveTo() {                                   //移动方法
34       Vector3 pos1 = this.transform.position;                //当前目标节点位置
35       Vector3 pos2 = target_node.transform.position;         //小球自身位置
36       float distance = Vector3.Distance(pos1, pos2);         //计算两者距离
37       if (distance < 1.0f) {                                 //距离小于一定阈值
38         index++;                                             //序号加 1
39         if (index < nodes.Length) {                          //序号不超过数组长度
40           if (nodes[index] != null) {                        //节点不为空
41             target_node = nodes[index];                      //更新目标结点
42       }}}
43       if (index >= nodes.Length){                            //到达关卡尽头
44         camera.GetComponent<AudioExchange>().victory();      //切换胜利音效
45         camera.GetComponent<GameOver>().gameWin();           //游戏胜利（弹出选项面板）
46         this.enabled = false;                                //禁用当前脚本
47         return;
48       }
49       this.transform.Translate(new Vector3(0, 0, m_speed[index] * Time.deltaTime
         ));                                                    //向目标节点移动
50     }}
```

❑　第 2-8 行定义了该脚本中所用的成员变量，包含当前目标节点序号、存放移动速度数组、存放节点数组、摄像机引用与目标节点等。

❑　第 9-20 行为 Start 方法，该方法在游戏开始时根据 UIdata 脚本中的 targetScene 标志量移动摄像机位置，由于摄像机跟随小球进行移动，还需要修改小球的位置与目标节点，当 targetScene 为 1 时，将摄像机移动到关卡 1 开始的位置；如果为 2 则移动到关卡 2 开始的位置。

❑　第 21-29 行为 Update 方法，该方法实时判断当前游戏是否正在进行，若正在进行则根据目标节点移动摄像机，同时当小球从关卡 1 过渡到关卡 2 时，激活关卡 2 提示面板。

❑ 第 30-32 行为旋转方法，保持摄像机始终朝向目标节点。

❑ 第 33-50 行为移动方法，控制小球的移动，实时计算当前小球距离目标节点的距离，当小于一定阀值时变换目标节点，判断当到达关卡尽头时弹出胜利画面并播放胜利音效，同时禁用该脚本。

（2）上面介绍了小球的 FollowNode 脚本，接下来介绍小球的碰撞控制脚本 CollisionEffect。该脚本的主要功能是实现小球在发生碰撞时的逻辑检测，根据碰撞物体的不同完成不同的行为逻辑，例如不同音效的播放、脚本的开关、分数的更新等，具体代码如下。

代码位置：见随书源代码/第 10 章目录下的 Assets/Scripts/GameScene/CollisionEffect.cs。

```
1    using UnityEngine;
2    using System.Collections;
3    using UnityEngine.UI;
4    public class CollisionEffect : MonoBehaviour {
5      public AudioSource audio_hitcube;                          //打击在 Cube 上的音效
6      public AudioSource audio_hitzhui;                          //打击在棱锥上的音效
7      public AudioSource audio_hitglass;                         //打击在玻璃板上的音效
8      public AudioSource audio_hitswitch;                        //打击在开关按钮上的音效
9      public GameObject threePre;                                //分数 3 的预制体
10     public GameObject help;                                    //获取 help
11     public GameObject plusPanel;                               //获取 plusPanel
12     private bool isHitZhui = false;                            //是否打击了棱锥上的标志位
13     private bool isHitGlass = false;                           //是否打击了玻璃上的标志位
14     private bool isHitSwitch = false;                          //是否打击了开关上的标志位
15     private bool isHitSwitch2 = false;                         //是否打击了开关上的标志位
16     private bool isHitSwitch3 = false;                         //是否打击了开关上的标志位
17     void OnCollisionEnter(Collision collisionInfo) {
18       string name = collisionInfo.gameObject.name;            //得到碰撞物体的名字
19       if (name.Equals ("Cube")) {                             //如果打击在 Cube 上
20         audio_hitcube.Play ();                                //播放打击 Cube 的音效
21       } else if (name.Substring (0, 4).Equals ("zhui") && !isHitZhui) {
                                                                 //如果打击在棱锥上
22         audio_hitzhui.Play();                                 //播放打击棱锥的音效
23         collisionInfo.transform.gameObject.GetComponent<ZhuiDie>().enabled = true;
24         //改变棱锥颜色
25         collisionInfo.transform.gameObject.GetComponent<Renderer> ().GetComponent
26           <MeshRenderer> ().material.SetColor ("_Color", new Color (1.0f,
                 1.0f, 1.0f, 0.8f));
27         Vector3 position = collisionInfo.transform.position;  //得到被撞棱锥的位置
28         if (name.Length < 5) {                                //如果打击在非克隆棱锥上
29           //克隆分数 3
30           Rigidbody threeRi = ((GameObject)(Instantiate (threePre, new Vector3
                 (position.x, position.y + 2.5f, position.z), threePre.transform.
                 rotation))).GetComponent<Rigidbody> ();
31           threeRi.GetComponent<MeshRenderer> ().enabled = true;
                                                                 //设置 MeshRenderer 属性为 true
32           if(UIdata.isGamePlaying) {
33             UIdata.sco += 3;                                  //更新分数
34             plusPanel.SetActive(true);                        //提示加 3
35           }
36           if (!UIdata.isHitedZhui && UIdata.targetScene==1) {
                                                                 //如果没有打碎过棱锥并且位于第一关
37             help.SetActive (true);                            //提示信息
38             UIdata.isHitedZhui = true;                        //是否打碎过棱锥，置为 true
39           }}
40         isHitZhui = true;                                     //是否打击了棱锥上的标志位,设置为 true
41       } else if (name.Substring (0, 4).Equals ("Glas") && !isHitGlass) {
                                                                 //如果打击在玻璃上
42         audio_hitglass.Play ();                               //播放打击玻璃的音效
43         isHitGlass = true;                                    //是否打击了玻璃上的标志位,设置为 true
44       } else if (name.Equals ("Switch") && !isHitSwitch) {    //如果打击在第一种开关上
45         audio_hitswitch.Play ();                              //播放打击开关的音效
46         collisionInfo.transform.gameObject.GetComponent<DoorSwitch>().enabled =
             true;                                               //开关被触发
47         collisionInfo.transform.FindChild("Cube").gameObject.SetActive(false);
                                                                 //隐藏 Cube 提示
```

```
48          isHitSwitch = true;                        //是否打击了开关上的标志位,设置为true
49      } else if (name.Equals ("Switch2") && !isHitSwitch2) {
                                                       //如果打击在第二种开关上
50          audio_hitswitch.Play ();                   //播放打击开关的音效
51          collisionInfo.transform.gameObject.GetComponent<DoorSwitch2>().enabled
            = true;                                    //开关被触发
52          isHitSwitch2 = true;                       //是否打击了开关上的标志位,设置为true
53      }else if(name.Equals("Switch3")&&!isHitSwitch3){
54          audio_hitswitch.Play();                    //播放打击开关的音效
55          collisionInfo.transform.gameObject.GetComponent<DoorSwitch2>().enabled
            = true;   //开关被触发
56          isHitSwitch3 = true;
57      }}}
```

❑ 第 5-16 行的主要功能是定义了该脚本中所用的成员变量,包含脚本需要的音效、分数 3 的预制体、获取 help 索引、获取 plusPanel 索引等,通过这些变量,脚本可以实现小球碰撞时的行为逻辑的操控。

❑ 第 17-18 行为获取碰撞物体的名称,依靠名称来判断执行的事件。

❑ 第 19-20 行为判断如果打击在 Cube 上则播放打击方块的音效。

❑ 第 21-41 行为判断如果打击在晶体上则首先播放对应音效,打开晶体的 ZhuiDie 脚本,使晶体一段时间后被销毁,之后改变被打击晶体的颜色,如果打击在非克隆晶体上,则出现 three 提示并且更新分数,使分数加 3,如果没有打碎过棱锥并且此时位于第一关,则显示提示信息。

10.6.4 插件的使用

前一小节完成了游戏功能场景的搭建,在本小节将要介绍游戏里面几款插件的使用,其主要功能是实现游戏中晶体的破碎、玻璃的破碎效果,具体步骤如下。

(1)首先介绍的是用于晶体上的第三方切割工具库 Shatter Toolkit,在资源列表里单击鼠标右键,从弹出来的菜单中选择"Create Empty",创建一个空物体并重命名为"shuijinggroup1",之后把晶体的预制体"zhui"直接拖到新建的空物体上,重复此步骤至晶体数量适中,如图 10-48 所示。

(2)之后调整晶体的位置,为每一个晶体挂载"Mesh Collider""Rigidbody"组件,并勾选"Mesh Collider"组件中的"Convex"属性,使得晶体可以与其他刚体进行碰撞,如图 10-49 所示。

▲图 10-48　创建多个晶体

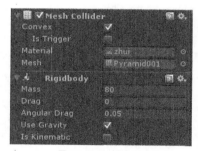

▲图 10-49　创建多个晶体

(3)接下来将 Shatter Toolkit 插件资源包导入到项目中。具体步骤为,在菜单栏中依次单击"Assets→Import Package→Custom Package…",如图 10-50 所示。选择下载好的资源包"shatter_toolkit.unitypackage",单击打开按钮后,单击 Import 按钮导入资源包,如图 10-51 所示。

(4)之后为每个晶体添加插件里面的脚本,首先添加 ShatterTool 脚本,按步骤选中晶体,单击属性面板最下面的"Add Component",如图 10-52 所示。找到脚本并依次添加 Shatter Tool.cs、Shatter On Collision.cs、World Uv Mapper.cs 这 3 个脚本,如图 10-53 所示。

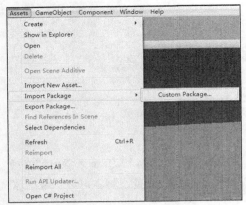

▲图 10-50　导入资源包步骤

▲图 10-51　导入资源包界面

▲图 10-52　添加 shattertool 脚本

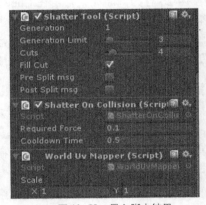

▲图 10-53　导入脚本结果

（5）接下来介绍另一个插件"FracturingDestruction"的简单使用，首先创建一个 Cube，将其大小调整至适合作为场景中玻璃的大小，并为其添加玻璃材质"glass"，之后在资源列表中依次单击"Create→Create Other→…→Fractured Object"，如图 10-54 所示。之后将新建的 Cube 拖到"SourceObject"里，如图 10-55 所示。

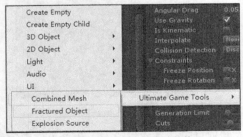

▲图 10-54　创建切割的载体

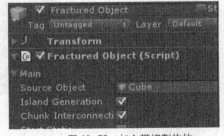

▲图 10-55　加入带切割物体

> 💡说明　注意在已经导入 ShatterToolkit 的项目中，如果再导入 FracturingDestruction 插件，程序有可能报错，这是因为 Tools 脚本名称的冲突，只需要在 Project 面板找到 Tools 脚本，将该脚本以及引用了该脚本的其他脚本代码更改其名称就可以了。

（6）将待切割物体加入后，在 Project 面板依次单击"Create"→"Material"创建一个透明材质并命名为 inside 作为被切割后物体切面的材质，如图 10-56 所示。之后将 FracturedObject 脚本下的参数调至如图 10-57 所示。

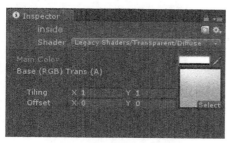

▲图 10-56 创建透明材质

▲图 10-57 修改切割参数

（7）切割的参数都调节好之后就可以进行切割了，依次单击"Compute Chunks→yes"，物体就会按照设置的参数进行预先切割，如图 10-58 所示。

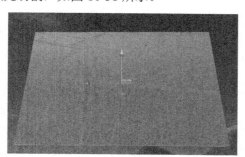

▲图 10-58 玻璃被切割后

（8）上面介绍了如何将物体切割的步骤，但是破碎效果不理想，这时要用到 ChipOffFracture System 插件，在用插件之前我们先将上面的 FracturedObject 属性调节至适合此插件，重要的是要更改其名字为 fractures，具体参数如图 10-59 所示。之后将每个碎片的参数调节至如图 10-60 所示。

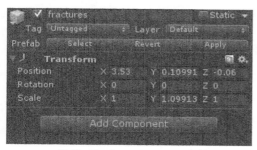

▲图 10-59 FracturedObject 属性

▲图 10-60 玻璃碎片属性

（9）创建一个空物体，并将其命名为 Glass1，打开其属性面板，单击最下面的"Add Component"为其添加一个名为 chipOffController 的脚本，如图 10-61 所示。随后就是 chipOffController 脚本参数的设置，将参数设置如图 10-62 所示。

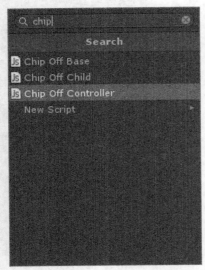

▲图 10-61　添加 chipOffController 脚本

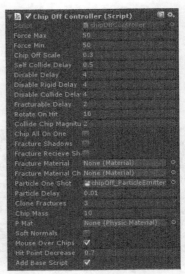

▲图 10-62　调整 chipOffController 参数

> **说明**　对于 ChipOffFractureSystem 插件，笔者在项目中对其进行了一些简单的修改，比如升级了某些代码使脚本可以适应当前 Unity 的版本，删除了某些对本项目无用的脚本及代码，有兴趣的读者可以自行对照书中的源代码进行学习。

10.6.5　场景机关的开发

前一小节介绍了游戏中实现了破碎效果的插件，在本小节中将对游戏场景中的某些机关进行讲解，正是这些机关才丰富了游戏的可玩性，增添了游戏的乐趣，具体步骤如下。

（1）在上一小节中已经介绍了可以破碎的玻璃的制作步骤，但是玻璃只是静止在关卡里的，我们可以给玻璃挂上 GlassRotate 脚本，主要实现了当摄像机与玻璃的距离小于一定阈值时，玻璃从地面旋转至垂直角度来阻挡玩家行进，具体代码如下。

代码位置：见随书源代码/第 10 章目录下的 Assets/Scripts/GameScene/GlassRotate.cs。

```
1    using UnityEngine;
2    using System.Collections;
3    public class GlassRotate : MonoBehaviour {
4      public float rotateAim_z;                              //目标的旋转度（z 轴）
5      public float distanseToCam;                            //目标距摄像机的距离
6      public Transform Camera;                               //摄像机的位置
7      float distance;                                        //当前距离摄像机的距离
8      Quaternion q;                                          //用于计算的四元数
9      void Start () {
10       q = Quaternion.Euler (0, 0, rotateAim_z);            //初始化四元数
11     }
12     void Update () {
13       //计算物体和摄像机之间的距离
14       distance = Vector3.Distance (Camera.position, transform.position);
15       //如果满足条件
16       if (distance < distanseToCam && transform.position.x > Camera.position.x) {
17       //平缓旋转至目标状态
18         transform.rotation = Quaternion.RotateTowards (transform.rotation, q, 2.0f);
19    }}}
```

❏ 第 4-8 行定义了该脚本中所用的成员变量，包含目标的旋转度（z 轴）、目标距摄像机的距离、摄像机的位置、当前距离摄像机的距离等，这些变量一起完成机关的开启条件控制。

❏ 第 9-11 行为初始化用于计算旋转角度的四元数。

❏ 第 13-14 行为计算物体和摄像机之间的距离。根据 Vector3.Distance 函数，能够实时返回 Camera.position 和 transform.position 两点之间的直线距离。

❏ 第 15-16 行为判断当前物体与摄像机的距离是否小于设定的目标距摄像机的距离，并且物体的 x 坐标大于摄像机的 x 坐标，表示物体一直在摄像机的前面（定义游戏的关底方向为前方）。

❏ 第 17-18 行为平缓旋转物体至目标状态，Quaternion.RotateTowards 方法实现了物体从 transform.rotation 初始状态以 2.0f 的速度平缓旋转至 q 的状态。

（2）上面介绍了旋转玻璃的制作，接下来介绍一下往复平移的玻璃，在 Glass 下面新建一个空物体，并命名为 PointB，PointB 将作为玻璃运行的折点，再为玻璃 fractures 添加 ZYMoving 脚本，实现物体往复的左右移动，具体代码如下。

代码位置：见随书源代码/第 10 章目录下的 Assets/Scripts/GameScene/ZYMoving.cs。

```
1    using UnityEngine;
2    using System.Collections;
3    public class ZYMoving : MonoBehaviour {
4      private float _pointA;                          //物体当前坐标 z 值
5      public Transform PointB;                        //目标点坐标
6      private int _direction = 1;                     //方向
7      IEnumerator Start () {
8        _pointA = transform.position.z;               //初始化物体坐标（z 值）
9        while (true) {                                //无限循环执行
10         if (transform.position.z < _pointA) {       //如果物体坐标 z 值小于初始坐标 z 值
11           _direction = 1;                           //方向为正
12         }
13         if (transform.position.z > PointB.position.z) {
                                                        //如果物体坐标 z 值大于目标点 z 值
14           _direction = -1;                          //方向为负
15         }
16         transform.Translate(0,0,_direction * 5 * Time.deltaTime);   //平移
17         yield return 0;
18    }}}
```

❏ 第 4-6 行定义了该脚本中所用的成员变量，包含物体当前坐标 z 值、目标点坐标、方向等，这些变量一起控制机关的运行逻辑。

❏ 第 8 行为初始化物体坐标的 z 值，将物体初始的 z 坐标存在 _pointA 变量中。

❏ 第 9-15 行为无限循环以下操作，如果物体坐标 z 值小于初始坐标 z 值，物体方向为正；如果物体坐标 z 值大于目标点 z 值，物体方向为负。

❏ 第 16 行为调用 Translate 函数，实现物体在 z 轴上平缓移动。

（3）场景中除了玻璃还有机关门的设置，第一种是自动打开的门，制作方法是在门板物体上添加 Open 脚本，实时判断门与主摄像机之间的距离，当摄像机与门的距离满足打开门的条件时，门会自动打开，使游戏玩家通过，具体代码如下。

代码位置：见随书源代码/第 10 章目录下的 Assets/Scripts/GameScene/Open.cs。

```
1    using UnityEngine;
2    using System.Collections;
3    public class Open : MonoBehaviour {
4      public string Bit;                              //标志
5      public Transform Camera;                        //摄像机的 Transform 引用
6      private Vector3 CameraPosition;                 //记录摄像机位置的变量
7      private Vector3 DoorPosition;                   //门的位置
8      private bool isBool = false;                    //标志位
9      void Start () {
10       DoorPosition = transform.position;            //初始化门本身的坐标
11     }
12     void Update () {
```

```
13        CameraPosition = Camera.position;                        //初始化摄像机的坐标
14        float distance = Vector3.Distance (CameraPosition, DoorPosition);
                                                                   //计算门和摄像机之间的距离
15        if (distance < 20 && transform.position.x > CameraPosition.x) {
                                                                   //如果距离符合开门要求
16          if (Bit.Equals ("L")) {                                //如果标志字符为 'L'
17            transform.Translate (Vector3.forward * Time.deltaTime * 3);
                                                                   //物体向左移动
18          } else if (Bit.Equals ("R")) {
19            transform.Translate (Vector3.forward * Time.deltaTime * -3);
20          } else if (Bit.Equals ("LU")) {
21            transform.Translate (0, 3 * Time.deltaTime, 3 * Time.deltaTime);
22          } else if (Bit.Equals ("RU")) {
23            transform.Translate (0, 3 * Time.deltaTime, -3 * Time.deltaTime);
24          } else if (Bit.Equals ("LD")) {
25            transform.Translate (0, -3 * Time.deltaTime, 3 * Time.deltaTime);
26          } else if (Bit.Equals ("RD")) {
27            transform.Translate (0, -3 * Time.deltaTime, -3 * Time.deltaTime);
28        }}}}
```

❏　第 4-8 行定义了该脚本中所用的成员变量，包含标志、摄像机的位置、门的位置等，这些变量一起控制机关的运行逻辑，门按照本身的标志来判断移动方向。

❏　第 9-11 行为将门初始坐标存在 DoorPosition 变量中。

❏　第 12-14 行为初始化摄像机坐标，并且实时计算门和计算机之间的直线距离。

❏　第 15-28 行为如果满足了开门距离，则根据每个物体中的 Bit，来判断物体移动的方向，这个移动方向很依赖物体自身的坐标轴状态，例如 Bit 为 "L" 时证明此门板是左侧的门板，打开时应平缓向左移动，其他原理相同。

（4）上面介绍了可以根据距摄像机的距离自动打开的门，下面介绍由开关控制的门。为场景中的开关添加 DoorSwitch 脚本，实现只有当小球击打到开关时，由该开关控制的门才会打开，其中 DoorSwitch 脚本的开关是由小球上的 CollisionEffect 脚本控制的，具体代码如下。

代码位置：见随书源代码/第 10 章目录下的 Assets/Scripts/GameScene/DoorSwitch.cs。

```
1     using UnityEngine;
2     using System.Collections;
3     public class DoorSwitch : MonoBehaviour {
4       void Start () {
5         openDoor ();                                            //开门
6       }
7       private void openDoor () {
8         //打开门的 OpenNow 脚本
9         transform.parent.FindChild ("men").FindChild ("CubeL").GetComponent
          <OpenNow> ().enabled = true;
10        //打开门的 OpenNow 脚本
11        transform.parent.FindChild ("men").FindChild ("CubeR").GetComponent
          <OpenNow> ().enabled = true;
12        transform.GetComponent<Renderer> ().GetComponent<MeshRenderer> ().material.
          SetColor
13          ("_Color", new Color (0.28f, 0.28f, 0.28f, 0.8f));    //改变晶体颜色
14      }}
```

❏　第 4-6 行主要是在 Start 函数中直接调用 openDoor 方法，表示脚本启用时就开门。

❏　第 8-11 行主要的功能是激活两个门板的 OpenNow 脚本，整个脚本的逻辑就是当脚本激活时，直接启动 openDoor 方法，再由 openDoor 方法来启动门的开门脚本，实现开关控制功能。

❏　第 12-13 行的功能是改变了开关按钮的主颜色，使其被击中后有明显的变化。

✏️ 说明　　　OpenNow 脚本实际和 Open 脚本极其相似，只是少了门与摄像机距离的计算与判断，其他代码大致相同，读者可以自行阅读书中的源代码。

10.6.6　提示面板的开发

提示面板是构成本游戏至关重要的一部分，通过这些提示使得玩家清楚游戏的玩法与进程，下面将介绍部分具有代表性提示面板的制作，具体步骤如下。

（1）首先进行提示面板 Cylinder 的制作，当小球打击到晶体时，晶体的位置出现圆形的提示面板提示分数加 3，新建一个叫做 IndicatorBoxColor 的脚本，该脚本控制 Cylinder 的透明度状态，实现面板从无到有再到无的变化，具体代码如下。

代码位置：见随书源代码/第 10 章目录下的 Assets/Scripts/GameScene/IndicatorBoxColor.cs。

```
1    using UnityEngine;
2    using System.Collections;
3    public class IndicatorBoxColor : MonoBehaviour {
4      public Material material;                              //物体材质
5      public float curAlpha = 0.5f;                          //当前透明度
6      float minAlpha = 0.5f;                                 //最小透明度
7      float maxAlpha = 1.0f;                                 //最大透明度
8      float varifySpeed = 0.4f;                              //验证速度
9      void Awake () {
10       material = gameObject.GetComponent<Renderer>().material; //初始化材质
11       if (material == null) print("托盘位置提示颜色控制脚本无法进行，找不到托盘指示的
         Material");
12     }
13     void Update () {
14       if (material == null) return;                        //如果材质为空直接返回
15       curAlpha += Time.deltaTime * varifySpeed;            //透明度逐渐增加
16       if (curAlpha > maxAlpha)  varifySpeed *= -1;//如果透明度大于最大透明度，速度置反
17       curAlpha = Mathf.Clamp(curAlpha, 0.0f, maxAlpha);    //逐渐改变当前透明度
18       Color c = material.color;                            //将材质颜色复制给 c
19       c.a = curAlpha;                                      //更改 c 的透明度
20       material.color= c;                                   //更改物体材质的颜色
21   }}
```

❏　第 4-8 行的主要功能是定义了脚本中所用的成员变量，包含物体材质、当前透明度、最小透明度、最大透明度等，用来控制透明度的改变范围及速度。

❏　第 10 行为初始化物体的材质。

❏　第 11 行为判断如果材质为空，则打印相关提示信息。

❏　第 13-21 行的主要功能是实现物体材质的透明度逐渐增加，当大于制定的最大透明度时，物体材质的透明图再逐渐减小到 0，其中改变的速度由变量 varifySpeed 来控制。

（2）接下来介绍游戏中记分板的制作，记分板的主要功能是记录当前小球的数量，把小球的数量以图片的形式反映给玩家。首先新建一个空物体并命名为"ScorePanel"，在其子项里新建两个 UI 面板"N1""N2"分别代表分数的十位与个位，之后为 ScorePanel 添加 ScoreCheck 脚本，具体代码如下。

代码位置：见随书源代码/第 10 章目录下的 Assets/Scripts/GameScene/ScoreCheck.cs。

```
1    using UnityEngine;
2    using System.Collections;
3    using UnityEngine.UI;
4    public class ScoreCheck : MonoBehaviour {
5      public GameObject N1;                                 //数字精灵 1
6      public GameObject N2;                                 //数字精灵 2
7      public GameObject countDownPanel;                     //倒计数面板
8      private float[] NumX = {0.0f, 0.21f, 0.5f, 0.75f, 0.0f, 0.24f, 0.49f, 0.74f,
       0.0f, 0.25f};                                         //数字数组
9      private float[] NumY = {0.78f, 0.78f, 0.78f, 0.78f, 0.53f, 0.53f, 0.53f,
       0.53f, 0.28f, 0.28f};                                 //数字数组
10     private int temp = -1;                                //记录小球之前分数
11     void Update() {
12       if (UIdata.sco >= 0) {                               //如果分数大于等于 0
13         showScore(UIdata.sco);                             //绘制计分板
14         if(UIdata.sco<=5 && UIdata.sco!=temp)  {
```

```
15              showCountDown(UIdata.sco);                      //显示倒计数面板
16              temp = UIdata.sco;                              //记录当前分数
17          }}
18          //如果动画播放完成 1 遍
19          if (countDownPanel.GetComponent<Animator>().GetCurrentAnimatorStateInfo
            (0).normalizedTime>1) {
20              countDownPanel.SetActive(false);                //消失
21              countDownPanel.transform.position = new Vector3(0f, 0f, 8.91f);
                                                                //改变位置
22          }}
23      void showScore(int num) {                               //绘制成绩方法
24          int n1;                                             //十位数字
25          int n2;                                             //个位数字
26          if (num >= 100) {                                   //大于一百，默认成绩为 99
27              n1 = 9;
28              n2 = 9;
29          } else {
30              n1 = num / 10;                                  //整除 10，获取十位数数字
31              n2 = num % 10;                                  //对 10 取余，获取个位数字
32          }
33          if (n1 == 0) {                                      //如果十位是零
34              N1.SetActive(false);                            //不显示十位
35          } else {
36              N1.SetActive(true);                             //显示十位
37              //设置 N1
38              N1.GetComponent<Renderer> ().material.mainTextureOffset = new Vector2
                (NumX [n1], NumY[n1]);
39          }
40          if (n1 == 0 && n2 == 0) {                           //十位和个位都是零，都不绘制
41              //设置 N2
42              N2.GetComponent<Renderer> ().material.mainTextureOffset = new Vector2
                (NumX [n2], NumY[n2]);
43          } else {
44              N2.SetActive(true);                             //显示 N2
45              //设置 N2
46              N2.GetComponent<Renderer> ().material.mainTextureOffset = new Vector2
                (NumX  [n2], NumY[n2]);
47          }}
48      void showCountDown(int num)  {
49          countDownPanel.SetActive(true);                     //显示计数面板
50          //设置 countDownPanel
51          countDownPanel.GetComponent<Renderer>().material.mainTextureOffset = new
            Vector2(NumX[num]
52              , NumY[num]);
53          countDownPanel.GetComponent<Animator>().Play("CountDown");     //播放动画
54      }}
```

❑　第 5-10 行的主要功能是定义了脚本中所用的成员变量，包含数字精灵 1、数字精灵 2、倒计数面板、数字数组等，用来控制记分板数字的显示与改变。

❑　第 11-13 行为判断如果当前分数大于等于 0 则绘制记分板。

❑　第 14-17 行为判断如果小球数小于 5 则进行倒计数。

❑　第 18-22 行为判断如果动画播放完成一遍，则倒计数面板消失并移动其位置。

❑　第 23-32 行为显示分数的方法，其主要功能是通过当前的分数分别求出其十位和个位，并存在 n1 和 n2 两个变量里，如果分数大于 100，则默认显示为 99。

❑　第 33-35 行为判断如果十位是 0，则不显示十位。

❑　第 36-39 行为判断如果十位不是 0，则显示十位并通过贴图的 uv 数字数组来进行设置显示内容。

❑　第 40-43 行为判断如果十位与个位都是 0，则设置个位显示为 0。

❑　第 44-47 行为如果十位与个位不都是 0，则显示个位并通过贴图的 uv 数字数组来进行设置显示内容。

❑　第 48-54 行为设置倒计数面板显示的方法，并通过贴图的 uv 数字数组来进行设置显示内

容，之后播放绑在其上面的动画。

说明　　　关卡场景还有一些菜单面板的制作，其制作方法和前面菜单场景的菜单制作方法类似，在此不再赘述，有兴趣的读者可以自行参照源代码进行学习。

10.7 游戏的优化与改进

至此，本案例的开发已经介绍完毕。本游戏基于 Unity 3D 平台开发，虽然笔者在开发过程中已经注意到游戏性能方面的表现，也很注意降低游戏的内存消耗量，但实际上还是有一定的优化空间。

❑ 游戏界面的改进。

在 VR 游戏中，场景的搭建是十分重要的，本游戏的场景搭建使用的图片已经相当华丽，有兴趣的读者可以更换图片以达到更换的效果。另外，由于在 Unity 中有很多内建的着色器，可以用效果更佳的着色器，有兴趣的读者可以更改各个纹理材质的着色器，以改变渲染风格，进而得到很好的效果。

❑ 优化游戏模型。

本游戏所用的地图中的各部分模型均由开发者使用 3DMax 进行制作。由于是开发者自己制作，模型可能存在几点缺陷：模型贴图没有合成一张图，模型没有进行合理分组，模型中面的共用顶点没有进行融合等。

❑ 游戏性能的进一步优化。

虽然在游戏的开发中，已经对游戏的性能优化做了一部分工作，但是，本游戏的开发中存在的某些未知错误在所难免，在性能比较优异的移动手持数字终端上，可以更加优异地运行，但是在一些低端机器上的表现则未必能够达到预期的效果，还需要进一步优化。

❑ 游戏插件的优化

在本游戏中，为了实现玻璃的破碎效果，导入了第三方的插件，根据小球击打晶体的位置进行实时计算，该过程计算量较大，对设备的要求较高，对于一些低端设备来说，要做到流畅运行还需要对该插件中的计算进行优化。

第11章　科普类 AR&VR 应用——星空探索

本章将介绍的是科普类 AR&VR 应用——星空探索的开发，这款软件的开发目的着眼于帮助用户更加直观地认知和了解太阳系天体以及星空、星座等，结合当下非常流行的虚拟现实和增强现实技术实现太阳系漫游，接下来将对星空探索进行详细介绍。

11.1　项目背景以及功能概述

本节将简要介绍星空探索的开发背景，并对星空探索的基本功能按照软件 UI 界面的使用顺序进行详细介绍。通过本节的学习使读者先对应用的背景和功能的总体结构有一个简单的了解，熟悉应用各个部分的 UI 结构和作用，方便读者对后续知识的学习。

11.1.1　项目开发背景概述

随着智能手机的普及，各种各样的应用层出不穷，在很大程度上影响着我们的生活方式，在生活和学习中，越来越多的人使用各种各样的应用软件，例如，有道词典、大众点评、百度地图等。星空探索就是一款帮助人们认识和了解太阳系天体以及星空、星座的科普应用类软件。

目前应用市场中关于天文认知类型的应用软件并不是很多，但是也有两款口碑很好的应用软件：Google Sky Map（又称"谷歌星空地图"，运行于移动平台）和 Stellarium（又称"虚拟天文馆"，运行于 Windows 平台）如图 11-1 和图 11-2 所示，这两款软件的制作精良，数据非常精准，星空探索软件中一部分天体数据和设计灵感都源于此。

▲图 11-1　Google Sky Map　　　　　　　▲图 11-2　Stellarium

但是随着 IT 技术的发展，智能手机的潜能不断地被开发，笔者以这两款软件为基础，结合时下非常流行的虚拟现实和增强现实技术，在将天体、星座等装入手机的前提下，又将其结合穿戴设备，立体地呈现在三维场景中，视觉效果非常好。

11.1.2　软件功能简介

这一小节将介绍星空探索 UI 界面的结构和基本功能，总体上来看 UI 界面大致分为闪屏和主界面：星空部分、太阳系部分、VR/AR 操作说明部分、设置部分。各个部分的功能分布在相应的界面中，下面将按照应用 UI 界面的使用顺序对各部分的功能进行详细介绍，请仔细阅读。

（1）打开本软件后，首先进入星空探索软件的闪屏界面，如图 11-3 所示，闪屏结束自动跳转到主界面。主界面 UI 结构如图 11-4 所示。

（2）在主界面中包括 4 个部分：星空部分、太阳系部分、VR/AR 操作说明部分、设置部分。单击按钮会跳转到相应的界面。

 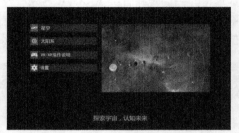

▲图 11-3　闪屏界面　　　　　　　　　　▲图 11-4　主界面

（3）单击"星空"按钮，进入星空观察模式的场景，在该场景中绘制了星空天体、星座连线、深空天体（主要是部分梅西耶天体）以及星座名称等，如图 11-5 和图 11-6 所示，可以通过单击拾取深空天体了解其详细参数信息，也可以进入深空天体列表界面浏览由哈勃望远镜拍摄的珍贵且唯美的部分梅西耶天体图片，如图 11-7 和图 11-8 所示。

▲图 11-5　星空场景图　　　　　　　　　　▲图 11-6　深空天体信息

▲图 11-7　梅西耶天体　　　　　　　　　　▲图 11-8　梅西耶天体

（4）单击"太阳系"按钮可以出现模式选择界面，其中包括：普通模式（上帝视角和漫游，可配合蓝牙摇杆使用）、太阳系增强现实（AR）、太阳系虚拟现实（VR）。可以通过这 3 种模式选择不同的方式观察太阳系，如图 11-9 和图 11-10 所示。

▲图 11-9　太阳系普通模式选择

▲图 11-10　太阳系 VR 模式选择

（5）选择普通模式并单击"开始"按钮即可进入太阳系普通模式场景，在该场景中可以配合蓝牙摇杆实现"上帝视角"和"漫游"模式，如图 11-11 所示，单击拾取场景中的某个天体可以近距离观察并了解其相关信息，如图 11-12 所示。

▲图 11-11　太阳系普通模式场景

▲图 11-12　地球观察图

（6）选择增强现实模式并单击"开始"按钮即可进入太阳系增强现实模式场景，在该场景中可以通过任何角度扫描二维码图片出现三维物体，再加上相关特效以及旋转脚本的配合，物体真实效果非常震撼，如图 11-13 和图 11-14 所示。

▲图 11-13　太阳效果图（AR）

▲图 11-14　地球效果图（AR）

（7）选择虚拟现实模式并单击"开始"按钮即可进入太阳系虚拟现实模式场景，该场景需要配合 VR 穿戴设备（即将手机放入 VR 眼镜中），然后可以向不同方向转动就可以实现太阳系漫游，就如同在真实的宇宙中近距离观察行星运动一样，如图 11-15 和图 11-16 所示。

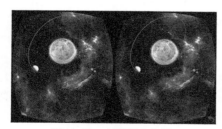

▲图 11-15　太阳系 VR 场景

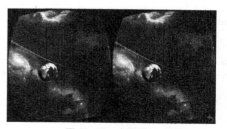

▲图 11-16　太阳系 VR 场景

（8）单击"VR/AR 操作说明"按钮可以出现虚拟现实和增强现实的操作说明部分，帮助用户更好地使用 VR、AR，如图 11-17 所示。

（9）单击"设置"按钮可以出现设置界面，设置包括：Alignment Maker 是否开启、摇杆灵敏度调整、音效是否开启、时间缩放比。设置是否关闭 VR，设置蓝牙摇杆灵敏度，调整场景中摄像机运动速度，设置音效开关，设置时间缩放比，调整太阳系普通模式场景中的时间因子，如图 11-18 所示。

▲图 11-17　VR/AR 操作说明

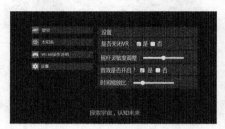

▲图 11-18　设置

11.2　软件的策划及准备工作

上一节介绍了本应用的开发背景和基本功能，本节主要对应用的策划和开发前的一些准备工作进行介绍。一个好的策划是一个好的应用的基石，所以在开发之前对应用进行详细策划至关重要。而在应用开发之前做一个细致的准备工作可以起到事半功倍的效果，所以准备工作也是必不可少的环节。

11.2.1　软件的策划

本节将对本应用的具体策划工作进行简单介绍。在项目的实际开发过程中，要想使自己将要开发的项目更加具体、细致和全面，必须要针对应用的各种方面进行分析和总结，根据得出的结论制定相应的策划。读者在以后的实际开发工程中将有所体会，本应用的策划工作如下所示。

❏　应用类型

本应用是使用 Unity 3D 游戏开发引擎进行开发，以 C#作为开发脚本语言，开发的一款天文认知类的 Android 应用。应用中使用了各种传感器、增强现实、虚拟现实等技术，使应用功能多样化，使用户的使用过程更具趣味性。

❏　运行目标平台

运行平台为 Android 2.3 或者更高的版本。

❏　使用多样性

结合时下比较流行的增强现实和虚拟现实技术，使该应用不单单是三维场景的搭建和展示，而是添加 AR 扫二维码图片成像，配戴 VR 眼镜场景漫游等，观察整个太阳系以及天体，再加上天体特效的使用带来视觉上的极大震撼。

❏　适用人群广泛

这是一款关于天文认知类的应用软件，能否使这款软件帮助用户更好地了解太阳系以及星空等是关键，该软件使用步骤比较简单、观察方式非常直接、认知效果生动形象、适用人群没有太多限制，广大用户都可以通过简单操作使用本款软件。

❏　界面风格

本应用的界面风格采用暗色调为主，配合场景切换和按钮按下时的抖动特效，营造出一种低沉、静谧、深邃的感觉，和宇宙的神秘、浩瀚相契合。

11.2.2   资源的准备工作

开发一个应用之前，资源的准备工作很重要。星空探索软件的模型资源相对较少，星空观察模块用于绘制天体、星座连线、行星以及梅西耶天体的数据文件是很庞大的，笔者事先做过数据精简，在不影响计算精度的前提下数据文件依旧相对较大。

1. 行星及太阳模型

行星及太阳模型主要包括八大行星、相关卫星、太阳的模型及贴图。这些模型和贴图资源对于场景渲染的真实性起到很大作用，其中太阳的模型的制作尤为关键，不但需要绚丽的贴图还需要添加粒子系统来实现"火球"的特效，资源如表 11-1 所示。

表 11-1   模型预制体表

天 体 名 称	预制体名称	贴图名称	卫星个数	卫星贴图名称
太阳	Sun_Particle_01.prefab	Sun_part_01	无	无
水星	shuixing1.prefab	shuixing	无	无
金星	jinxing2.prefab	jinxing	无	无
地球	diqiu3.prefab	diqiu	1	yueqiu
火星	huoxing4.prefab	huoxing	2	huowei
木星	muxing5.prefab	muxing	4	yueqiu
土星	tuxing6.prefab	tuxing	无	无
天王星	tianwangxing7.prefab	tianwangxing	无	无
海王星	haiwangxing8.prefab	haiwangxing	无	无

2. 星空数据

星空模块中天体模型相对较少，满天繁星的位置信息、大量的星座连线及行星、月球等运行位置的计算需要海量数据。这些数据主要从国内外知名天文网站下载、在 Stellarium 软件中采集。

其中需要说明的是：由于计算行星位置信息的数据文件非常庞大，如果把数据全部使用，软件运行起来非常慢而且会出现卡顿、黑屏现象，于是笔者在误差范围之内对这些数据进行删减，计算完成之后的误差可通过第 4 小节中的误差分析公式计算可得。星空数据如表 11-2 所示。

表 11-2   星空数据表

数据文件名称	简 介	数据文件名称	简 介
shuixingN.txt	水星黄经数据	tuxingN.txt	土星黄经数据
shuixingW.txt	水星黄纬数据	tuxingW.txt	土星黄纬数据
jinxingN.txt	金星黄经数据	tianwangxingN.txt	天王星黄经数据
jinxingW.txt	金星黄纬数据	tianwangxingW.txt	天王星黄纬数据
diqiuN.txt	地球黄经数据	haiwangxingN.txt	海王星黄经数据
diqiuW.txt	地球黄纬数据	haiwangxingW.txt	海王星黄纬数据
huoxingN.txt	火星黄经数据	Shuju.txt	星座天体数据
huoxingW.txt	火星黄纬数据	Mstar.txt	深空天体数据
muxingN.txt	木星黄经数据	MContent.txt	深空天体简介数据
muxingW.txt	木星黄纬数据		

11.3　软件的架构

上一节中主要介绍了软件的策划以及软件开发前的一些准备工作,本节将介绍星空探索的架构。首先将对项目中用到的类进行简单介绍,让读者大概了解项目基本组成。然后总体介绍软件的整体架构,并对其作出详细说明。下面将对这一部分内容进行介绍,请仔细阅读。

11.3.1　功能结构介绍

为了更快速全面地了解本应用,首先要介绍的是这款软件的功能结构。本软件分为星空、太阳系(其中包括:普通模式、增强现实模式、虚拟现实模式)、VR/AR 操作说明、设置 4 个模块,各个模块内包括不同功能,具体如图 11-19 所示。

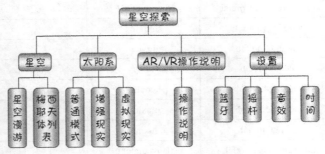

▲图 11-19　星空探索功能结构图

下面将详细介绍本应用的功能结构中所包括的星空、太阳系、AR\VR 操作说明、设置 4 个模块以及其所包含的功能。

❑　星空模块

本模块主要实现星空天体、星座连线、行星及月球、深空天体以及名称绘制等,结合手机传感器(陀螺仪)的开发,用户可以通过转动手机到不同方向来观察天体、星座等;两指滑动屏幕可以实现缩小和放大;单击深空天体屏幕左上角出现该天体详细信息,右上角出现"进入梅西耶列表"按钮;单击按钮可以进入梅西耶天体列表界面。

❑　太阳系模块

本模块共有 3 个功能,分别是太阳系普通模式、增强现实模式、虚拟现实模式。在这 3 种模式中分别以不同的方式实现了太阳系天体的观察认知方式。

❑　普通模式

在该模式中可以选择"上帝视角"和"漫游"两种方式观察太阳系八大行星、相关卫星以及小行星带的运动;结合蓝牙摇杆的开发使用可以实现太阳系漫游,如同驾驶着宇宙飞船遨游在太空中一般;单击屏幕天体运动速度减慢,拾取行星可以进入详细信息介绍界面,近距离观察行星表面。

❑　增强现实模式

增强现实是当下比较流行的一项技术,用户可以扫描制作出的包含特定信息的二维码,这时会出现太阳系中的天体,如太阳、八大行星及其周围的卫星、小行星带等;同时通过代码编写,完成摄像机的自动对焦功能,避免了手机扫描二维码时屏幕模糊造成的识别困难。

❑　虚拟现实模式

在场景中,VR 摄像机可以实现自动漫游功能,通过虚拟现实头盔转向,摄像机可以自动地朝着人眼观测方向移动，近距离接触星空天体，天体特效十分真实，带来的视觉震撼不言而喻。

❏ AR\VR 操作说明模块

本模块主要介绍增强现实模式和虚拟现实模式的使用方法。

❏ 设置模块

本模块主要实现对 VR 是否关闭、摇杆、音效、时间缩放比的自定义设置；设置 VR 是否关闭，设置蓝牙摇杆灵敏度调整场景中摄像机运动速度，设置音效开关，设置时间缩放比调整太阳系普通模式场景中的时间因子。

11.3.2 各个脚本简要介绍

上一小节中已经简要介绍了软件中的各个功能模块，本小节将进一步介绍用于实现各个功能模块的相关脚本。从各个脚本功能的不同，可以将本软件中涉及的脚本分为星空绘制脚本、天体运行脚本两大类，具体情况如图 11-20 所示。

▲图 11-20 应用架构图

为了使读者更好地理解各个脚本的作用，下面将该应用中两个部分所包含的各个脚本进行介绍，而对于各个脚本的详细代码将会在后面的章节中相继给出。

1. 星空绘制脚本

本小节中将简要介绍在星空绘制场景中所用到的脚本的功能，为后面章节深入理解脚本开发过程做铺垫，星空绘制部分是该软件的核心部分，有些脚本的计算公式和计算过程相对复杂而且晦涩难懂，请读者保持耐心。

❏ 天体位置实例化脚本——StarPOS_Vec_Array

此脚本是从数据文件中加载数据的总入口，将数据文件中的数据拆分存储后，根据天体坐标实例化星空天体和 M 星系，天体的大小是不相同的，这就需要在数据加载时拆分出"星等"属性用于在天体实例化时控制天体大小。

❏ 数据转换拆分脚本——LoadDataFromTXT

此脚本用于从数据文件中加载并拆分数据。在.txt 文本文件中存放星座天体的基本信息有：星体黄经黄纬、星体等级、星体名称、星体连线信息、星座名称等，对于这些数据的拆分整理并存储在锯齿数组是有难度的，此脚本是星体绘制的数据基石。

❏ 屏幕名称绘制脚本——StarSign_Star_Name

此脚本用于在摄像机坐标系中绘制星座名称、重要星体名称、M 星云名称。名称的绘制主要是将三维空间坐标系转换到摄像机坐标系中，然后根据摄像机坐标系坐标在手机屏幕上绘制相应名称。其中在星座名称绘制时相对复杂一些，还需要计算组成各个星座的每一个星体的三维坐标的平均值。

❏ 星座画线脚本——LineTool

该脚本使用预制体——线段（即圆柱体）按实例画好的预制体——点（即球）连接起来，连接数据信息存放在 LoadDataFromTXT 脚本中的 Star_Path 锯齿数组中,特别需要注意的是,"在每个星座画完之后需要将该星座的所有点(即球)引用在列表中删除(即 StarPOS_Vec_Array 脚本中的 ArrayList_Star 列表)"。该脚本的难点在于"画点画线策略",在 Unity 3D 中画点画线相对有些复杂,可以使用圆柱代替线、球体代替点,再根据点坐标数据连接起来。

❑ 行星实例化脚本——PanetsUpdatePos

此脚本是根据已经计算得出的行星经度和行星纬度来实例化行星。

❑ 月球经纬度计算脚本——YueQiu_NW

此脚本用于计算月球黄经黄纬来实例化月球。月球的位置计算是非常复杂的,它需要根据 VSOP 理论为基础实时计算月球所处的位置,该脚本就是使用 C#代码来实现 VSOP 理论中月球位置计算公式,其中的计算方法相对复杂。

❑ 行星纬度计算脚本——Planets_W

此脚本是用来计算各个行星黄纬的脚本。

❑ 行星经度计算脚本——Planets_N

此脚本是用来计算各个行星黄经的脚本。

❑ 拾取 M 星系脚本——M_Ray

此脚本用于拾取场景中的 M 星系,单击 M 星系屏幕左上角出现该天体详细信息,右上角出现"进入梅西耶列表"按钮,单击按钮可以进入梅西耶天体列表界面。

❑ 触控脚本——TouchScale

此脚本可以实现两指滑动屏幕使场景缩小和放大,实际上是改变场景中摄像机 field of view 属性值,使摄像机视野在一定范围内变大或者变小。

❑ 陀螺仪脚本——MobileGyro

此脚本用于开发手机传感器——陀螺仪。该传感器可以实现手机动态旋转一定角度,场景中的摄像机则会跟着旋转一定角度,进而可以在任意方向观察场景中的物体。该脚本的开发需要开启手机陀螺仪传感器,设置旋转用的四元数来实现旋转。

2. 天体运行脚本

本小节中将要简要介绍太阳系场景开发中所用到的天体运行脚本。太阳系模块的开发又分为 3 种模式:普通模式、虚拟现实模式、增强现实模式,在这些模式中,天体(主要指八大行星、小行星带等)运行脚本的开发对于场景渲染效果起到非常重要的作用。

❑ 蓝牙摇杆控制脚本——YaoGanControl

此脚本用于开发使用蓝牙摇杆控制实现场景漫游功能。在 Unity 3D 游戏开发引擎中可以使用内置的输入接口获取外部设备(即"外设")传入的数据,打开手机蓝牙与摇杆配对成功后,打开场景并推动摇杆前后移动即可实现对场景中摄像机的操控。

❑ 天体公转脚本——XuanZhuan

此脚本用于实现行星公转。

❑ 天体自转脚本——ZiZhuan

此脚本用于实现行星自转。

❑ 卫星公转脚本——Statellite

此脚本用于实现行星公转。

❑ 触控脚本——TouchRAndS

此脚本可以通过手指触控实现天体旋转,方便从不同角度观察。在行星信息介绍界面和太阳系增强现实场景中都用到了该脚本,通过手机滑动手机屏幕,天体就会向滑动方向旋转一定角度,非常方便地在任意角度观察天体表面。

❑ 倾斜轨道脚本——InclinRail

此脚本用于实现在八大行星中特定行星轨道倾斜（行星轨道有一定倾角）。

❑ 行星信息脚本——SinglePlent

此脚本中存放有八大行星信息介绍，在太阳系场景中拾取到某个行星后会跳转到行星信息介绍界面。在该界面中可以通过此脚本完成信息匹配并展示到信息界面上。

11.4 天文学基础以及相关计算公式

上一节主要介绍了软件的架构以及各个模块的功能，接下来将要介绍关于天文学的相关基础知识。作为一款天文科普类软件，没有天文学理论基础作为支撑是不可能开发出来的，其中行星运动轨迹的计算、月球黄经黄纬的计算、大量天体绘制信息的采集等核心代码的实现都离不开天文学基础知识。

11.4.1 重要天文坐标系

本小节将向读者介绍几个重要的天文坐标系。在天文观测和研究当中，天文坐标系就像数学中的笛卡尔坐标系一样重要，重要的天文坐标系有地平坐标系、赤道坐标系、黄道坐标系、银道坐标系等。由于本应用主要涉及太阳系范围内的天体研究，因此只详细讲解前 3 种天文坐标系。

1. 地平坐标系

地平坐标系是天球坐标系统中的一种，以观测者所在地为中心点，所在地的地平线作为基础平面，将天球适当地分成能看见的上半球和看不见的下半球。上半球的顶点（最高点）称为天顶，下半球的顶点（最低点）称为地底。地平坐标系中的基本圈是地平圈，基本点是天顶和天底，如图 11-21 所示。

❑ 天顶和天底

地平圈就是观测者所在的地平面无限扩展与天球相交的大圆。从观测者所在的地点，作垂直于地平面的直线并无限延长，在地平面以上与天球相交的点，称为天顶；在地平面以下与天球相交的点，称为天底。在天球上，天顶和天底与地平圈的角距离均为 90°，一个在地平圈以上，另一个在地平圈以下。

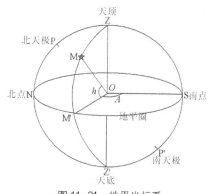
▲图 11-21 地平坐标系

通过天顶和天底可以作无数个与地平圈相垂直的大圆，称为地平经圈；也可以作无数个与地平圈平行的小圆，称为地平纬圈。地平经圈与地平纬圈是构成地平坐标系的基本要素。

❑ 南天极和北天极

地轴的无限延长即为天轴，天轴与天球有两个交点，与地球北极相对应的那个点叫做北天极，与地球南极相对应的那个点叫做南天极。通过天顶和北天极的地平经圈（当然也通过天底和南天极），与地平圈有两个交点；靠近天北极的点为北点，靠近天南极的那个点为南点。

北点和南点分别把地平圈和地平经圈等分。根据面北背南、左西右东的原则，可以确定当地的东点和西点，即面向北点左 90° 为西点，右 90° 为东点。这样，就确定了地平圈上的东、西、南、北 4 方点。

❑ 子午圈

在地平坐标系中，通过南点、北点的地平经圈称子午圈。子午圈被天顶、天底等分为两个 180° 的半圆。以北点为中点的半个圆弧，称为子圈，以南点为中点的半个圆弧，称为午圈。在地平坐标系中，午圈所起的作用相当于本初子午线在地理坐标系中的作用，是地平经度(方位)度量的起始面。

❑　**方位**

方位即地平经度，是一种两面角，即午圈所在的平面与通过天体所在的地平经圈平面的夹角，以午圈所在的平面为起始面，按顺时针方向度量。方位的度量亦可在地平圈上进行，以南点为起算点，由南点开始按顺时针方向计量。方位的大小变化范围为 0°～360°，南点为 0°，西点为 90°，北点为 180°，东点为 270°。

❑　**高度**

高度即地平纬度，它是一种线面角，即天体方向和观测者的连线与地平圈的夹角。在观测地，天体的高度就是该天体的仰视角。此时无所谓向下计量的高度。但是，在计算时，则会出现负的高度值，这意味着天体位于地平圈以下，即位于不可见半球。天体的高度可以在地平经圈上度量，从地平圈起算，到天顶为 0°～90°，到天底为 0°～(−90°)。

2. 赤道坐标系

赤道坐标系是一种天球坐标系。过天球中心与地球赤道面平行的平面称为天球赤道面，它与天球相交而成的大圆称为天赤道。赤道面是赤道坐标系的基本平面。天赤道的几何极称为天极，与地球北极相对的天极即北天极，是赤道坐标系的极。经过天极的任何大圆称为赤经圈或时圈；与天赤道平行的小圆称为赤纬圈，如图 11-22 所示。

作天球上一点的赤经圈，从天赤道起沿此赤经圈度量至该点的大圆弧长为纬向坐标，称为赤纬。赤纬从 0° 到 ±90° 计量，赤道以北为正，以南为负。赤纬的余角称为极距，从北天极起，从 0° 到 180° 计量。地平坐标系与赤道坐标系的关系如图 11-23 所示。

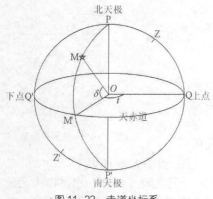

▲图 11-22　赤道坐标系

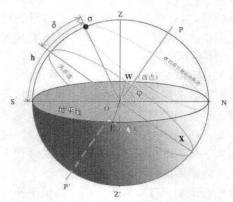

▲图 11-23　地平坐标系与赤道坐标系

3. 黄道坐标系

黄道坐标系是天球坐标系之一。黄道是由地球上观察太阳一年中在天球上的视运动所通过的路径，若以地球"不动"作参照的话，就是太阳绕地球公转的轨道平面（黄道面）在天球上的投影。黄道与天赤道相交于两点：春分点与秋分点（这两点称二分点）。而黄道对应的两个几何极是北黄极与南黄极，如图 11-24 所示。

❑　**黄纬和黄经**

在黄道上与黄道平行的小圆称黄纬，符号为 β，以由黄道面向北黄极方向为正值（0° 至 90°），向南黄极方向则为负值。垂直黄道的经度称黄经，符号为 λ，由春分点起由西向东量度（0° 至 360°）。像赤道坐标系中的赤经一样，以春分点做为黄经的起点，如图 11-25 所示。

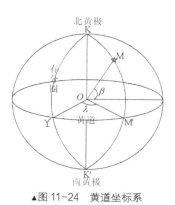

▲图 11-24　黄道坐标系

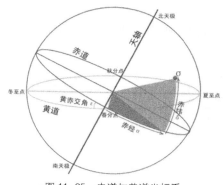

▲图 11-25　赤道与黄道坐标系

11.4.2　行星、月球、深空天体简介

上一小节中介绍了 3 个重要的天文坐标系，本小节将简要介绍八大行星、月球、深空天体的运行轨迹、周期等相关信息，这些信息都是该软件开发的基石，在太阳系模块开发中的八大行星顺序、天体大小等，星空模块开发中的行星位置计算、月球位置计算等都需要用到该小节的知识。

1. 八大行星简介

八大行星特指太阳系的八个行星，按照离太阳的距离从近到远，它们依次为水星、金星、地球、火星、木星、土星、天王星、海王星，如图 11-26 所示，具体数据信息如表 11-3 所示。

▲图 11-26　八大行星

表 11-3　　　　　　　　　　　　　　　　八大行星数据表

天体名称	质　量	体　积	密　度	公　转	自　转	表面温度
水星	0.05	0.056	5.46	87.9d	58.6d	−173～427
金星	0.82	0.856	5.26	224.7d	243d	464
地球	1.00	1.00	5.52	1a	23h56min	15
火星	0.11	0.150	3.96	1.9a	24h37min	−63
木星	317.94	1313.00	1.33	11.8a	9h50min	−120
土星	95.18	745.00	0.70	29.5a	10h14min	−180
天王星	14.63	65.20	1.24	84.0a	约 16h	−210
海王星	17.22	57.10	1.66	164.8a	约 18h	−220

说明：假设地球的质量为 1，体积为 1；公转周期 d 指的是天数，a 指的是地球年。

2. 月球简介

月球是地球唯一一颗天然卫星，它的直径是地球的 1/4 稍大些，为 3476 千米。其表面积仅

3800 万平方千米，还不及亚洲的面积大。月球的质量是地球的 1/81。其重力约为地球的 1/6。 月球上面也有高山、深谷和平地，详细信息如表 11-4 所示。

表 11-4　　　　　　　　　　　　　　　月球数据表

属　　性	属性值	属　　性	属性值
轨道半径	384401km	平均地月距离	384400km
偏心率	0.0549	自转周期	27d7h43min11.559s
公转周期	27.32d	自转速度	16.655m/s
公转速度	1.023km/s	质量	$7.349×10^{22}$kg

3. 深空天体简介

深空天体（又称"梅西耶天体"）是一个常见于业余天文学圈内的名词。一般来说，深空天体指的是天上除太阳系天体（行星、彗星、小行星）和恒星之外的天体。这些天体大都是肉眼看不见的，只有当中较明亮的（如 M31 仙女座大星系和 M42 猎户座大星云）能肉眼看见，但为数不多。

深空天体共有 110 个，要在一个晚上观察它们可不易，除了凭观查者对天区的掌握，天气、地理环境、太阳及月亮的位置也很重要。观测者的地理纬度也对一部分的梅西耶天体观察有少许的影响，因为有几个梅西耶天体必须在低纬度位置才能观测到。

11.4.3　行星运行轨迹计算

上一小节简述了行星、月球、深空天体的基本数据信息，本小节将详细介绍行星运行轨迹的计算公式以及相关代码实现。行星运行位置的计算过程中，为了优化程序，需要用到的数据文件在误差范围之内做了删减。

1. VSOP 行星理论

本文介绍法国天文台的 VSOP 行星理论，经过计算可得到高精度的行星位置坐标。

❑　理论简述

1982 年，巴黎的 P.Bretagnon 发表了他的行星理论 VSOP82。VSOP 是"Variations Seculaires des Orbites Planetaires"的缩写。VSOP82 由大星行（水星到海王星）的长长的周期项序列组成。给定一个行星及一个时间，对它的序列取和计算，即可获得密切轨道参数。

不过 VSOP82 方法有个不便之处是，当不需要完全精度时，应在何处截断？非常幸运的是，1987 年 Bretagnon 和 Francou 创建了 VSOP87 行星理论，它提供了直接计算行星日心坐标的周期序列项。也就是说可直接算得：任意时刻的日心黄经 L、日心黄纬 B、行星到太阳的距离 R。

❑　计算步骤

在表 11-5 中提供了地球的各个子序列的部分数据表（由于数据量非常大，为了便于理解只提取了一部分），序列表标号分别为 L0，L1，L2，L3，L4，L5；B0，B1，B2，B3，B4，B5；R0，R1，R2，R3，R4，R5。

计算地球黄经 L 使用序列表 L0，L1，L2，L3，L4，L5；计算黄纬使用序列表 B0，B1，B2，B3，B4，B5；计算距离 R 使用序列表 R0，R1，R2，R3，R4，R5。直得注意的是，地球黄纬计算相关的子表 B0，B1，B2，B3，B4，B5 都是 0，所以未列出。

表 11-5　　　　　　　　　　　　　　　地球数据表

表名	索引值	A	B	C
L0	1	1.75347045673	0.00000000000	0.00000000000
	2	0.03341656456	4.66925680417	6283.07584999140

表名	索引值	A	B	C
L0	3	0.00034894275	4.62610241759	12566.15169998280
	4	0.00003497056	2.74411800971	5753.38488489680
	5	0.00003417571	2.82886579606	3.52311834900
L1	1	6283.31966747491	0.00000000000	0.00000000000
	2	0.00206058863	2.67823455584	6283.07584999140
	3	0.00004303430	2.63512650414	12566.15169998280
	4	0.00000425264	1.59046980729	3.52311834900
	5	0.00000119261	5.79557487799	26.29831979980
L2	1	0.00052918870	0.00000000000	0.00000000000
	2	0.00008719837	1.07209665242	6283.07584999140
	3	0.00000309125	0.86728818832	12566.15169998280
	4	0.00000027339	0.05297871691	3.52311834900
	5	0.00000016334	5.18826691036	26.29831979980
L3	1	0.00000289226	5.84384198723	6283.07584999140
	2	0.00000034955	0.00000000000	0.00000000000
	3	0.00000016819	5.48766912348	12566.15169998280
	4	0.00000002962	5.19577265202	155.42039943420
L4	1	0.00000114084	3.14159265359	0.00000000000
	2	0.00000007717	4.13446589358	6283.07584999140
	3	0.00000000765	3.83803776214	12566.15169998280
L5	1	0.00000000878	3.14159265359	0.00000000000
R0	1	1.00013988799	0.00000000000	0.00000000000
	2	0.01670699626	3.09846350771	6283.07584999140
	3	0.00013956023	3.05524609620	12566.15169998280
	4	0.00003083720	5.19846674381	77713.77146812050
	5	0.00001628461	1.17387749012	5753.38488489680
R1	1	0.00103018608	1.10748969588	6283.07584999140
	2	0.00001721238	1.06442301418	12566.15169998280
	3	0.00000702215	3.14159265359	0.00000000000
R2	1	0.00004359385	5.78455133738	6283.07584999140
	2	0.00000123633	5.57934722157	12566.15169998280
	3	0.00000012341	3.14159265359	0.00000000000
	4	0.00000008792	3.62777733395	77713.77146812050
R3	1	0.00000144595	4.27319435148	6283.07584999140
	2	0.00000006729	3.91697608662	12566.15169998280
R4	1	0.00000003858	2.56384387339	6283.07584999140
	2	0.00000000306	2.26769501230	12566.15169998280
R5	1	0.00000000086	1.21579741687	6283.07584999140
	2	0.00000000012	0.65617264033	12566.15169998280

注：每个表是一组周期项，包含 4 列数字：（1）序号，这不是计算所必须的，仅是提供一个参考；（2），3 个数字，分别命名为 A、B、C，单位是弧度。

设给定的时间 JDE 是标准的儒略日数，τ 是千年数，则 τ 表达如下：

$$\tau = (\text{JDE}-2451545.0) / 365250$$

则每项(表中各行)的值计算表达式是：

$$A*\cos(B+C*\tau)$$

例如：L0 表的第 5 行算式为：

$$0.00003417571*\cos(2.82886579606 +3.52311834900*\tau)$$

按如下算式，可得到行星的 Date 黄道坐标中的黄经。对 L0 表各项取和计算，对 L1 表各项取和计算，其他表类推。接下来用下式得到黄经(单位是弧度)：

$$L = (L0 + L1*\tau + L2*\tau^2 + L3*\tau^3 + L4*\tau^4 +L5*\tau^5)$$

式中 τ^2 表示 τ 的 2 次方，同理 τ^3 表示 τ 的 3 次方；用同样的方法计算 B 和 R。

注意 1：可能有些读者对儒略日数不太了解，在后面会详细介绍。

注意 2：时间表达为力学时，而不是手表时，手表时与地球自转同步，因地球自转速度是不均匀的，并有变慢的趋势，所以手表时也有变慢的趋势。力学时则是非常均匀的（相当于原子时），计算天体位置时均使用力学时。力学时与手表时的转换可用一组经验公式完成，但这已超出本文的内容。

到此为止，得到行星在动力学 Date 平黄道坐标（Bretagnon 的 VSOP 定义的）中的日心黄经 L、黄纬 B。这个坐标系与标准的 FK5 坐标系还有细微差别。按如下方法可将 L 和 B 转到 FK5 坐标系中，其中 T 是世纪数而不是千年数，T=10τ。

先计算：

$$L' = L-1°.397*T-0.00031*T^2$$

然后计算 L 和 B 的修正值：

$$\Delta L = -0''.09033 + 0''.03916*(\cos(L') + \sin(L'))*\tan(B)$$

$$\Delta B = +0''.03916*(\cos(L') -\sin(L'))$$

仅在十分精确计算时才需进行修正，如果按本文附表提供的序列进行计算，则无需修正。

2. 行星运行理论代码实现

本部分将详细介绍使用行星运行理论计算行星运行位置的代码实现，其中一些公式用代码实现起来有一些繁琐，对于数据的精度修正处理有些复杂。在这一小节中着重给出了数学计算公式的代码实现方法，其他一些功能性的代码将在下面小节中详细介绍。

这段代码主要是在数据文件中的数据经过加载、拆分、存储过后，结合行星运行理论中给出的计算公式来实时计算行星运行的位置（即黄经、黄纬），此处给出的是计算行星运行时的黄经计算过程，关于黄纬的计算过程与之相同这里就不再赘述。

代码位置：见随书源代码/第 11 章/Universe/Assets/Script/Lines 目录下的 Planets_N.cs。

```
1    void Process_SUM(){
2     int Index_L = 0;                               //数据表索引
3     for(int i=0;i<Data_Row_N.Length;i++){          //循环数据列表
4       if(Data_Row_Split[i,0]=="Ver=4"){            //根据数据文件格式统计数据项
5         Index_L+=1;}}                              //数据表索引加 1
6     Data_List_SUM=new float[Index_L];              //数组实例化，用于存储每一个数据项的和
7     int[] Index_Item=new int[Index_L+1];           //数组实例化，用于存储每一个数据表开始的行数
8     int temp = 0;                                  //临时变量，用于索引
9     for(int i=0;i<Data_Row_N.Length;i++){          //循环数据列表
10      if(Data_Row_Split[i,0]=="Ver=4"){            //根据数据文件格式统计数据项
11        Index_Item[temp]=i;                        //存储每一个数据表开始的行数
12        temp++;}}                                  //临时变量加 1，跳到下一行
13    Index_Item [temp] = Data_Row_N.Length;         //添加最后一行的下一行行号
14    float SUM_Item = 0;                            //每一个数据项和的索引
15    for(int j=0;j<Index_L;j++){                     //循环每一项数据表
16      SUM_Item=0;                                  //完成一个数据表和后置 0
17      for(int k=Index_Item[j]+1;k<Index_Item[j+1];k++){  //循环每一项数据项的数据表
18        SUM_Item+=Method_Math(Data_Row_Split[k,0],Data_Row_Split[k,1],Data_Row_S
```

```
      plit[k,2],dt);}
19            Data_List_SUM[j]=SUM_Item;}}                    //数据表每一行求和存储
20    float Method_Math(string A,string B,string C,float dt){  //数据表每一行求值
21        float[] ABC=new float[3];                            //实例化参数数组
22        ABC [0] = float.Parse (A);                           //将字符串转换成数据类型
23        ABC [1] = float.Parse (B);
24        ABC [1] = float.Parse (C);
25        float Result = ABC [0] * Mathf.Cos (ABC [1] + ABC [2] * dt);
                                                               //A*cos(B+C*τ)计算公式
26        return Result;}
27    void Method_SUM(float[] Data_List_SUM,float dt){         //计算经纬度（弧度制）
28        float SUM = 0;                                       //计算所得经纬度
29        for(int i=0;i<Data_List_SUM.Length;i++){             //循环每个数据表求和后的每一项
30          SUM+=Data_List_SUM[i]*Mathf.Pow(dt,i);}            //加完之后就是经纬度（弧度制）
31          int Index =int.Parse(transform.name.Split ('_') [1]);  //获取行星索引
32          Constraints.N[Index] = SUM;}                       //将经纬度存储在常量类中
```

❑ 第 1～19 行为循环数据文件，分割数据文件中的若干个数据表，统计并存储在数据文件中每一个数据表起始项的行数，根据起始行数循环每一个数据表并求和，再将数据表的和再次求和即可得到行星运行的黄经、黄纬。

❑ 第 20～26 行为数据文件中每一个数据表的每一行根据 A*cos(B+C*τ) 计算公式计算出结果并返回值。这 4 个参数中 A、B、C 的单位是弧度制（具体代表是什么意思，可以查询其他资料此处不便赘述），τ是计算所得的儒略日时间，下面将会详细介绍。

❑ 第 27～32 行为计算行星运行位置的黄经、黄纬，数据表求和之后的每一项循环累加，即可得到行星黄经、黄纬（单位是弧度制），存储在常量类中便于其他脚本使用该值，经过转换成三维坐标后，在场景中实例化该行星。

11.4.4　月球运行轨迹计算

上一小节中简述了行星运行轨迹的计算公式以及相关代码实现，本小节将详细介绍月球运行理论以及相关代码实现。

1．ELP-2000/82 月球理论

根据牛顿力学原理或开普勒三大行星定律，计算出地球、太阳和月亮 3 个天体的运行轨道和时间参数，以此得出当这些天体位于某个位置时的时间，这样的天文计算需要计算者有扎实的微积分学、几何学和球面三角学知识，令广大天文爱好者望而却步。

但是幸运的是，随着 ELP-2000/82 月球理论的出现，使得月球位置计算变得简单易行，本小节就是以 ELP-2000/82 月球理论为计算依据，计算月球位置。

❑ 理论简述

ELP-2000/82 月球理论是 M.Chapront-Touze 和 J.Chapront 在 1983 年提出的一个月球位置的半解析理论，和其他半解析理论一样，ELP-2000/82 理论也包含一套计算方法和相应的迭代周期项。这套理论共包含 37862 个周期项，其中 20560 个用于计算月球经度，7684 个用于计算月球纬度。

但是这些周期项中有很多都是非常小的值，例如一些计算经纬度的项对结果的增益只有 0.00001 角秒，还有一些地月距离周期项对距离结果的增益只有 0.02 米，对于精度不高的历法计算，完全可以忽略。有很多基于 ELP-2000/82 月球理论的改进或简化理论，《天文算法》第四十五章介绍了一种改进算法。

使用该方法计算的月球黄经精度只有 10 分，月亮黄纬精度只有 4 分，但是只用计算 60 个周期项，速度很快，本文就采用这种修改过的 ELP-2000/82 理论计算月亮的地心视黄经。这种计算方法的周期项分 3 部分，分别用来计算月球黄经、月球黄纬和地月距离。

❑ 计算步骤

本小节的周期项是基于 ELP-2000/82 月球理论。T 表达为 J2000 起算的世纪数，并取足够的

小数位数（至少 9 位，每 0.000000001 世纪月球移动 1.7 角秒）。使用以下表达式计算角度 L'，D，M，M'，F 角度单位是度。为避免出现大角度，最后结果还应转为 0～360°。

月球平黄经：L'=218.3164591+481267.88134236T−0.0013268T^2+T^3/538841−T^4/65194000

月日距角：D=297.8502042+445267.1115168T−0.0016300T^2+T^3/545868−T^4/113065000

太阳平近点角：M=357.5291092+35999.0502909T−0.0001536T^2+T^3/24490000

月亮平近点角：M'=134.9634114+477198.8676313T+0.0089970T^2+T^3/69699−T^4/14712000

月球经度参数（到升交点的平角距离）：

　　　　F=93.2720993+483202.0175273T−0.0034029T^2−T^3/3526000+T^4/863310000

3 个必要的参数：A1=119.75+131.849T，A2=53.09+479264.290T，A3=313.45+481266.484T

取和计算表 11-6 中各项（ΣI 及 Σr），取和计算表 11-7 中各项（Σb）。ΣI 与 Σb 是正弦项取和，Σr 是余弦项取和。正余弦项表达为 A*sin(θ) 或 A*cos(θ)，式中的 θ 是表中 D、M、M'、F 的线性组合，组合系数在表 11-6 及表 11-7 相应的列中，A 是振幅。以表 11-6 第 8 行为例：

$$I8 = A*\sin(θ) = +57066 * \sin(2D-M-M'+0)$$
$$r8 = A*\cos(θ) = -152138 * \cos(2D-M-M'+0)$$

同理可计算第 1、2、3、4…各行，得到 I1、I2、I3…及 r1、r2、r3…，最后 ΣI=I1+I2+I3+…；Σr=r1+r2+r3+…

然而，表中的这些项包含了 M（太阳平近点角），它与地球公转轨道的离心率有关，就目前而言离心率随时间不断减小。由于这个原因，振幅 A 实际上是个变量（并不是表中的常数），角度中含 M 或−M 时，还须乘上 E，含 2M 或-2M 时须乘以 E 的平方进行修正。E 的表达式如下：

$$E = 1-0.002516T-0.0000074T^2$$

此外，还要处理主要的行星摄动问题（A1 与金星摄动相关，A2 与木星摄动相关，L'与地球扁率摄动相关）：

$$ΣI += +3958*\sin(A1)+1962*\sin(L'-F)+318*\sin(A2)$$

$$Σb += -2235*\sin(L')+382*\sin(A3)+175*\sin(A1-F)+175 * \sin(A1+F)+127* \sin(L'-M')-115* \sin(L'+ M')$$

最后得到月球的坐标如下：

$$λ = L'+ ΣI/1000000 （黄经单位：度）$$
$$β = Σb/1000000 （黄纬单位：度）$$
$$Δ = 385000.56 + Σr/1000 （距离单位：千米）$$

因为表 11-6 及表 11-7 中的振幅系数的单位是 10^-6 度及 10^-3 千米，所以上式计算时除以 1000000 和 1000。

表 11-6　　　　　　　　　月球黄经周期项（ΣI）及距离（Σr）表

索引值	D	M	M'	F	ΣI 各项振幅 A	Σr 各项振幅 A
1	0	0	1	0	6288744	−20905355
2	2	0	−1	0	1274027	−3699111
3	2	0	0	0	658314	−2955968
4	0	0	2	0	213618	−569925
5	0	1	0	0	−185116	58888
6	0	0	0	2	−114332	−3149
7	2	0	−2	0	58793	246158
8	2	−1	−1	0	57066	−152138

索引值	D	M	M'	F	ΣI 各项振幅 A	Σr 各项振幅 A
9	2	0	1	0	53322	−170733
10	2	−1	0	0	45758	−204586

注：黄经单位：0.000001 度，距离单位：0.001 千米。

表 11-7　　　　　　　　　　　　　月球黄纬周期项（ΣI）表

索引值	D	M	M'	F	ΣI 各项振幅 A
1	0	0	0	1	5128122
2	0	0	1	1	280602
3	0	0	1	-1	277693
4	2	0	0	-1	173237
5	2	0	−1	1	55413
6	2	0	−1	-1	46271
7	2	0	0	1	32573
8	0	0	2	1	17198
9	2	0	1	-1	9266
10	0	0	2	-1	8822

注：黄纬单位：0.000001 度。

2. 月球运行理论代码实现

本部分将详细介绍使用月球运行理论计算月球运行位置的代码实现，其中一些公式用代码实现起来有一些繁琐，对于数据的精度修正处理有些复杂。在这一小节中着重给出了数学计算公式的代码实现方法，其他一些功能性的代码将在下面小节中详细介绍。

这段代码主要是结合月球运行理论中给出的计算公式来实时计算月球运行的位置（即黄经、黄纬），此处给出的是计算月球运行时的黄经、黄纬计算过程，关于世纪数的计算下面将会详细介绍，此处不再赘述。

代码位置：见随书源代码/第 11 章/Universe/Assets/Script/Lines 目录下的 YueQiu_NW.cs。

```
1   L1=218.3164477f+481267.88123421f*T-0.0015786f*T*T
2     +T*T*T/538841-T*T*T*T/65194000;                        //月球的平黄经
3   D=297.8501921f+445267.1114034f*T-0.0018819f*T*T
4     +T*T*T/545868-T*T*T*T/113065000;                       //月球的平均太阳距角
5   M=357.5291092f+35999.0502909f*T-0.0001536f*T*T+T*T*T/24490000;  //太阳的平近点角
6   M1=134.9633964f+477198.8675055f*T+0.0087414f*T*T
7     +T*T*T/69699-T*T*T*T/14712000;                         //月球的平近点角
8   F=93.2720950f+483202.0175233f*T-0.0036539f*T*T
9     -T*T*T/3526000+T*T*T*T/863310000;                      //月球的黄纬参量
10  A1=119.75f+131.849f*T;                                   //金星的摄动
11  A2=53.09f+479264.290f*T;                                 //木星的摄动
12  A3=313.45f+481266.484f*T;
13  E=1-0.002516f*T-0.0000074f*T*T;                          //计算反映地球轨道偏心率变化
14  SUML=0;
15  for(i=0;i<=59;i++){                                      //计算月球地心黄经周期项
16    SIN1=La[i]*D+Lb[i]*M+Lc[i]*M1+Ld[i]*F;
17    SUML=SUML+Sl[i]*0.000001f*Mathf.Sin(SIN1*DE)*Mathf.Pow(E,Mathf.Abs(Lb[i]));}
18  lamda=L1+SUML+(3958*Mathf.Sin(A1*DE)+1962*Mathf.Sin((L1-F)*DE)
19    +318*Mathf.Sin(A2*DE))/1000000;                        //计算月球地心黄经
20  lamda = lamda % 360;                                     //转换到 0～360
21  SUMB=0;
22  for(i=0;i<=59;i++){                                      //计算月球地心黄纬周期项
23    SIN2=Ba[i]*D+Bb[i]*M+Bc[i]*M1+Bd[i]*F;
24    SUMB=SUMB+Sb[i]*0.000001f*Mathf.Sin(SIN2*DE)*Mathf.Pow(E,Mathf.Abs(Lb[i]));};
25  beta=SUMB+(-2235*Mathf.Sin(L1*DE)                        //计算月球地心黄纬
```

```
26        +382*Mathf.Sin(A3*DE)+175*Mathf.Sin((A1-F)*DE)
27        +175*Mathf.Sin((A1+F)*DE)+127*Mathf.Sin((L1-M1)*DE)
28        -115*Mathf.Sin((L1+M1)*DE))/1000000;
```

❑　第 1～13 行为准备月球黄经、黄纬计算公式中所需要的常量参数，其中包括：月球的平黄经 L1、平均太阳距角 D、太阳的平近点角 M、月球的平近点角 M1、黄纬参量 F、摄动角修正量 A1A2A3、地球轨道偏心率变化 E。

❑　第 14～20 行为计算月球地心黄经周期项、计算月球地心黄经以及将地心黄经转换到 0～360 的过程，这里需要注意的是，因表 11-6 中黄经单位：0.000001 度，所以在计算公式结尾处应当除以 1000000。

❑　第 21～28 行为计算月球地心黄纬周期项、计算月球地心黄纬的过程，这里需要注意的是，因表 11-7 中黄纬单位：0.000001 度，所以在计算公式结尾处应当除以 1000000。

11.4.5　儒略日计算

上一小节简述了月球运行轨迹的计算公式以及相关代码实现，本小节将详细介绍如何计算儒略日和世纪数以及相关代码实现。

1. 儒略日简介

儒略日（Julian day，JD）是指由公元前 4713 年 1 月 1 日，协调世界时中午 12 时开始所经过的天数，多为天文学家采用，用以作为天文学的单一历法，把不同历法的年表统一起来。如果计算相隔若干年的两个日期之间间隔的天数，利用儒略日就比较方便。

2. 儒略日代码实现

本小节将使用代码实现获得系统时间（即软件运行时的时间）来计算儒略日以获得世纪数。在上面计算行星位置、月球位置的过程中，关于儒略日计算时间（即世纪数）是非常重要的部分，它能够实时更新时间来不断计算行星、月球的位置。

代码位置：见随书源代码/第 11 章/Universe/Assets/Script/Lines 目录下的 YueQiu_NW.cs。

```
1     void GetNowTime(){                                                  //获取系统时间
2       string NowTime=System.DateTime.Now.ToString("yyyy-MM-dd-HH-mm-ss");
                                                                          //按格式获取时间
3       string[] NowTime_Split = NowTime.Split ('-');                     //拆分存储时间
4       year = int.Parse (NowTime_Split[0]);                              //年转换成整数
5       month = int.Parse (NowTime_Split[1]);                             //月转换成整数
6       day = int.Parse (NowTime_Split[2]);                               //天转换成整数
7       hour = int.Parse (NowTime_Split[3]);                              //时转换成整数
8       min = int.Parse (NowTime_Split[4]);                               //分转换成整数
9       sec = int.Parse (NowTime_Split[5]);}                              //秒转换成整数
10    float jde(int Y,int M,int D,int hour,int min,int sec){              //计算儒略日
11      int f=0;                                                          //定义年变量
12      int g=0;                                                          //定义月变量
13      float mid1,mid2,J,JDE,A;                                          //定义中间变量
14      if(M>=3){                                       //如果大于等于三月，则直接赋值
15        f=Y;
16        g=M;}
17      if(M==1||M==2){                                 //如果是一二月，则年数减 1 月数加 12
18        f=Y-1;
19        g=M+12;}
20      mid1=Mathf.Floor(365.25f*f);                       //由年计算得出的部分儒略日
21      mid2=Mathf.Floor(30.6001f*(g+1));                  //由月计算得出的部分儒略日
22      A=2-Mathf.Floor(f/100)+Mathf.Floor(f/400);
23      J=mid1+mid2+D+A+1720994.5f;                        //计算得出儒略日
24      JDE=J+hour/24+min/1440+sec/86400;
25      return JDE;}                                       //返回儒略日
```

❑　第 1～9 行为获取系统时间（年月日时分秒）来实时计算儒略日以更新行星或者月球的运行位置，这样就可以实时更新天体的位置。在根据规定格式获得系统时间之后需要对其进行拆分存储，然后将其转换成整数类型方便计算。

□　第 10～25 行为计算儒略日方法代码。这段代码的算法实现非常繁琐，读者如果理解不了可以当做工具直接使用不必深究。有兴趣读者的可以参考 Jean Meeus 的《天文算法》（Astronomical Algorithms，2nd Edition）第二版中第 7 章第 60 页内有详细介绍。

11.5　观察星空模块的开发

上一节主要介绍了本应用中的所涉及的天文学基础以及开发中用到的基本计算公式，接下来将分模块讲解本应用相关功能的开发。首先介绍观察星空模块的开发，此模块主要技术包括，数据的存储与读取、天体以及天体连线的绘制、深空天体的绘制，以及展示、太阳系八大行星的绘制等。

11.5.1　数据的存储与读取技术的开发

本小节将介绍天体数据的存储与读取技术，本应用中包含很多天体数据，在读取时用到 Unity 3D 游戏开发引擎的 TextAsset 文本处理类，数据文件如图 11-27 所示，需要特别说明的是，此类可跨平台使用。下面将介绍观察星空模块中的部分数据文件，以及读取功能代码的实现。

（1）星座数据文件包含很多的信息，包括星座名称，星座中主要星体的位置、星等，以及名称、星座连线的绘制顺序。从 begin 解析开始，分别为某星座中星体的数量、名称、主要星体的信息以及连线信息。主要星体信息中分别为星座的黄道坐标系中的黄经和黄纬、星等以及星体名称，如图 11-28 所示。

▲图 11-27　深空天体位置信息图

```
#长蛇座=================begin=========
18
长蛇座
207.01 -13.44 2.95 γHya
204.50 -14.34 4.90 ψHya
193.26 -31.28 4.6 βHya
......
130.18 -12.23 4.1 δHya
131.12 -14.36 4.45 Minchir
132.18 -14.15 4.30 ηHya
18
0 1
1 2
2 3
......
15 16
16 17
17 13
#长蛇座=================end=========
```

▲图 11-28　深空天体介绍

（2）上面介绍了描述星座相关的文件，接下来介绍深空天体的数据文件，本应用介绍的深空天体为部分梅西耶天体，其位置信息存放在 Assets/DataTXT/mStart.txt，如图 11-29 所示。其位置信息包含其黄经和黄纬等。在同目录下的 MContent.txt 中包含了深空天体的名称和简介，如图 11-30 所示。

```
mStar.txt
M1 8.40 11.90 5.34.31.94 22.00.18.9 84.05.26.3 -1.17.33.6
M2 6.30 12.06 21.33.27.02 -0.49.23.7 325.24.56.2 12.37.22.5
M3 6.20 12.21 13.42.11.62 28.22.38.2 191.19.56.7 35.56.38.2
M4 5.90 12.71 16.23.35.23 -26.31.32.7 248.29.12.3 -4.52.07.6
......
```

▲图 11-29　深空天体位置信息图

```
MContent.txt
M1(蟹状星云)*蟹状星云(M1[1]，NGC1952[1]或金牛座A)是位于金牛座
M2(球状星团)*M2（NGC7089）是一个很耀眼的球状星团。它呈现为一个
M3(球状星团)*梅西尔3（也称为M3或NGC5272）是位在猎犬座的一个球
M4(球状星团)*M4星团（又称球状星团M4或NGC6121）是位于天蝎座的一
......
```

▲图 11-30　深空天体介绍

（3）除了包含星座数据以及深空天体数据，还包含了八大行星以及月球的数据，八大行星的具体数据均摘自互联网，如图 11-31 和图 11-32 所示，包含了八大行星的黄经和黄纬数据文件，以及月球的黄经和黄纬数据文件。月球的黄经数据文件，如图 11-33 所示。

Assets ▶ DataTXT
diqiuN
diqiuW
haiwangxingN
haiwangxingW
huoxingN
huoxingW
jinxingN
jinxingW
MContent
mStar
muxingN
muxingW
shuixingN
shuixingW
shuju
tianwangxingN
tianwangxingW
tuxingN
tuxingW
yueqiuN
yueqiuW

```
Ver=4 MARS   coord=1 T**n=0 recn=   1217
6.20347711583 0.00000000000     0.00000000000
0.18656368100 5.05037100303    3340.61242669980
0.01108216792 5.40099836958    6681.22485339960
0.00091798394 5.75478745111   10021.83728009940
0.00027744987 5.97049512942       3.52311834900
0.00012315897 0.84956081238    2810.92146160520
0.00010610230 2.93958524973    2281.23049651060
0.00008926772 4.15697845939       0.01725365220
0.00008715688 6.11005159792   13362.44970679920
0.00007774867 3.33968655074    5621.84292321040
0.00006797552 0.36462243626     398.14900340820
0.00004161101 0.22814975330    2942.46342329160
0.00003575079 1.66186540141    2544.31441988340
0.00003075250 0.85696597082     191.44826611160
0.00002937543 6.07893711408       0.06731030280
0.00002628122 0.64806143570    3337.08930835080
0.00002579842 0.02996706197    3344.13554504880
0.00002389420 5.03896401349     796.29800681640
0.00001798808 0.65634026844     529.69096509460
0.00001546408 2.91579633392    1751.53953141600
```

```
0 0 1 0 6288744 -20905355
2 0 -1 0 1274027 -3699111
2 0 0 0 658314 -2955968
0 0 2 0 213618 -569925
0 1 0 0 -185116 48888
0 0 0 2 -114332 -3149
2 0 -2 0 58793 246158
2 0 1 0 53322 -170733
2 0 -1 0 45758 -204586
0 1 -1 0 -40923 -129620
1 0 0 0 -34720 108743
0 1 1 0 -30383 104755
2 0 0 -2 15327 10321
0 0 1 2 -12528 0
0 0 1 -2 10980 79661
4 0 -1 0 10675 -34782
0 0 3 0 10034 -23210
4 0 -2 0 8548 -21636
2 1 -1 0 -7888 24208
2 1 0 0 -6766 30824
```

▲图 11-31　八大行星数据文件列表　　　▲图 11-32　火星部分数据文件　　　▲图 11-33　月球部分数据文件

（4）以上介绍了本应用中所用到的数据文件，下面将介绍对以上数据的读取与处理，其中在 LoadDataFromTXT.cs 脚本中，通过 LoadData_NW 方法实现了对星座数据的读取，并将拆分出的数据存入动态建立的锯齿数组中。具体代码如下。

代码位置：见随书源代码/第 11 章/Assets/Script/Lines 目录下的 LoadDataFromTXT.cs。

```
1    static void LoadData_NW(String[] DataFromTXT){      //在 TXT 文件中加载经纬度到锯齿数组
2        int XingZuoIndex = 0;                            //星座索引
3        int NW=0;                                        //每个星座经纬度索引
4        int Level_Name = 0;                             //星等级和名称索引
5        for(int i=0;i<DataFromTXT.Length;){              //循环存储数据文件中每一行数据的数组
6          string[] strs=DataFromTXT[i].Split('#');       //拆分注释行
7          if(strs[0]==""){                               //初始不包含任何字符,则为星座数据第一行
8            StarSign_Name[XingZuoIndex]=DataFromTXT[i+2]; //获得星座名称
9            int StarNUM=int.Parse(DataFromTXT [i+1]);    //该星座的星数
10           string[] str_EachRow;                        //用于存放每颗星经纬度
11           string[] str_dot;                            //处理小数的数组
12           Star_NW[XingZuoIndex]=new float[StarNUM*2];
                 //构建存放每个星座星经纬度的锯齿数组
13           Star_Level_Name[XingZuoIndex]=new string[StarNUM*2] ;//构建星等锯齿数组
14           for(int j=0;j<StarNUM;j++){                  //将经纬度存入锯齿数组
15             str_EachRow=DataFromTXT[i+3+j].Split(' ');  //把每行按空格分割成数组
16             for(int m=2;m<4;m++){                      //获得每个星座的每颗星的等级和名称
17               Star_Level_Name[XingZuoIndex][Level_Name]=str_EachRow[m];
                     //存放星级与星名称
18               Level_Name++;                            //索引增加
19             }
20             for(int n=0;n<2;n++){                      //循环拆分的数组依次放入锯齿数组
21               str_dot=str_EachRow[n].Split('.');       //将 TXT 文件中的经纬度格式转换
22               if(str_dot.Length==2){                   //如果要处理的值为小数
23                 str_EachRow[n]=(float.Parse(str_dot[1])/60+float.Parse(str_dot[0])).
                       ToString();//对小数处理
24               }
25               Star_NW[XingZuoIndex][NW]=float.Parse(str_EachRow[n]);   //存入锯齿数组
26               NW++;                                    //经纬度索引增加
27             }}
28           XingZuoIndex++;                              //循环下一个星座
29           NW=0;                                        //重置星索引
30           Level_Name=0;                               //重置星级和名称索引
31           }
32           if(strs[0]==""){                             //设置外层循环
```

```
33                i+=int.Parse(DataFromTXT[i+1])+5+int.Parse(DataFromTXT[i+3+int.
                  Parse(Data FromTXT[i+1])]);
34            }else{
35              i++;                                        //读取结束判定
36      }}}
```

❏ 第 1～4 行是对一些主要变量的声明，分别为星座的索引，每个星座经纬度的索引，星等级和名称索引，通过这些索引可以对星座文件的数据进行操作。

❏ 第 5～19 行的主要功能是遍历星座数据的每一行，通过判断"#"符号，判定某一星座数据的开始，然后对星座名称和星星数进行记录，创建存放星数据的锯齿数组，存储经纬度坐标，并将经纬度存储，同时对星等级和名称信息存储。

❏ 第 20～27 行的主要功能是对星座的经纬度数据进行处理，将经纬度转成度，同时将处理好的经纬度存储在锯齿数组中。

❏ 第 28～36 行的主要功能是对处理星座数据用到的存储索引进行重置，同时对外层进行循环，以确保对每个星族都进行处理。

（5）接下来介绍 LoadDataFromTXT.cs 脚本文件中的 LoadData_Path 方法，此方法是该场景中绘制完成恒星以后，绘制星座连线的方法。通过调用此方法，可以加载数据文件中的星座连线信息，从而完成星座连线的绘制。具体代码如下。

代码位置：见随书源代码/第 11 章/Assets/Script/Lines 目录下的 LoadDataFromTXT.cs。

```
1     static void LoadData_Path(String[] DataFromTXT){//从TXT文件中加载星连线到锯齿数组中
2         int XingZuo_Index = 0;                        //星座索引
3         int Path_Index = 0;                           //每一星座中连线信息索引
4         for (int i = 0;i < DataFromTXT.Length;) {      //循环 TXT 导出的行数组
5           string[] strs = DataFromTXT[i].Split('#');   //判断注释行
6           if (strs[0] == "") {                         //如果是某一星座连线信息的第一行
7             int StarPathNUM = int.Parse                //获得星座线段数
8                (DataFromTXT[int.Parse(DataFromTXT[i + 1]) + 3 + i]);
9             string[] strPath_EachRow;                  //临时存放数组，存放连线
10            Star_Path[XingZuo_Index] = new int[StarPathNUM * 2];
               //构建存放星座连线的锯齿形数组
11            for (int j = 0;j < StarPathNUM;j++) {      //循环星座连线，将连线信息存入数组
12              //按空格拆分成数组
13              strPath_EachRow = DataFromTXT[int.Parse(DataFromTXT[i + 1]) + 4 + i
                + j].Split(' ');
14              for (int n = 0;n < 2;n++) {              //循环拆分的数组依次存放入锯齿数组
15                Star_Path[XingZuo_Index][Path_Index] = int.Parse(strPath_
                  EachRow[n]);//存放连线数据
16                Path_Index++;                          //下一个值
17              }}
18            XingZuo_Index++;                           //循环下一个星座
19            Path_Index = 0;                            //星座路径索引重置
20          }
21          if (strs[0] == "") {                         //判断外层总循环起点
22            i += int.Parse(DataFromTXT[i + 1]) + 5//跳过当前星座进行下一个星座的读取索引
23              + int.Parse(DataFromTXT[i + 3 + int.Parse(DataFromTXT[i + 1])]);
24          }
25          else {
26            i++;                                       //遍历下一行数据索引增加
27      }}}
```

❏ 第 1～10 行主要是对星座索引以及连线信息索引的声明，通过遍历数据文件的每一行，如果为注释行，则略过并从下一行开始读取，依次获取星座中存在的连线数，并初始化星座连线的锯齿数组，用来存放连线信息。

❏ 第 11～20 行的主要功能是将拆分后的星座连线的数据存放在锯齿数组中，同时通过数据索引累加完成当前星座信息的完整读取，连线信息读取完成后。开始遍历下一个星座，并对路径信息索引进行重置。

❏ 第 20～27 行的主要功能是，获取当前星座连线信息数据文件有多少行，并通过对 i 的累加完成外层循环，通过这些计算后，开始下一个星座连线信息的读取。

（6）M 星系 TXT 文件中存储的数据列依次是：名称、星等级、亮度、赤经、赤纬、黄经、黄纬。通过 LoadDataFromTXT.cs 脚本文件中的 M_Trans 方法对深空天体数据进行拆分，并将计算出的三维坐标存放在星座信息数组中。具体代码如下。

代码位置：见随书源代码/第 11 章/Assets/Script/Lines 目录下的 LoadDataFromTXT.cs。

```
1    static void M_Trans(){                                    //将 M 星系数据拆分
2      string[] M_N;                                           //存放拆分之后的经度
3      string[] M_W;                                           //存放拆分之后的纬度
4      int M_Index = 0;                                        //M 星云索引
5      for (int i = 0;i < M_Num;i++) {
6        M_Data[i] = new string[7];                            //实例化锯齿数组，存放每一 M 星系拆分的数据
7      }
8      for (int i = 0;i < M_Row.Length;i++) {
9        M_Data[i] = M_Row[i].Split(' ');                      //按空格拆分每一行
10     }
11     for (int i = 0;i < M_Row.Length;i++) {
12       M_N = M_Data[i][5].Split('.');                        //按"."拆分经纬度
13       M_W = M_Data[i][6].Split('.');                        //按"."拆分经纬度
14       float N = float.Parse(M_N[0]) + float.Parse(M_N[1]) / 100;   //规范化黄经
15       float W = float.Parse(M_W[0]) + float.Parse(M_W[1]) / 100;   //规范化黄纬
16       double n = (double)N / 180 * PI;                      //转换经纬度
17       double w = (double)W / 180 * PI;
18       float x = (float)(M_R * Math.Cos(w) * Math.Cos(n));   //计算获得 xyz
19       float y = (float)(M_R * Math.Cos(w) * Math.Sin(n));
20       float z = (float)(M_R * Math.Sin(w));
21       M_Pos[M_Index] = x;                                   //将三维坐标存放入 float 数组中
22       M_Pos[M_Index + 1] = y;
23       M_Pos[M_Index + 2] = z;
24       M_Index += 3;                                         //存放下一个坐标
25   }}
```

> 说明　此方法的主要功能是，通过对 M 星系数据进行拆分，并存放在数组中，规范化经纬度以后，计算出三维空间中的 M 星系的坐标，并存放在数组中。

（7）LoadDataFromTXT.cs 脚本文件中，通过 TransNWToVec 方法将读取到的星座文件数据转换成三维空间中的坐标，并在此方法中计算了星座名称文本的位置。具体代码如下。

代码位置：见随书源代码/第 11 章/Assets/Script/Lines 目录下的 LoadDataFromTXT.cs。

```
1    static void TransNWToVec(){                               //将经纬度转换成空间坐标
2      int Star_Index = 0;                                     //每个星座的每颗星的坐标索引
3      int StarSign_POS_Index = 0;                             //星座位置索引
4      float Average_X = 0;                                    //x 坐标平均值
5      float Average_Y = 0;                                    //y 坐标平均值
6      float Average_Z = 0;                                    //z 坐标平均值
7      float SUM_X = 0;                                        //某星座 x 坐标值总和
8      float SUM_Y = 0;                                        //某星座 y 坐标值总和
9      float SUM_Z = 0;                                        //某星座 z 坐标值总和
10     for (int i = 0;i < Star_NW.Length;i++) {                //遍历经纬度坐标数组
11       Star_Pos[i] = new float[Star_NW[i].Length / 2 * 3];   //实例化锯齿数组
12       for (int j = 0;j < Star_NW[i].Length;) {
13         double n = (double)Star_NW[i][j] / 180 * PI;        //转换经度
14         double w = (double)Star_NW[i][j + 1] / 180 * PI;    //转换纬度
15         float x = (float)(R * Math.Cos(w) * Math.Cos(n));   //计算获得 x
16         float y = (float)(R * Math.Cos(w) * Math.Sin(n));   //计算获得 y
17         float z = (float)(R * Math.Sin(w));                 //计算获得 z
18         Star_Pos[i][Star_Index] = -x;                       //将每个点的 x 坐标存入锯齿数组
19         Star_Pos[i][Star_Index + 1] = y;                    //将每个点的 y 坐标存入锯齿数组
20         Star_Pos[i][Star_Index + 2] = z;                    //将每个点的 z 坐标存入锯齿数组
21         j += 2;                                             //存入下一个点，索引增加
22         Star_Index += 3;                                    //星座索引增加
23       }
24       Star_Index = 0;                                       //控制星座坐标索引重置
25     }
26     for (int i = 0;i < Star_Pos.Length;i++) {               //计算星座名称文本位置
27       SUM_X = 0;                                            //初始化 x 坐标总和
```

```
28        SUM_Y = 0;                                              //初始化 y 坐标总和
29        SUM_Z = 0;                                              //初始化 z 坐标总和
30        for (int j = 0;j < Star_Pos[i].Length;) {
31          SUM_X += Star_Pos[i][j];                             //每个星座所有星 x 坐标总和
32          SUM_Y += Star_Pos[i][j + 1];                         //每个星座所有星 y 坐标总和
33          SUM_Z += Star_Pos[i][j + 2];                         //每个星座所有星 z 坐标总和
34          j += 3;
35        }
36        Average_X = SUM_X / (Star_Pos[i].Length / 3);          //计算 x 坐标平均值
37        Average_Y = SUM_Y / (Star_Pos[i].Length / 3);          //计算 y 坐标平均值
38        Average_Z = SUM_Z / (Star_Pos[i].Length / 3);          //计算 z 坐标平均值
39        StarSignName_Pos[StarSign_POS_Index] = Average_X;      //将 x 坐标平均值存入数组
40        StarSignName_Pos[StarSign_POS_Index + 1] = Average_Y;  //将 y 坐标平均值存入数组
41        StarSignName_Pos[StarSign_POS_Index + 2] = Average_Z;  //将 z 坐标平均值存入数组
42        StarSign_POS_Index += 3;                               //存放下一个星名称
43    }}
```

> **说明** 此方法的主要功能是，遍历已经存入数据的经纬度坐标数组，将数组中经纬度通过三角函数转换成三维空间中的坐标，并将坐标存入星座列表中。同时将星座中的星 xyz 方向的坐标分别进行累加求和，并求各个方向的平均值作为星的位置，存放在数组中。

11.5.2　星座以及深空天体相关内容的绘制

上一小节介绍了数据的存储与读取技术的开发，接下来在本小节中创建了静态的数组，用于存放星座、星座名称以及深空天体等数据，并将利用上一小节读取到的数据完成对星座、星座连线、星座名称以及深空天体的绘制。下面将详细介绍。

（1）本部分将介绍星座中星的绘制以及深空天体的绘制方法，如果认为天球无穷远，那么天球可以用缩放的球体代替，星座连线可以用缩放的圆柱代替，在绘制星的时候只需将读取到的位置信息实例化一个球体即可，M 星系实例化完成之后需要为其添加图片。具体代码如下。

代码位置：见随书源代码/第 11 章/Assets/Script/Lines 目录下的 StarPOS_Vec_Array.cs。

```
1     using UnityEngine;                                          //引入系统包
2     using UnityEngine.UI;
3     using System.Collections;
4     using System.Collections.Generic;
5     public class StarPOS_Vec_Array : MonoBehaviour {  //画星的方法
6       public static Vector3[] starPos_Vector3;                  //使用三维向量存储空间星坐标
7       public TextAsset txt_S;                                   //存储星座及星信息 txt 文件
8       /*此处省略了对一些变量的声明的代码，有兴趣的读者可以自行查看书中的程序内容进行学习*/
9       void Awake() {
10        LoadDataFromTXT.DataFromTXT = txt_S.text.Split('\n');
                                                                  //加载星座文件中的每一行存入数组
11        LoadDataFromTXT.M_Row = txt_M.text.Split('\n');//加载 M 星系文件中的每一行存入数组
12        LoadDataFromTXT.Read();                                 //加载数据
13        int VextexNum = 0;                                      //VextexNum/3,计算坐标数
14        for (int i = 0;i < LoadDataFromTXT.Star_Pos.Length;i++) {  //遍历星座坐标数组
15          VextexNum += LoadDataFromTXT.Star_Pos[i].Length;     //计算坐标数
16        }
17        for (int i = 0;i < LoadDataFromTXT.starsigns;i++) {    //遍历星座名称数组
18          StarObj[i] = new GameObject[LoadDataFromTXT.Star_Pos[i].Length / 3];
                                                                  //实例化星数组
19        }
20        starPos_Vector3 = new Vector3[VextexNum / 3];          //实例化三维向量数组
21        int m = 0;                                             //点坐标索引
22        int n = 0;                                             //每个星座的星索引
23        int d = 0;                                             //星等级索引
24        float Star_Scale = 0;                                  //星大小缩放
25        ArrayList_Star = new ArrayList();                      //实例化每个星座的每颗星的列表
26        for (int i = 0;i < LoadDataFromTXT.Star_Pos.Length;i++) {  //遍历星数组
27          n = 0;d = 0;                                         //变量初始化
28          for (int j = 0;j < LoadDataFromTXT.Star_Pos[i].Length;) {
```

```
29        starPos_Vector3[m] = new Vector3(LoadDataFromTXT.Star_Pos[i][j],
30        LoadDataFromTXT.Star_Pos[i][j + 1],
31        LoadDataFromTXT.Star_Pos[i][j + 2]);              //存入 xyz 坐标
32        GameObject go = (GameObject)Instantiate
33        (sphere, starPos_Vector3[m], Quaternion.identity);
34        Star_Scale = (6.0f - float.Parse                  //控制星等级
35        (LoadDataFromTXT.Star_Level_Name[i][d])) / 10 - 0.09f;
36        /*此处省略了对星大小控制的代码, 有兴趣的读者可以查看书中的代码进行学习*/
37        go.transform.localScale = new Vector3(Star_Scale,
38        Star_Scale, Star_Scale);                          //改变星大小
39        StarObj[i][n] = go;                               //记录实例化后的星
40        StarObj[i][n].transform.parent = fart.transform;  //为实例化的星添加父对象
41        ArrayList_Star.Add(starPos_Vector3[m]);           //将星座中的星添加到列表中
42        j += 3;d += 2;m++;n++;                            //对遍历中用到的索引进行累加
43      }}
44    int M_Image_Index = 0;                               //M 星系图片索引
45    int M_Obj_Index = 0;                                 //M 星系对象索引
46    for (int i = 0;i < LoadDataFromTXT.M_Pos.Length;) {  //实例化存放 M 星系的数组
47      Vector3 M_Pos = new Vector3(LoadDataFromTXT.M_Pos[i],
48      LoadDataFromTXT.M_Pos[i + 1],
49      LoadDataFromTXT.M_Pos[i + 2]);                     //获取 M 星系位置
50      GameObject M = (GameObject)Instantiate(M_Sprite, M_Pos,
51      Quaternion.identity);                              //实例化 M 星系
52      M.transform.forward = M_Pos;                       //设置 M 星系正方向
53      M.name = LoadDataFromTXT.M_Data[M_Obj_Index][0];   //获取 M 星系名称
54      M.transform.GetComponent<SpriteRenderer>().sprite
55      = M_Image[M_Image_Index];                          //添加图片
56      i += 3;                                            //读取下一个 M 星系坐标的索引累加
57      M_Obj[M_Obj_Index] = M;                            //将创建好的 M 星系存入数组
58      M_Obj_Index++;                                     //M 星系索引增加
59    }}}
```

❑　第 1～8 行是, 系统引入工具类与脚本用到的一些变量声明的代码。

❑　第 9～19 行通过对星座文件数据的拆分, 将星座数据文件的每一行存入创建好的数组中。通过对 M 星系数据文件的拆分将 M 星系数据存入数组。然后调用 LoadDataFromTXT 脚本文件下的 Read 方法, 开始数据的处理与存储。并计算了坐标的数量。实例化了存放星的数组。

❑　第 20～43 行实例化了 Vector3 数组用来存放星的位置, 并实例化了存放每个星座每颗星的列表, 遍历星座列表中的数据, 将 xyz 坐标进行整合, 实例化 Vector3 向量, 并存入该类型数组中, 之后实例化了球代替星, 并控制了星等级, 将创建好的星添加到列表中。

❑　第 44～59 行是对 M 星系的处理, 将星系坐标进行整合, 获取 Vector3 类型的 M_Pos 数据, 并实例化了该星系, 并添加了星系的名称, 为其添加图片。

（2）上面介绍了星与深空天体的绘制, 接下来将介绍星座连线的绘制方法, 该脚本使用圆柱体按实例画好的点（即球）连接起来, 连接数据信息存放在 LoadDataFromTXT.cs 脚本中的 Star_Path 锯齿数组中, 特别需要注意的是, 在每个星座画完之后需要将该星座在列表中的所有点删除, 具体代码如下。

代码位置: 见随书源代码/第 11 章/Assets/Script/Lines 目录下的 LineTool.cs。

```
1    using UnityEngine;                                    //引入系统包
2    using UnityEngine.UI;
3    using System.Collections;
4    using System.Collections.Generic;
5    public class LineTool : MonoBehaviour {                //画线
6      public GameObject line;                              //线预制体
7      public Transform fart;                               //父对象的位置引用
8      void Start() {
9        for (int i = 0;i < LoadDataFromTXT.Star_Path.Length;i++) {
                                                            //遍历星与星连线数组
10         for (int j = 0;j < LoadDataFromTXT.Star_Path[i].Length;) {
11           showLine(LoadDataFromTXT.Star_Path[i][j], LoadDataFromTXT.Star_Path[i]
             [j+ 1]); //画线
12           j += 2;                                        //下一对连线
13         }
```

```
14                  //当一个星座的连线画完之后，将该星座的所有点从列表中删除
15                  StarPOS_Vec_Array.ArrayList_Star.RemoveRange(0, LoadDataFromTXT.Star_
                    Pos[i].Length / 3);
16          }}
17      void showLine(int i, int j)                                    //画线方法
18      {
19          Vector3 star_a = (Vector3)StarPOS_Vec_Array.ArrayList_Star[i];   //获取 a 坐标
20          Vector3 star_b = (Vector3)StarPOS_Vec_Array.ArrayList_Star[j];   //获取 b 坐标
21          Vector3 tempPos = (star_a + star_b) / 2;                    //计算两个点的中点坐标
22          //在两个点的中点处实例化线条，因为对物体的缩放，是从中心向两边延伸
23          GameObject go = (GameObject)Instantiate(line, tempPos, Quaternion.identity);
24          go.transform.right = (go.transform.position - star_a).normalized;
                                                                        //改变线条的朝向
25          float distance = Vector3.Distance(star_a, star_b);          //计算两点的距离
26          go.transform.localScale = new Vector3(distance, 0.01f, 0.01f);
                                                                        //延长线条,连接两点
27          go.transform.parent = fart.transform;                       //设置连线的父对象
28      }}
```

❏　第 1～7 行为引入系统包以及对一些变量声明的代码。

❏　第 8～16 行的主要功能是遍历星与星连线的数组，每次将前两个星索引传入 showLine 方法中，进行画线操作，每次画完一个星座就将列表中该星座连线信息删除。

❏　第 17～28 行为画线的方法，通过传入星的索引，获取两颗星的坐标，计算中心点位置，实例化一个圆柱，并改变圆柱的朝向与长度，使其能够连接到两个点中间，并设置该圆柱父对象。

（3）接下来将介绍拾取深空天体并显示深空天体信息的方法，单击深空天体图片会显示深空天体的介绍，通过射线的碰撞检测对深空天体进行拾取。具体代码如下。

代码位置：见随书源代码/第 11 章/Assets/Script/Lines 目录下的 M_Ray.cs。

```
1    using UnityEngine;                                          //引入系统包
2    using System.Collections;
3    using UnityEngine.UI;
4    public class M_Ray : MonoBehaviour {
5        public Text M_Text;                                      //显示 M 星系详细信息
6        /*此处省略了声明一些变量的代码，有兴趣的读者可以查看书中的源代码*/
7        void Update() {
8            if (Input.touchCount == 1){                          //3D 拾取 M 星系群
9            {
10               Touch t = Input.GetTouch(0);                     //获取触控点
11               if (t.phase == TouchPhase.Began) {               //如果开始触摸
12                 Ray ray = Camera.main.ScreenPointToRay(Input.GetTouch(0).position);
                                                                  //获取射线
13                 RaycastHit hitInfo;                            //射线信息
14                 if (Physics.Raycast(ray, out hitInfo)) {       //如果已经开始触控
15                   GameObject gameObj = hitInfo.collider.gameObject;  //获取碰撞器引用
16                   for (int i = 0;i < LoadDataFromTXT.M_Num;i++) {    //遍历 M 星系数组
17                     //判断拾取的是哪一个 M 星系
18                     if (gameObj.transform.name == LoadDataFromTXT.M_Data[i][0]) {
19                       //拆分组装文本显示字符串
20                       M_Name = LoadDataFromTXT.M_Data[i][0];      //名称
21                       M_Level = LoadDataFromTXT.M_Data[i][1];     //星等级
22                       M_Light = LoadDataFromTXT.M_Data[i][2];     //亮度
23                       M_Temp = LoadDataFromTXT.M_Data[i][3].Split('.');
                                                                     //用"."拆分后的数组
24                       M_ChiJing = M_Temp[0] + "h" + M_Temp[1]
25                       + "m" + M_Temp[2] + "." + M_Temp[3] + "s";   //显示赤经的字符串
26                       M_Temp = LoadDataFromTXT.M_Data[i][4].Split('.');
27                       M_ChiWei = M_Temp[0] + "°" + M_Temp[1] + "′"
28                        + M_Temp[2] + "." + M_Temp[3] + "″ ";        //显示赤纬的字符串
29                       M_Temp = LoadDataFromTXT.M_Data[i][5].Split('.');
30                       M_HuangJing = M_Temp[0] + "°" + M_Temp[1] + "′"
31                       + M_Temp[2] + "." + M_Temp[3] + "″ ";         //显示黄经的字符串
32                       M_Temp = LoadDataFromTXT.M_Data[i][6].Split('.');
33                       M_HuangWei = M_Temp[0] + "°" + M_Temp[1] + "′"
34                       + M_Temp[2] + "." + M_Temp[3] + "″ ";         //显示黄纬的字符串
```

```
35              M_Text.text = "名称: " + M_Name + "\n 星等级: " + M_Level
36              + "\n 表面亮度: " + M_Light + "\n 赤经: " + M_ChiJing + "\n 赤纬: "
                + M_ChiWei
37              + "\n 黄经: " + M_HuangJing + "\n 黄纬: " + M_HuangWei;  //字符串显示
38              BToMStar.gameObject.SetActive(true);          //显示进入 M 星系按钮
39              StartCoroutine(M_Text_XSTime());              //启动协程文字显示后消失
40      }}}}}}
41      IEnumerator M_Text_XSTime()                           //文字显示时间协程
42      {
43        yield return new WaitForSeconds(5.0f);              //等待 5 秒
44        M_Text.text = "";                                   //显示内容消失
45        BToMStar.gameObject.SetActive(false);               //按钮消失
46      }}
```

❑　第 1～6 行的主要功能是引入系统包，并声明一些变量。

❑　第 7～18 行的主要功能是获取触控点，如果当前触控点为一个，从屏幕开始发一条射线，并获取射线信息，并遍历 M 星系数组，如果拾取到了某 M 星系，进行接下来的操作。

❑　第 19～40 行的主要功能是，对获取到的 M 星系信息进行拆分，获取该星系的名称、星等级等信息，同时通过 "." 拆分赤经、赤纬、黄经、黄纬，存储到相应的缓存字符串中，最后将所有字符串连接到 M_Test 下，进行显示，并显示进入 M 星系列表的按钮，如不进行其他操作，5秒消失。

❑　第 41～46 行为开启一个协程，5 秒后让按钮消失，同时运行显示的 M 星系内容消失的代码。

11.5.3　八大行星以及月球的绘制

上一小节介绍了星座以及深空天体相关内容的绘制过程，本小节将介绍八大行星以及月球的绘制，这个过程比较繁琐，需要用到前面提到的数据文件，在进入场景时，需计算出八大行星及月球在天球的位置，同时绘制八大行星和月球的名称。下面将详细介绍。

（1）接下来将介绍八大行星运行轨迹的计算，以及如何通过黄经、黄纬确定天体位置。为了便于理解，以地球为例进行说明，其中包括如何从数据文件中拆分并存储数据、统计数据文件中的子表个数，以及如何遍历计算子表每一项等，具体代码如下。

代码位置：见随书源代码/第 11 章/Assets/Script/Lines 目录下的 Planets_N.cs。

```
1     using UnityEngine;                                     //导入系统包
2     using System.Collections;
3     public class Planets_N : MonoBehaviour {
4       public TextAsset DataTXT_N;                          //地球黄经计算数据文件
5       public static string[] Data_Row_N;                   //数据文件按行存储在数组
6       public static string[,] Data_Row_Split;              //每一行按空格拆分
7       public static float[] Data_List_SUM;                 //存储数据表子表的计算结果
8       public static float dt;                              //时间, 经计算得出
9       void Awake(){
10        Data_Split_Save ();                                //数据动态存储和拆分
11        Method_Time ();                                    //计算儒略日时间
12        Process_SUM ();                                    //经纬度计算准备方法
13        Method_SUM(Data_List_SUM,dt);}                     //计算经纬度
14      void Process_SUM(){
15        /*此处省略了该方法的代码实现, 有兴趣的读者可以自行查看书中的源代码*/
16      }}
17      void Data_Split_Save(){                              //数据动态存储和拆分
18        Data_Row_N = new string[DataTXT_N.text.Split('\n').Length];  //分配存储空间
19        Data_Row_N = DataTXT_N.text.Split ('\n');          //将 TXT 文件按行存储在数组
20        Data_Row_Split=new string[DataTXT_N.text.Split('\n').Length,3];
                                                             //每一行按空格拆分
21        for(int i=0;i<DataTXT_N.text.Split('\n').Length;i++){ //循环数据文件
22        Data_Row_Split[i,0]=Data_Row_N[i].Split(' ')[0];   //拆分存储每一行、每一列
23        Data_Row_Split[i,1]=Data_Row_N[i].Split(' ')[1];
24        Data_Row_Split[i,2]=Data_Row_N[i].Split(' ')[Data_Row_N[i].Split(' ').
          Length-1];}}
```

```
25      float Method_Math(string A,string B,string C,float dt){
                                                                //A*cos(B+C*τ)计算公式
26          /*此处省略了该方法的代码实现, 有兴趣的读者可以自行查看书中的源代码*/
27      }
28      void Method_SUM(float[] Data_List_SUM,float dt){        //得到经纬度（弧度制）
29          /*此处省略了该方法的代码实现, 有兴趣的读者可以自行查看书中的源代码*/
30      }}
```

❑　第1～8行为导入系统资源包、声明所需变量。其中有3个数组极为重要：Data_Row_N（数据文件按行存储在数组）、Data_Row_Split（每一行按空格拆分）、Data_List_SUM（存储数据表子表的计算结果），数据拆分计算之后主要存储在这3个数组中。

❑　第9～13行为方法调用顺序，其中包括：Data_Split_Save、Method_Time、Process_SUM、Method_SUM，按照从数据文件拆分存储数据、计算公式整理、计算数据求和的过程，调用相应的方法计算运行。

❑　第17～24行为数据动态存储和拆分方法，这是从数据文件到程序中数据存储拆分的加载方法，这个方法对于后面的计算十分重要，是计算行星黄经、黄纬的基础方法，也考验灵活运用数组的能力。

> ✐说明　　在该脚本中，有一些方法由于前面小节已经详细介绍了，篇幅有限此处不再赘述，有需要的读者可以参考前面小节介绍的内容，也可以自行查看书中的源代码。

（2）本部分将介绍月球运行位置的计算；以及获得黄经、黄纬之后实例化月球的代码实现，在该脚本中，对于前面小节介绍的儒略日计算和月球位置计算所需数据进行省略，具体代码如下。

代码位置：见随书源代码/第11章/ Assets/Script/Lines 目录下的 YueQiu_NW.cs。

```
1       using UnityEngine;                                      //导入系统包
2       using System.Collections;
3       public class YueQiu_NW : MonoBehaviour {
4           public GameObject preb;                             //月球预制体
5           public Transform yueqiu;                            //月球父对象
6           public static GameObject YQ_Index;                  //月球索引值
7           public static float R=20.0f;                        //控制球体半径
8           private float DE=3.141592654f/180;
9           private static int year,month,day,hour,min,sec;     //定义变量（年月日时分秒）
10          private float[] Angle={130,140,150,160,170,180,190,200, //月球月相变换角度
11              210,220,230,240,250,260,270,280,290,
12              300,310,320,330,340,350,360,10,15,20,
13              30,35,40,50,60,65,70,80,90};
14          void Start(){
15              int i;                                          //索引变量定义
16              float JDE, T, L1, D, M, M1, F, A1, A2, A3, E, SUML, lamda,
17              SUMB, beta, SUMR, SIN1, SIN2, COS1, Dist;       //定义儒略日、世纪数等变量
18              float[] La = {0,2,2,0,0,0,2,2,2,0,0,4,0,4,2,2,2,1,1,2,2,4,2,0,2,2,1
19              ,2,0,0,2,2,2,4,0,3,2,4,0,2,2,2,4,0,4,1,2,0,1,3,4,2,0,1,2,2};     //计算所需数据
20              /*此处省略了部分数据, 有兴趣的读者可以自行查看书中的源代码*/
21              GetNowTime();                                   //计算日期和时间
22              JDE=jde(year,month,day,hour,min,sec);           //计算儒略日
23              T=(JDE-2451545)/36525;                          //计算世纪数
24              L1=218.3164477f+481267.88123421f*T-0.0015786f*T*T+
25              T*T*T/538841-T*T*T*T/65194000;                  //月球的平黄经
26              D=297.8501921f+445267.1114034f*T-0.0018819f*T*T+
27              T*T*T/545868-T*T*T*T/113065000;                 //月球的平均太阳距角
28              M=357.5291092f+35999.0502909f*T-0.0001536f*T*T+
29              T*T*T/24490000;                                 //太阳的平近点角
30              M1=134.9633964f+477198.8675055f*T+0.0087414f*T*T+
31              T*T*T/69699-T*T*T*T/14712000;                   //月球的平近点角
32              F=93.2720950f+483202.0175233f*T-0.0036539f*T*T-
33              T*T*T/3526000+T*T*T*T/863310000;                //月球的黄纬参量
34              A1=119.75f+131.849f*T;                          //金星的摄动
35              A2=53.09f+479264.290f*T;                        //木星的摄动
```

```
36        A3=313.45f+481266.484f*T;
37        E=1-0.002516f*T-0.0000074f*T*T;                      //计算地球轨道偏心率变化
38        SUML=0;
39        for(i=0;i<=59;i++){                                  //计算月球地心黄经周期项
40          SIN1=La[i]*D+Lb[i]*M+Lc[i]*M1+Ld[i]*F;
41          SUML=SUML+Sl[i]*0.000001f*Mathf.Sin(SIN1*DE)*Mathf.Pow(E,Mathf.Abs
            (Lb[i]));}
42          lamda=L1+SUML+(3958*Mathf.Sin(A1*DE)+1962*Mathf.Sin((L1-F)*DE)
43        +318*Mathf.Sin(A2*DE))/1000000;                      //计算月球地心黄经
44          lamda = lamda % 360;                               //转换到 0～360
45          SUMB=0;
46          for(i=0;i<=59;i++){                                //计算月球地心黄纬周期项
47            SIN2=Ba[i]*D+Bb[i]*M+Bc[i]*M1+Bd[i]*F;
48            SUMB=SUMB+Sb[i]*0.000001f*Mathf.Sin(SIN2*DE)*Mathf.Pow(E,Mathf.Abs(Lb
              [i]));};
49          beta=SUMB+(-2235*Mathf.Sin(L1*DE)                  //计算月球地心黄纬
50        +382*Mathf.Sin(A3*DE)+175*Mathf.Sin((A1-F)*DE)
51        +175*Mathf.Sin((A1+F)*DE)+127*Mathf.Sin((L1-M1)*DE)
52        -115*Mathf.Sin((L1+M1)*DE))/1000000
53          float x=-(float)(R*Mathf.Cos(beta/180*Mathf.PI)*
54        Mathf.Cos(lamda/180*Mathf.PI));                      //计算获得三维坐标 x
55          float y=(float)(R*Mathf.Cos(beta/180*Mathf.PI)*
56        Mathf.Sin(lamda/180*Mathf.PI));                      //计算获得三维坐标 y
57          float z=(float)(R*Mathf.Sin(beta/180*Mathf.PI));   //计算获得三维坐标 z
58          Vector3 pos = new Vector3 (x,y,z);                 //组成三维坐标
59          Constraints.YQ_POS = pos;                          //将该坐标存储
60          GameObject go = (GameObject)Instantiate(preb,pos,Quaternion.identity);
                                                               //实例化月球
61          go.transform.parent = yueqiu.transform;            //添加在父对象之下
62          go.transform.eulerAngles = new Vector3 (0,0,Angle[day]);  //月球月相
63          YQ_Index = go;}                                    //给月球索引赋值
64      void GetNowTime(){                                     //获取系统时间
65        /*此处省略了该方法的代码实现,有兴趣的读者可以自行查看书中的源代码*/
66      }
67      float jde(int Y,int M,int D,int hour,int min,int sec)  //计算儒略日
68      {
69        /*此处省略了该方法的代码实现,有兴趣的读者可以自行查看书中的源代码*/
70      }}
```

❑　第 1～13 行为导入系统包,定义全局变量,其中包括实例化月球所需变量、计算儒略日所需变量、月球月相所需旋转参数等。

❑　第 14～37 行为准备计算月球黄经、黄纬所需的常量参数值,这些都是在计算公式中所必须的,其中计算所需的数据由于非常多这里省去一部分。对于 JDE, T, L1, D, M, M1, F, A1, A2, A3, E 的计算是按照前面小节给出的公式计算得出,读者可以自行查阅。

❑　第 38～52 行为计算月球黄经、黄纬的过程,计算公式前面小节已经给出,读者可自行翻阅,通过遍历计算数据可以得到子数据项,然后再求和即可得出。在求出黄经后还需要将其转换到 0～360°。

❑　第 53～63 行为根据计算所得月球的黄经、黄纬继续计算月球在三维空间的坐标,然后根据月球空间坐标在场景中实例化月球,并将其挂载在月球父对象之下。需要注意的是,对于月球月相的处理,根据一个月之内月相的变化去旋转已经实例化的月球对象,使其表面的受光面积不同,来模拟月球月相的变化。

> 📝说明　在该脚本中有一些方法由于前面小节已经详细介绍了,篇幅有限此处不再赘述,有需要的读者可以参考前面小节介绍的内容,也可以自行查看书中的源代码。

（3）前面介绍了对行星以及月球黄经、黄纬的获取方法,下面将介绍行星的绘制方法,通过场景加载时对行星数据进行处理,然后更新行星的位置,同时通过检测屏幕的缩放,判断摄像机的视野远近,对行星以及月球进行缩放。具体代码如下。

代码位置：见随书源代码/第 11 章/ Assets/Script/Lines 目录下的 PanetsUpdatePos.cs。

```
1    using UnityEngine;                                               //引入系统包
2    using System.Collections;
3    public class PanetsUpdatePos : MonoBehaviour {
4      public Transform[] Planets_Trans;                            //每一行星的父对象
5      /*此处省略了一些声明变量的代码，有兴趣的读者可以自行查看书中的源代码*/
6      void Start() {
7        Start_shuixing();                                          //实例化水星并计算其位置
8        Start_jinxing();                                           //实例化金星并计算其位置
9        Start_diqiu();                                             //实例化地球并计算其位置
10       Start_huoxing();                                           //实例化火星并计算其位置
11       Start_muxing();                                            //实例化木星并计算其位置
12       Start_tuxing();                                            //实例化土星并计算其位置
13       Start_tianwangxing();                                      //实例化天王星并计算其位置
14       Start_haiwangxing();                                       //实例化海王星并计算其位置
15     }
16     void Update() {                                              //每帧调用，控制八大行星缩放
17       if (Camera.main.GetComponent<Camera>().fieldOfView <= 30.0f) {
                                                                    //如果摄像机的视野小于 30
18         for (int i = 0;i < 8;i++) {                              //遍历行星数组
19           Planets[i].transform.localScale = new Vector3(1, 1, 1); //改变行星的大小
20         }
21         Planets[0].transform.localScale = new Vector3(0.7f, 0.7f, 0.7f);
                                                                    //改变水星大小
22         Planets[6].transform.localScale = new Vector3(1.3f, 1.3f, 1.3f);
                                                                    //改变天王星大小
23         Planets[7].transform.localScale = new Vector3(1.5f, 1.5f, 1.5f);
                                                                    //改变海王星大小
24         YueQiu_NW.YQ_Index.transform.localScale = new Vector3(1.3f, 1.3f, 1.3f);
                                                                    //改变月球大小
25       }
26       else if (Camera.main.GetComponent<Camera>().fieldOfView > 30.0f) {
                                                                    //如果摄像机的视野大于 30
27         for (int i = 0;i < 8;i++) {                              //遍历行星数组
28           Planets[i].transform.localScale = new Vector3(0.5f, 0.5f, 0.5f);
                                                                    //改变行星的大小
29         }
30         YueQiu_NW.YQ_Index.transform.localScale = new Vector3(1.0f, 1.0f, 1.0f);
                                                                    //改变月球大小
31       }
32       /*此处省略了八大行星名称以及位置计算的代码，有兴趣的读者可以自行查看书中的源代码*/
33     }
```

> **说明**　　以上代码为引入系统包后，声明了一些变量，在 Start 函数中调用了实例化八大行星并计算八大行星位置的方法，在每帧调用的方法中，通过检测摄像机的视野远近，让行星以及月球的大小有所变化，由于八大行星大小不尽相同，所以对行星放大是有比例的放大。

（4）上面介绍了脚本中摄像机位置变动后，行星或者月球的大小发生了变化，PanetsUpdatePos.cs 脚本中通过 OnGUI 方法实现了行星以及月球名称的绘制，通过对摄像机视锥体检测的方法，将摄像机所视范围内的星体名称绘制出来。具体代码如下。

代码位置：见随书源代码/第 11 章/ Assets/Script/Lines 目录下的 PanetsUpdatePos.cs。

```
1    void OnGUI(){                                                  //绘制行星名称
2      planes = GeometryUtility.CalculateFrustumPlanes(Camera.main);
                                                                    //获得摄像机的视锥体 6 个面
3      GUIStyle StarSign_Label = new GUIStyle();                    //实例化界面样式
4      StarSign_Label.normal.background = null;                     //设置背景填充为空
5      StarSign_Label.normal.textColor = new Color(0.5f, 0.7f, 0.7f); //设置字体颜色
6      StarSign_Label.fontSize = 25;                                //设置字体大小
7      for (int i = 0;i < 8;i++) {
8        //检测行星是否在视锥体内
9        if (GeometryUtility.TestPlanesAABB(planes, Planets[i].GetComponent<Sphere
         Collider>().bounds)) {
```

```
10          //从空间坐标转换到屏幕坐标
11          Vector3 Star_ScreenPos = Camera.main.WorldToScreenPoint(PlanetsPOS[i]);
12          //屏幕左下角为（0,0）
13          Star_ScreenPos = new Vector2(Star_ScreenPos.x, Screen.height - Star_
            ScreenPos.y);
14          GUI.Label(new Rect(Star_ScreenPos.x + 10.0f, Star_ScreenPos.y - 10.0f,
            100, 30),
15            PlanetsName[i], StarSign_Label);       //如果星座在摄像机视锥体内，则绘制星座名称
16        }}
17      Vector2 YQ_ScreenPos = new Vector2(Camera.main.WorldToScreenPoint(Constraints.
        YQ_POS).x,
18        Screen.height - Camera.main.WorldToScreenPoint(Constraints.YQ_POS).y);
                                                         //屏幕左下角为（0,0）
19      GUI.Label(new Rect(YQ_ScreenPos.x + 10.0f, YQ_ScreenPos.y
20      - 10.0f, 100, 30), "月球", StarSign_Label);             //显示名称
21      }
```

❑　第 1～6 行的主要功能获取摄像机视锥体的 6 个面，实例化一个界面样式，同时设置背景填充为空，设置字体颜色，并设置字体大小。

❑　第 7～16 行的主要功能是，通过遍历八大行星数组，对八大行星的碰撞器与摄像机视锥体进行碰撞检测，如果行星在视锥体范围内，则将其空间坐标转换成屏幕坐标，并计算出行星名称所在的屏幕坐标的位置，进行绘制。

❑　第 17～21 行的主要功能是，获取月球的屏幕坐标位置，并绘制月球名称。

（5）行星以及月球名称绘制完成后，需要绘制行星，这里要说明的是行星的绘制大同小异，均需计算各个行星以及卫星所在的三维空间的坐标，然后实例化该行星或者卫星，并为其设置父对象。接下来将只介绍水星的绘制，具体代码如下。

代码位置：见随书源代码/第 11 章 / Assets/Script/Lines 目录下的 PanetsUpdatePos.cs。

```
1    void Start_shuixing() {                                //绘制水星的方法
2      float x = -(float)(R * Mathf.Cos(Constraints.W[0]) * Mathf.Cos(Constraints.N[0]));
                                                             //获得 x 坐标
3      float y = (float)(R * Mathf.Cos(Constraints.W[0]) * Mathf.Sin(Constraints.N[0]));
                                                             //获得 y 坐标
4      float z = (float)(R * Mathf.Sin(Constraints.W[0]));   //获得 z 坐标
5      Vector3 pos = new Vector3(x, y, z);                  //获取向量
6      PlanetsPOS[0] = pos;                                 //将计算出来的水星位置记录
7      GameObject go = (GameObject)Instantiate(Pre_Planets[0], pos, Quaternion.identity);
                                                             //实例化水星
8      go.transform.parent = Planets_Trans[0].transform;    //设置父对象
9      Planets[0] = go;                                     //记录实例化的水星
10    }
```

> 💡 说明
>
> 以上代码通过读取 Constraints 类中的水星的经纬度，计算得出三维空间中水星的 xyz 坐标，并实例化水星，同时对水星的父对象进行设置，并记录水星。其他行星的绘制，与水星绘制方式基本相同，有兴趣的读者可以自行查看书中的源代码进行学习。

11.5.4　深空天体介绍场景的开发

上一小节介绍八大行星以及月球的绘制过程，本小节将讲解本模块的深空天体介绍场景的开发，前面提到了单击深空天体后，会出现进入梅西耶列表的按钮，用户单击该按钮，会进入梅西耶天体介绍场景，下面将介绍该场景的开发。

（1）新建一个场景，并将其重命名为"MStar"，选中"Directionalligth"，右击→Delete，如图 11-34 所示，删除掉光照。在 Hierarchy 中空白区域，右击→UI→Canvas，创建一个画布，用于图像的显示，如图 11-35 所示。

（2）选中"Canvas"，为其添加一个"Label"，并将其重命名为"M_Label"，用于标题显示。添加一个"Text"，将其重命名为"M_Content"，用于显示星系信息。添加一个"Image"，将其重

命名为"M_Image",用于星系图片显示,如图 11-36 所示。

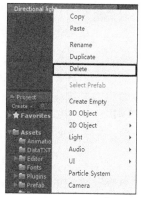

▲图 11-34 删除光照

▲图 11-35 新建画布

▲图 11-36 深空天体列表

(3)创建一个按钮,将其重命名为"Back",用于返回观察星空场景。创建一个"Scroll View",用于显示 M 星系列表,具体的设置如图 11-37 所示。为其添加"Toggle"组,用于显示选中的 M 星系,具体设置,如图 11-38 所示。

▲图 11-37 场景结构图

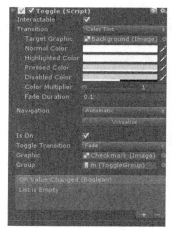

▲图 11-38 "ScrollRect"参数设置

(4)上面介绍了场景的搭建过程,接下来介绍选中 M 星系名称后,内容的动态显示,同时改变 M 星系的图片,并伴随有声音出现。具体代码如下。

代码位置:见随书源代码/第 11 章/Assets/Script/Lines 目录下的 M_Select.cs。

```
1    using UnityEngine;                                    //引入系统包
2    using System.Collections;
3    using UnityEngine.UI;
4    public class M_Select : MonoBehaviour {               //M 星系处理代码
5      public Toggle[] M_All;                              //M 星系复选框列表
6      /*此处省略声明一些变量的代码,有兴趣的读者可以自行查看书中的源代码*/
7      void Awake() {
8        M_Cont = txt_MContent.text.Split('\n');           //拆分字符串
9        for (int i = 0;i < M_Cont.Length;i++) {           //遍历拆分出的字符串数组
10         M_Label[i].transform.GetComponent<Text>().text = M_Cont[i].Split('*')[0];
                                                           //显示内容
11     }}
12     void Update() {
13       CheakSelect_M();                                  //M 星系选中操作
14     }
```

```
15      public void BackToXingZuo() {                              //返回观察星空场景
16        if (Constraints.YinXiao == "open"){                      //添加音效
17          AudioSource.PlayClipAtPoint(Sound, new Vector3(0, 0, 0));
                                                                    //设置播放片段的位置，控制声音
18        }
19        Application.LoadLevelAsync("XingZuo");                    //返回 "XingZuo" 场景
20      }
21      void CheakSelect_M(){                                       //判断选中 M 星云
22        string[] M_Temp;                                          //声明字符串数组
23        for (int i = 0;i < M_All.Length;i++) {                    //遍历 M 星系复选框数组
24          if (M_All[i].isOn == true) {                            //如果当前为选定状态
25            M_Temp = M_Cont[i].Split('*');                        //拆分字符串
26            M_Text.text = "名称: " + M_Temp[0] + "\n" + "简介: " + M_Temp[1];
                                                                    //显示内容
27            M_Image.sprite = M_Sprite[i];                         //改变星系图片
28    }}}}
```

❏ 第 1~6 行为引入系统包以及声明一些变量的方法。

❏ 第 7~20 行的主要功能为，进入场景开始，处理字符串并显示默认选定的 M 星系的内容。在每帧调用的方法中，调用 CheckSect_M 方法实时检测 M 星系选中状态。BackToXingZuo 方法的主要功能为，按钮单击后回到观察星空场景，并根据摄像机距离远近播放相应声音。

❏ 第 21~28 行的主要功能判断 M 星系的选定状态，当状态改变时，显示当前选中状态的 M 星系的名称，介绍以及星系图片。

11.5.5　天体及连线着色器的开发

星体以及连线在选择着色器时需要慎重，由于该模块中星体和连线非常多，如果光照系统采用模拟太阳点光源的话，星体及连线就会出现强烈的锯齿抖动（即使已经调整了抗锯齿），这里就需要自己开发着色器使星体及连线自发光，具体代码如下。

（1）下面将要介绍星体自发光脚本的开发，在该脚本中采用顶点着色器和片元着色器来实现星体的自发光（白光），具体代码如下。

代码位置：见随书源代码/第 11 章/Assets/Script/ShaderText 目录下的 shaderTest.shader。

```
1     Shader "Custom/shaderTest" {
2       SubShader {
3         Pass{                                     //声明通道
4           CGPROGRAM                               //CG 声明
5           #pragma vertex vert                     //vert 方法声明
6           #pragma fragment frag                   //frag 方法声明
7           #include "UnityCG.cginc"                //导入 UnityCG
8           struct v2f{                             //定义结构体
9             float4 pos:POSITION;};                //声明顶点向量
10            v2f vert(appdata_base v){             //顶点着色器
11              v2f o;                              //声明结构体
12              o.pos=mul(UNITY_MATRIX_MVP,v.vertex); //MVP 投影变换
13              return o;}
14          fixed4 frag(v2f IN):COLOR{              //片元着色器
15            return fixed4(1,1,1,0.8);}            //返回颜色值
16          ENDCG}}                                 //CG 结束
17        FallBack "Diffuse"}
```

📝说明　该着色器实现了星体自发光（白色），在实现过程中使用顶点、片元着色器，首先定义结构体变量 v2f，结构体主要包括顶点向量 pos。在顶点着色器方法 vert 中将顶点进行投影变换，在片元着色器方法 frag 中对片元进行着色（白色）。

（2）下面将要介绍连线自发光脚本的开发，在该脚本中采用顶点着色器和片元着色器来实现星体的自发光，具体代码如下。

代码位置：见随书源代码/第 11 章/Assets/Script/ShaderText 目录下的 light.shader。

```
Shader "line/light" {
```

```
Properties {                                            //定义属性
  _IlluminCol ("Self-Illumination color (RGB)", Color) = (0.64,0.64,0.64,1)
                                                          //声明颜色值
  _MainTex ("Base (RGB) Self-Illumination (A)", 2D) = "white" {}}    //2D 纹理
SubShader {
  Tags { "QUEUE"="Geometry" "IGNOREPROJECTOR"="true" }     //渲染顺序、忽略投影
  Pass {
    Tags { "QUEUE"="Geometry" "IGNOREPROJECTOR"="true" }   //渲染顺序、忽略投影
    Material {                                             //材质
      Ambient  (1,1,1,1)                                   //环境光
      Diffuse  (1,1,1,1)}                                  //漫反射
    SetTexture [_MainTex] { ConstantColor [_IlluminCol] combine constant * texture
} //纹理颜色混合
    SetTexture [_MainTex] { combine previous + texture }    //纹理颜色相加
    SetTexture [_MainTex] { ConstantColor [_IlluminCol] combine previous * constant }
                                                            //纹理颜色混合
}}}
```

> **说明**　　该着色器实现了连线自发光，在实现过程中首先声明属性变量 _IlluminCol、_MainTex，在 Unity 编辑面板中调节颜色值和 2D 纹理贴图。在子着色器中定义标签来确定渲染顺序和设置忽略投影，设置材质中的环境光和漫反射来确定连线颜色。

11.6 太阳系普通模式的开发

上一节介绍了观察星空模块的开发过程，接下来将要介绍太阳系普通模式的开发流程。在这一模块的开发过程中包括：太阳系场景的搭建、天体运行脚本开发、太阳特效开发，以及行星信息界面的开发，其中对于太阳粒子特效的开发对于场景的渲染效果非常重要。

11.6.1 太阳系场景的搭建

本小节将向读者介绍太阳系场景的搭建过程，太阳系模块包括普通模式、增强现实模式以及虚拟现实模式。其中普通模式和虚拟现实模式开发过程中使用的场景是相同的，增强现实模式中的模型和太阳系场景中天体模型是相同，因此太阳系场景的搭建特别重要。

（1）新建一个场景，并将其重命名为"SolarSystem"，选中"Directionalligth"，右击→Delete，如图 11-39 所示，删除掉光照。在 Hierarchy 空白区域，右击→UI→Canvas，创建一个画布，用于图像的显示，如图 11-40 所示。

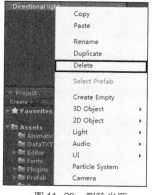

▲图 11-39　删除光照

▲图 11-40　创建画布

（2）选中"Canvas"，添加一个"Text"，用于普通模式的两种子模式（上帝视角和漫游）显示。再添加一个"Image"，将其重命名为"BackToMenu"，用于返回主菜单按钮图片，如图 11-41 所示。

（3）场景中所用到的行星、卫星的模型都是已经准备好的模型资源，太阳特效以及小行星带的开发比较复杂，在下面小节中将详细介绍。把水星、金星、地球、火星、木星、土星、天王星、海王星及卫星按照顺序实例化到场景中去，如图 11-42 和图 11-43 所示。

▲图 11-41　UI 界面

▲图 11-42　场景结构图 1

▲图 11-43　场景结构图 2

（4）行星运行轨道的标识可以使用精灵图片（圆线）如图 11-44 所示，在场景中 Hierarchy 面板中中的组织方式如图 11-45 所示。运行轨道对于场景的立体空间感特别重要，它标识了行星及相关卫星的运行轨迹，也是使天体在场景中显得不那么混乱。

▲图 11-44　轨道效果图

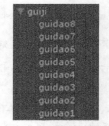

▲图 11-45　轨道结构图

11.6.2　行星及卫星脚本开发

上一小节详细介绍了太阳系场景的搭建，下面要介绍的是行星及卫星运行脚本的开发。在模拟太阳系中八大行星以及卫星的运行过程当中，有的速度快慢不一、差距悬殊，因此场景中设置天体运行速度的标准以适合用户更好地观察天体运动为基础，若想了解真实的数据请参考 4.2 小节。

（1）下面介绍天体公转脚本——XuanZhua.cs 的开发，此脚本用以实现行星公转（除水星外），声明公有变量 AngularVelocity（角速度），在场景编辑面板中可以方便调节参数，用以控制行星公转角速度，具体代码如下。

代码位置：见随书源代码/第 11 章/Universe/Assets/Script 目录下的 XuanZhuan.cs。

```
1    using UnityEngine;                                      //引入系统包
2    using System.Collections;
3    public class XuanZhuan : MonoBehaviour {
4      public float AngularVelocity;                         //声明公转角速度变量
5      void Start () {}                                      //Update 第一次调用前运行
6      void Update () {
7        transform.RotateAround(Vector3.zero, new Vector3(0,1,0),
                                                           //绕 y 轴以一定角速度旋转
8        AngularVelocity * Time.deltaTime);}}
```

　　该脚本可以方便地在编辑面板中调节共有变量 AngularVelocity，用以控制旋转函数 RotateAround 中行星旋转速度的快慢，天体自转脚本与之类似将不再赘述。

　　（2）下面介绍水星公转倾斜轨道脚本——InclinRail.cs 的开发，此脚本用以实现水星倾斜轨道公转，声明公有变量 AngularVelocity（角速度）和 Rail_Angle（轨道倾角），在场景编辑面板中可以调节水星公转角速度以及运行轨道的倾角，具体代码如下。

　　　　代码位置：见随书源代码/第 11 章/Universe/Assets/Script 目录下的 InclinRail.cs。

```
1    using UnityEngine;                              //引入系统包
2    using System.Collections;
3    public class InclinRail : MonoBehaviour {
4      public float AngularVelocity;                 //公转角速度
5      public float Rail_Angle;                      //轨道倾角
6      private float Angle_x;                        //公转轴的 xy,z=0
7      private float Angle_y;
8      void Start () {
9        Angle_x = Mathf.Sin(90.0f+Rail_Angle);      //公转轴 x 分量
10       Angle_y = Mathf.Cos(90.0f+Rail_Angle);}     //公转轴 y 分量
11     void Update () {
12       transform.RotateAround(Vector3.zero,        //绕计算得到的轴旋转
13       new Vector3(Angle_x, Angle_y, 0),
14       AngularVelocity * Time.deltaTime);}}
```

　　该脚本可以在编辑面板中调节公有变量 AngularVelocity（公转角速度）和 Rail_Angle（轨道倾角），在脚本中计算公转轴（只需计算 xy，z=0），然后利用轴旋转函数绕计算所得公转轴以一定的角速度旋转。

　　（3）下面介绍卫星公转脚本——Statellite.cs 的开发，此脚本用以实现卫星公转，声明公有变量 MainStatellite（宿主星）和 AngularVelocity（公转角速度），在场景编辑面板中可以调节卫星公转角速度以及挂载卫星的宿主星，具体代码如下。

　　　　代码位置：见随书源代码/第 11 章/Universe/Assets/Script 目录下的 InclinRail.cs。

```
1    using UnityEngine;                              //引入系统包
2    using System.Collections;
3    public class Statellite : MonoBehaviour {
4      public GameObject MainStatellite;             //宿主星引用
5      public float AngularVelocity;                 //绕宿主星公转角速度
6      void Start () {}
7      void Update () {                              //绕宿主星 y 轴公转
8        transform.RotateAround(MainStatellite.transform.position,
9        MainStatellite.transform.up, AngularVelocity * Time.deltaTime);}}
```

　　该脚本可以在编辑面板中调节公有变量 MainStatellite（轨道倾角）和 AngularVelocity（公转角速度），然后利用绕轴旋转函数绕宿主星 y 轴以一定的角速度旋转。

11.6.3　太阳特效及小行星带的开发

　　在这一小节将主要介绍太阳粒子特效以及小行星带的开发，对于太阳系虚拟现实模式下，太阳特效和小行星带非常重要，在戴好虚拟现实眼镜进行场景漫游时，朝向太阳前进或者处于小行星带的运行轨道上观测时，视觉效果非常好。

1. 太阳粒子特效开发

　　太阳粒子特效的实现需要用到 3 个粒子系统：Sun_Particle_01、Sun_glow_ particle_01、Sun_Proto_01，如图 11-46、图 11-47 和图 11-48 所示。在粒子系统的设置中，这 3 个粒子系统的不同在于参数和纹理图片不同，在这里笔者只详细介绍一个，其他的请读者自己参考研究。

▲图 11-46 粒子系统 1

▲图 11-47 粒子系统 2

▲图 11-48 粒子系统 3

❑ 基本参数设置

基本参数设置中主要是：Duration（粒子持续时间）设置为 10.0s，Looping（粒子循环）设置为循环，StartLifetime（粒子生命周期）设置为 4～5s，StartSpeed（粒子初始速度）设置为 1，StartRotation（粒子初始旋转）设置为-72～720，Paly On Awake（唤醒时播放）设置为 true。

❑ Emission（发生模块）设置

在 Emission（发生模块）中主要用于控制产生粒子的数量，可以选择以时间为单位也可选择以距离为单位。这里根据需要使用每秒粒子的数量，如图 11-49 所示。

❑ Shape（形状模块）设置

在 Shape（形状模块）中主要用于控制粒子产生的形状，其中包括：Sphere、HemiSphere、Cone、Box、Mesh、Circle、Edge。这里根据需要选择 Sphere（球形），Radius（粒子半径）设置为 0.01，如图 11-50 所示。

❑ Renderer（渲染模块）设置

在 Renderer（渲染模块）中设置 Renderer Mode 为 Billboard，选择 Cast Shadows 为 ON 及 Receive Shadows 右侧的复选框，这样粒子就可以接受和反射光线。将材质挂载到 Material 中，基本设置就已经完成了，如图 11-51 所示。

▲图 11-49 Emission 设置

▲图 11-50 Shape 设置

▲图 11-51 Renderer 设置

2. 小行星带的开发

小行星带特效的开发也是利用 Unity 3D 游戏开发引擎内置的粒子系统，通过设置粒子产生的形状来控制小行星带的形状。相对于其他天体的开发，小行星带在太阳系虚拟现实模式中能够带来强烈的视觉震撼，如图 11-52 和图 11-53 所示。

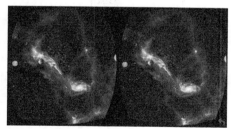

▲图 11-52　场景效果图 1

▲图 11-53　场景效果图 2

❑　基本参数设置

基本参数设置中主要是：Duration（粒子持续时间）设置为 5.0s，Looping（粒子循环）设置为循环，StartLifetime（粒子生命周期）设置为 96s，StartSpeed（粒子初始速度）设置为 0.42，StartRotation（粒子初始旋转）设置为 0，Paly On Awake（唤醒时播放）设置为 true，如图 11-54 所示

❑　Emission（发生模块）设置

在 Emission（发生模块）中主要用于控制产生粒子的数量，可以选择以时间为单位也可选择以距离为单位。这里根据需要使用每秒粒子的数量，如图 11-55 所示。

❑　Shape（形状模块）设置

在 Shape（形状模块）中主要用于控制粒子产生的形状，其中包括：Sphere、HemiSphere、Cone、Box、Mesh、Circle、Edge。这里根据需要选择 Circle（圆形），Radius（粒子半径）设置为 19.17，如图 11-55 所示。

❑　Renderer（渲染模块）设置

在 Renderer（渲染模块）中设置 Renderer Mode 为 Billboard，选择 Cast Shadows 为 off，Receive Shadows 右侧的复选框未勾选，这样设置粒子就不会接受和反射光线。将材质挂载到 Material 中，基本设置就已经完成了，如图 11-56 所示。

▲图 11-54　基本参数设置　　▲图 11-55　Emission、Shape 设置　　▲图 11-56　Renderer 设置

11.7　太阳系增强现实（AR）模式的开发

上一节中主要介绍了太阳系普通模块的开发。本应用除以上功能外，还加入了太阳系增强现实模块，用户可以通过移动设备摄像头扫描特定的图片或者物体，可以出现 3D 虚拟的物体，与现实进行交互。本应用通过扫描二维码，可以出现太阳系的的相关天体。下面将具体介绍。

11.7.1　AR 开发前期准备

前面几个章节对增强现实（AR）技术已经有了比较详细的介绍，本小节将对本模块开发的前期准备工作进行介绍，本部分的重点就是获取有特定信息的图片，并提取出可以导入到 Unity 3D 游戏开发引擎中的包。以下将以地球为例进行介绍，其他行星的制作过程不再赘述。

（1）打开生成二维码网站"www.liantu.com"，以地球为例，输入地球后，形成二维码，如图 11-57 所示。选择嵌入文字，并调整文字的样式以及大小，如图 11-58 所示，之后导出即可。

▲图 11-57　输入文字创建二维码

▲图 11-58　嵌入文字

> **说明**　　这里笔者使用的生成二维码的网站是："www.liantu.com"，读者也可以根据自己的喜好选择其他生成二维码的网站，基本操作都非常类似。

（2）接下来，获取 Vuforia SDK，Vuforia 用户注册过程前面章节已经详细介绍，这里不再赘述。进入 Vuforia 官网，选中"Downloads"→"SDK"→"Download for Unity"，如图 11-59 所示，获取最新的 Vuforia SDK，即可导入到 Unity 中的包"vuforia-unity-5-5-9.unitypackage"。

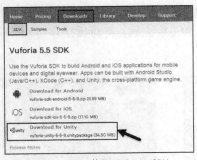

▲图 11-59　获取 Vuforia SDK

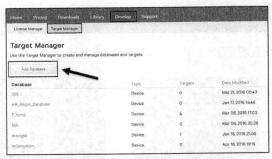

▲图 11-60　创建 Database

（3）上面介绍 Vuforia SDK 的获取过程，以下做的所有关于增强现实的工作均会以 Vuforia SDK 展开。在官网中选中"Develop"→"Target Manager"→"Add DataBase"，如图 11-60 所示，添加一个 DataBase，并将其命名为"solarsystem"。

（4）打开"solarsystem"，选中"Add Target"，如图 11-61 所示，添加对象。选中"Single Image"，单击"Browse..."，选择要处理的图片，然后设置宽度（width），并设定名称"earth"，如图 11-62 所示，完成以上设定后，最后单击"Add"，等待处理。最后添加完成。

（5）按照上面的步骤，最后图片对象添加完成，在图 11-63 中，已经创建好名为"earth"的图片对象，选中该对象，单击"Download Database"后会出现选择开发平台的选项，这时选择 UnityEditor，即可导出可导入到 Unity 中 unitypackage 的包。

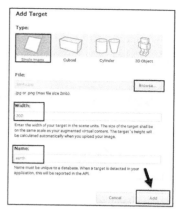

▲图 11-61　添加对象

▲图 11-62　设定对象

▲图 11-63　导出 unitypackage 包

（6）打开 Unity 3D 的项目，导入下载好的 Vuforia SDK，并导入制作出来的 Database，这样就完成前期的准备工作，读者需要注意的是，以上只介绍了地球二维码增强现实图片的制作过程，其他几个行星的图片制作过程基本相同，有兴趣的读者可以自行尝试。

11.7.2　场景搭建过程

上一节中介绍了太阳系增强现实模块开发的准备过程，增强现实模块中，用户通过扫描特定的二维码，会出现 3D 物体，这些都是通过在该二维码上方，AR 摄像机可视范围内摆放 3D 物体。下面将对开发中各个部分进行详细介绍请仔细阅读。

（1）新建一个场景，并将其重命名为"AR"，删除初始创建场景的主摄像机，选中"MainCamera"，右击→"Delete"，如图 11-64 所示。选中 Project 窗体 Assets/Vuforia/Prefabs 目录下的"ARCamera"，将其拖进场景中，如图 11-65 所示，这样 AR 摄像机就添加完成了。

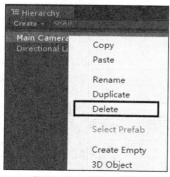

▲图 11-64　删除主摄像

▲图 11-65　添加 ARCamera

（2）进入 Vuforia 官网，选中"Develop"→"License Manager"，然后单击"Add License Key"，创建一个 License Key。设置一个 Application Name 为"solorsystem"，将 Device 设置为 Mobile，对于普通开发选择免费就可以了。之后单击"Next"，最后选中"Confirm"，如图 11-66 和图 11-67 所示。

▲图 11-66　设置 License Key 内容

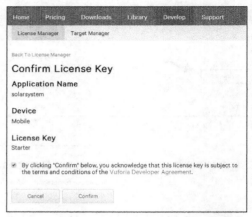

▲图 11-67　确认设置的 License Key

（3）创建成功 License Key 后，可以获得一串字符串，如图 11-68 所示。打开 Unity 项目，选中"ARCamera"，将上面获取到的长字符串，复制到"ARCamera"的"Vuforia Behaviour"脚本中的 App License Key 中，如图 11-69 所示，这样就完成了 License Key 的添加过程。

▲图 11-68　License Key 内容

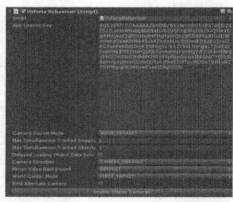

▲图 11-69　添加 License Key

（4）设置"Vuforia Behavior"脚本 App License Key 参数后，需要对其他的参数进行设置，包括将 Camera Device Mode 参数设置为 MODE_DEFAULT，设置 Camera Direction 为 CAMERA_DEFULT，即默认摄像机，其他参数保持初始值即可。

（5）接下来继续设置"ARCamera"对象其他脚本参数，将 Database Load Behavior 脚本的 LoadDataSetarbegin 参数勾选，同时将 Activate 参数勾选，如图 11-70 所示。这样就完成了"ARCamera"对象的设置，增强现实摄像机基本设置就完成了。

▲图 11-70　Database Load Behavior 参数设置

（6）接下来将以制作地月系为例介绍后边的开发过程，找到 Assets/Vuforia/Prefabs 目录下的 ImageTarget 对象，将其拖进场景中，调整其位置，并重命名为"ImageTargetDiQiu"。

（7）选中"ImageTargetDiQiu"对象，设置 ImageTargetBehavior 脚本参数，设置"DataSet"参数为数据库的名称，设置"ImageTarget"参数为 diqiu，设置"Width"和"Height"均为 300，对该脚本的相关设置如图 11-71 所示。

（8）完成以上设置后，将之前的地月系的预制体拖曳到"ImagetargetDiQiu"对象下，调整其缩放比使其与二维码图片大小融合，这样就基本完成了地月系的制作。其他行星的制作与以上步骤基本相同，有兴趣的读者可以按照以上步骤自行搭建场景，目录结构如图 11-72 所示。

▲图 11-71　ImageTargetBehavior 设置

▲图 11-72　AR 场景目录结构

11.7.3　摄像机自动对焦脚本的开发

在打开软件之后，使用移动设备摄像头扫面图片的时候，会出现摄像头不能准确识别二维码图片（比较模糊），这是因为没有对移动设备摄像头进行自动对焦处理的原因，这时需要开发自动对焦摄像头的脚本文件，来使移动设备摄像头能够更好地识别二维码图片，核心代码如下。

代码位置：见随书源代码/第 11 章/Universe/Assets/Script 目录下的 SetFocus.cs。

```
1   using UnityEngine;                                        //导入系统包
2   using System.Collections;
3   namespace Vuforia {
4     public class SetFocus : MonoBehaviour {                 //自动对焦类
5       void Start() {                                        //增强现实事件监听
6         VuforiaBehaviour.Instance.RegisterVuforiaStartedCallback(OnVuforiaStarted);
                                                              //开始事件监听
7         VuforiaBehaviour.Instance.RegisterOnPauseCallback(OnPaused);
                                                              //暂停事件监听
8       }
9       private void OnVuforiaStarted() {                     //开始时自动对焦
10        CameraDevice.Instance.SetFocusMode{                 //开始对焦
11          CameraDevice.FocusMode.FOCUS_MODE_CONTINUOUSAUTO);
12      }
13      private void OnPaused(bool paused) {                  //暂停时自动对焦
14        if (!paused) {
15          CameraDevice.Instance.SetFocusMode(               //开始对焦
16            CameraDevice.FocusMode.FOCUS_MODE_CONTINUOUSAUTO);
17  }}}}
```

📎说明　上述代码实现了配置自动对焦 Vuforia 初始化时的两个监听方法，注册一个回调的 VuforiaBehaviour，Vuforia 过程开始或者暂停时，均开启自动对焦模式。该代码可以实现移动设备摄像头自动对焦功能，实现清晰扫面图片的效果。

至此，太阳系的增强现实（AR）模块的实现过程就基本介绍完毕，以上介绍部分均只介绍了地月系的开发流程，其他几大行星的开发过程与地月系开发基本相同，有兴趣的读者可以参考以上步骤，结合书中的项目程序文件进行学习。

11.8 太阳系虚拟现实（VR）模式的开发

上一节中主要介绍了太阳系增强现实（AR）模式的开发，接下来将要介绍太阳系 VR 模式的开发。虚拟现实模式主要由软件和外部设备（即 VR 眼镜）两部分组成，这里将要详细介绍场景中 Cardboard SDK for Unity 在开发中的使用，太阳系场景的搭建流程前面小节已经详细介绍，此处不再赘述。

11.8.1　CardBoard SDK 使用

导入 SDK 软件包：Assets>Import Package>Custom Package。选择 CardboardSDKForUnity unitypackage 下载软件包，并单击 Open。确保已勾选 Importing package 对话框中的所有复选框，并单击 Import，如图 11-73 所示，导入后文件夹结构如图 11-74 所示。

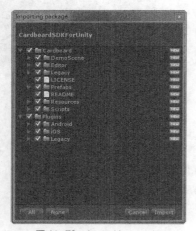

▲图 11-73　Importing package

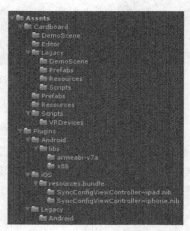

▲图 11-74　SDK 文件结构目录

在编辑器的 Project 窗格中，导航至 Assets>Cardboard > DemoScene 文件夹，然后打开 DemoScene。您应该能够看到这样的一个场景，在贴有纹理的网格平面上漂浮着一个立方体。单击 Play 会看到一个游戏视图，上面显示呈现立体感的红色立方体（触碰黄点就会变绿，开发项目时会看到），如图 11-75 和图 11-76 所示。

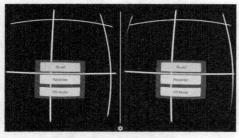

▲图 11-75　DemoScene1

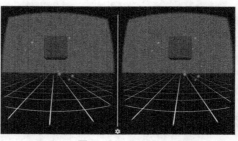

▲图 11-76　DemoScene2

> **✎注意**　　如果您使用的是 Unity 5，系统会警告您 API 将自动升级。如果出现上述警告，请接受它并继续操作。

11.8.2　构建应用并部署到 Android 设备

在 File → Build Settings 中，选择 Android 作为平台，单击 Player Settings。在"Other Settings"下面，将软件包名称输入为"Bundle Identifier"字段（例如：com.example.CardboardUnityDemo），如图 11-77 所示。在"Resolution and Presentation"下面，检查默认方向是否设为"Landscape Left"，如图 11-78 所示，单击 Build and Run。

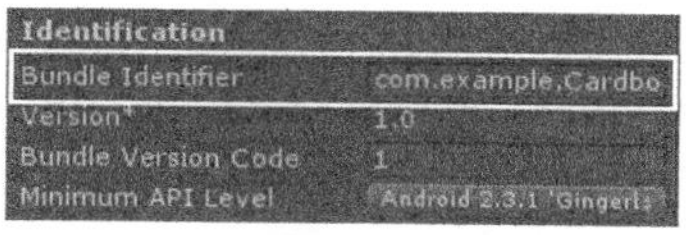

▲图 11-77　Bundle Identifier

▲图 11-78　方向设置

> **✎注意**　　如果系统提示输入 Android SDK 的位置，请配置好 Android SDK，如图 11-79 所示。

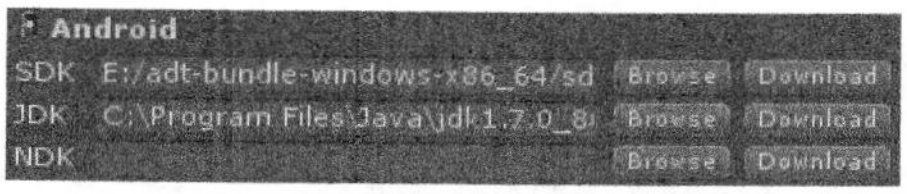

▲图 11-79　SDK 路径

在场景四周观望以找到立方体，当您正盯着立方体时，它会变为绿色，拉动 Cardboard 的触发器（如果不在 Cardboard 中则点按屏幕），以将立方体传送到新的位置，尝试再次查找立方体。

11.8.3　将太阳系场景开发成 VR 模式

向场景中添加 VR 支持有两种方式：（1）通过预制件添加 VR，（2）通过脚本添加 VR。制作用于 Cardboard 的 VR 应用的一个主要区别是：能够让用户在现实中移动头部的方式移动摄像头。接下来将会介绍这两种方式开发 VR 模式的流程，在该软件中采用的是第一种方式。

❑　通过预制件添加 VR

对于具有单摄像头的全新项目，可考虑使用一个 CardboardMain 预制件替换主摄像头，如图 11-80 所示。此预制件包含完整的立体影像装置，以及标记为 MainCamera 的摄像头和一个用于控制 VR 模式的 Cardboard 脚本的实例。

对于摄像头已使用控制脚本完全填充的现有项目，最好的做法可能是添加一个 CardboardAdapter 预制件作为子项。这会将 CardboardHead 置于主摄像头下面，以便用户头部运动只会影响到立体摄像头。然后，通过执行 Update Stereo Cameras 命令完成此装置，从而将 StereoController 添加到摄像头本身。

❑　通过脚本添加 VR

向场景添加 VR 支持的最简单方法是，将一个 StereoController 脚本附加到 Main Camera，如图 11-81 所示。单击 Play，您应该会看到立体影像。完整的立体影像（两只眼睛和一只脑袋）可在运行时生成。

▲图 11-80　CardboardMain 位置

▲图 11-81　StereoController 位置

通常，希望在编辑器中向场景添加立体影像，而不是在运行时添加。这样的话，就可以调整此插件中提供的各种脚本的默认参数，并提供添加附加脚本和对象的框架，如三维用户界面元素。

为此，在层次结构面板中选择摄像头（或多个摄像头），然后执行主菜单命令 Component> Cardboard > Update Stereo Cameras。此命令也可在摄像头组件的上下文菜单中找到。根据上面的描述，执行此操作可生成立体影像装置。

StereoController 的 Inspector 面板具有 Update Stereo Cameras 按钮，该按钮可将立体摄像头与主摄像头重新同步。这将复制所有摄像头设置，如_剔除遮罩_、深度、视野等，以便您可以在"Scene"窗口中看到相应的预览。

❑　太阳系场景中的 VR 应用

该项目中采用"通过预制件添加 VR"的方式将太阳系场景添加 VR 支持，通过拖曳预制体 CardboardMain 到场景中（原摄像机删除），然后通过开发控制摄像机场景漫游脚本，来实现在太阳系场景中虚拟现实模式下场景的漫游。

11.9　蓝牙摇杆使用及其他设置功能的实现

上一小节介绍了太阳系 VR 模式的开发，本小节将要介绍软件设置的开发，其中包括：VR 是否开启、摇杆灵敏度调整、音效是否开启以及时间缩放比；设置 VR 开启和关闭，设置蓝牙摇杆灵敏度调整场景中摄像机运动速度，设置音效开关，设置时间缩放比调整太阳系普通模式场景中的时间因子。

11.9.1　蓝牙摇杆控制脚本开发

蓝牙摇杆可以实现对手机系统桌面的控制，使用 Unity 3D 游戏开发引擎内置的输入输出监听可以方便地在软件中实现与蓝牙摇杆的控制。在该软件中主要是使用摇杆控制太阳系普通模式的场景中的摄像机实现场景漫游，具体代码如下。

代码位置：见随书源代码/第 11 章/Universe/Assets/Script 目录下的 YaoGanControl.cs。

```
1    using UnityEngine;                                    //导入软件包
2    using UnityEngine.UI;
3    using System.Collections;
4    public class YaoGanControl : MonoBehaviour{
5      private float[] axisInput = new float[2];          //摇杆参数变量
6      public GameObject PT_Camera;                        //场景摄像机索引
7      public GameObject Left;                             //VR 摄像机做眼
8      void Start(){
9        for (int i = 0; i < axisInput.Length; i++)        //初始化摇杆参数
10       axisInput[i] = 0.0f;}
11     void Awake(){
12       gameObject.AddComponent <XuanZhuan>();}            //场景加载后给摄像机挂载脚本
13     void Update(){
14       axisInput[0] = Input.GetAxisRaw("Horizontal") * Time.deltaTime;
                                                            //获取摇杆横向参数值
15       axisInput[1] = Input.GetAxisRaw ("Vertical") * Time.deltaTime;
                                                            //获取摇杆竖向参数值
```

```
16      if(Constraints.GOD_MANYOU=="GOD"&&Constraints.MS_Selected=="PuTong"){
17        YG_God();}                                          //普通模式和上帝视角调用方法
18      if(Constraints.GOD_MANYOU=="GOD"&&Constraints.MS_Selected=="VR"){
19        YG_ManYou();}                                       //VR 模式和上帝视角调用方法
20      if(Constraints.GOD_MANYOU=="MANYOU"&&Constraints.MS_Selected=="VR"){
21        VR_ManYou();}                                       //VR 模式和漫游调用方法
22      if(Constraints.GOD_MANYOU=="MANYOU"&&Constraints.MS_Selected=="PuTong"){
23        YG_ManYou();}}                                      //漫游模式调用方法
24      void VR_ManYou(){                                     //朝摄像机正方向前进
25        transform.Translate (Left.transform.forward*35*Time.deltaTime);}
26      void YG_ManYou(){                                     //默认是漫游模式
27        transform.Rotate(Vector3.up*axisInput[1]*Constraints.YG_CanShu)
                                                              //X 抬头/低头
28        transform.Rotate (Vector3.right*(-axisInput[0])*Constraints.YG_CanShu);
                                                              //Y 即左右旋转
29        transform.Translate (Vector3.forward*35*Time.deltaTime);}   //以一定速度前进
30      void YG_God(){
31        transform.Rotate(Vector3.up*axisInput[1]*30.0f);    //X 即抬头/低头
32        transform.Rotate (Vector3.right*axisInput[0]*30.0f); //Y 即左右旋转
33        if (Input.GetKey(KeyCode.Joystick1Button10)){       //摇杆上 Start 键监听
34          if(PT_Camera.GetComponent<XuanZhuan>().AngularVelocity==0){
35            PT_Camera.GetComponent<XuanZhuan>().AngularVelocity=20;   //上帝视角旋转
36          }else{
37            PT_Camera.GetComponent<XuanZhuan>().AngularVelocity=0;}}}}
                                                              //上帝视角没有旋转
```

❏ 第 1~7 行为导入系统包、定义 axisInput、PT_Camera 变量。

❏ 第 8~10 行为在场景加载时挂载旋转脚本，以及在运行第一帧之前初始化摇杆参数值。

❏ 第 11~37 行为在太阳系普通模式和虚拟现实模式下对于摇杆的调用方式，在摇杆的使用过程中，还会有旋转脚本需要配合。在 VR 模式中始终调用 VR_ManYou()方法，在太阳系普通模式中则分为上帝视角和漫游两种，前者调用 YG_God()方法，后者调用 YG_ManYou()方法。

11.9.2 VR 开关、摇杆灵敏度、音效及时间缩放因子的开发

上一小节中介绍了蓝牙摇杆控制场景中摄像机的脚本开发，接下来将要介绍 VR 是否开启、摇杆灵敏度、音效以及时间缩放因子的脚本开发。设置蓝牙摇杆灵敏度可以调整场景中摄像机运动速度，设置音效开关可以控制按键声音大小，设置时间缩放比调整太阳系普通模式场景中的时间因子，具体代码如下。

代码位置：见随书源代码/第 11 章/Universe/Assets/Script 目录下的 YaoGanControl.cs。

```
1       public void toggle_LY_YES(){                          //VR 开启事件监听
2         Constraints.VR_Alignment = "开启";}
3       public void toggle_LY_NO(){                           //VR 关闭事件监听
4         Constraints.VR_Alignment = "关闭";}
5       public void toggle_YX_YES(){                          //音效开启事件监听
6         Constraints.YinXiao = "open";}
7       public void toggle_YX_NO(){                           //音效关闭事件监听
8         Constraints.YinXiao = "close";}
9       public void Slider_Time(){                            //时间缩放比事件监听
10        Constraints.timeScale = slider_YG_Time [1].value;}
11      public void Slider_YG(){                              //摇杆灵敏度设置
12        Constraints.timeScale = slider_YG_Time [0].value * 10;}
```

> 📝 **说明**　该脚本中有 6 个方法 toggle_LY_YES、toggle_LY_NO、toggle_YX_YES、toggle_YX_NO、Slider_Time、Slider_YG 用于监听 Toggle、Slider 的数据变化。然后通过设置常量类 Constraints 里值去改变场景中 VR 开关、音效、时间缩放、蓝牙摇杆的灵敏度。

11.9.3 主菜单脚本的开发

单击软件图标闪屏之后就进入主菜单界面，在该界面中控制场景切换、模式转换等功能，如

▲图 11-82　主菜单功能

图 11-82 所示，这里需要开发一个脚本来控制这些功能之间的转换，具体代码实现步骤如下。

（1）主界面左侧有 4 个按钮分别控制星空、太阳系、VR/AR 操作说明、设置 4 个界面或者场景的切换，在按下按钮时会有按键抖动效果，在每个界面或者场景的切换过程中，需要根据常量类中相关默认值初始化界面或者场景设置，具体代码如下。

代码位置：见随书源代码/第 11 章/Universe/Assets/Script 目录下的 XieCheng.cs。

```
1    public void Click_a(){                                              //星座按钮转换场景事件监听
2        Index = 0;
3        StartCoroutine(Click());                                        //启用抖动特效协程
4        if(Constraints.YinXiao=="open"){                                //添加音效
5            AudioSource.PlayClipAtPoint(Sound,new Vector3(0,0,0));}      //播放音效
6            Application.LoadLevelAsync ("XingZuo");}                     //转换星座场景
7    public void Click_b(){                                              //选择太阳系观测模式
8        Index = 1;
9        StartCoroutine(Click());                                        //启用抖动特效协程
10       scroll.SetActive(false);                                        //操作说明界面消失
11       moshishezhi.gameObject.SetActive (true);                        //显示太阳系显示模式
12       if(Constraints.YinXiao=="open"){                                //添加音效
13           AudioSource.PlayClipAtPoint(Sound,new Vector3(0,0,0));}     //播放音效
14       if(Constraints.MS_Selected=="PuTong"){                          //选择 3 种模式
15           Toggle_GM.gameObject.SetActive(true);
16           /*此处省略了选择太阳模式的代码，有兴趣的读者可以自行查看书中的程序内容进行学习*/
17       }}
18   public void Click_c(){                                              //AR/VR 操作说明按钮监听
19       Index = 2;
20       StartCoroutine(Click());                                        //启用抖动特效协程
21       scroll.SetActive(true);                                         //显示操作说明界面
22       if(Constraints.YinXiao=="open"){                                //添加音效
23           AudioSource.PlayClipAtPoint(Sound,new Vector3(0,0,0));}}    //播放音效
24   public void Click_d(){                                              // "设置" 按钮监听
25       Index = 3;
26       StartCoroutine(Click());                                        //启用抖动特效协程
27       moshishezhi.gameObject.SetActive (false);                      //太阳系显示模式消失
28       scroll.SetActive(false);                                        //操作说明界面消失
29       shezhi.gameObject.SetActive (true);                             //显示设置界面
30       if(Constraints.YinXiao=="open"){                                //开启音效
31           toggle[2].isOn=true;
32       }else if(Constraints.YinXiao=="close"){                         //关闭音效
33           toggle[3].isOn=true;}
34       if(Constraints.YinXiao=="open"){                                //添加音效
35           AudioSource.PlayClipAtPoint(Sound,new Vector3(0,0,0));}}    //播放音效
36   public void Click_e(){                                              //太阳系中 "开始" 按钮监听
37       Index = 4;
38       if (Constraints.MS_Selected == "PuTong") {                      //进入太阳系普通模式场景
39           Application.LoadLevelAsync ("SkyboxBlueNebula_Scene");
40       } else if (Constraints.MS_Selected == "AR") {                   //进入太阳系 AR 场景
41           Application.LoadLevelAsync ("AR");
42       } else if (Constraints.MS_Selected == "VR") {                   //进入太阳系 VR 模式场景
43           Application.LoadLevelAsync("SkyboxBlueNebula_Scene");}
44       if(Toggle_MS[0].isOn==true){                                    //上帝视角
45           Constraints.GOD_MANYOU="GOD";
46       }else if(Toggle_MS[1].isOn==true){                              //漫游
47           Constraints.GOD_MANYOU="MANYOU";}
48       if(Constraints.YinXiao=="open"){                                //添加音效
49           AudioSource.PlayClipAtPoint(Sound,new Vector3(0,0,0));}}    //播放音效
```

❑　第 1～6 行为 "星座" 按钮切换场景事件监听方法，单击按钮之后即可进入 "星空" 场景。

❑　第 7～17 行为选择太阳系观察模式的按钮单击事件监听方法，单击该按钮之后 VR/AR 操作说明和设置界面消失，启用抖动特效协程会有按钮图片抖动效果，同时播放音效。由于太阳系

模式选择中会有普通模式（其中包括：上帝视角、漫游）、增强现实（AR）模式、虚拟现实（VR）模式几种选择，在涉及常量类常量赋值时有逻辑关系且简单重复，这里就不再赘述。

❏　第18～23行为VR/AR操作说明界面，单击按钮之后，启用抖动特效协程，然后将太阳系模式选择界面和设置界面消失。

❏　第24～35行为"设置"按钮监听方法，与太阳系模式和VR/AR操作说明监听方法类似，先启用抖动特效协程，再将太阳系模式和VR/AR操作说明界面设置为不可见。接下来就要对"设置"界面进行默认设置。其中包括：实现对VR是否关闭、摇杆、音效、时间缩放比的自定义设置。

❏　第36～49行为太阳系中"开始"按钮监听方法，根据已经选择的模式进入相应的太阳系场景。选择有以下4种可能：太阳系普通模式—上帝时角、太阳系普通模式—漫游、太阳系增强现实（AR）模式、太阳系虚拟现实（VR）模式。

（2）主菜单界面场景加载时有些设置需要初始化，接下来将要介绍场景加载时的运行方法Awake方法，在该方法中主要设置了从其他场景切换回来之后恢复切换之前的选择模式。SpeedDown和Click两个协程方法给出了加载场景时抖动特效，如图11-83所示为单击按钮时的抖动特效。

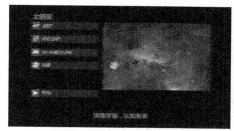

▲图11-83　抖动图片

代码位置：见随书源代码/第11章/Universe/Assets/Script目录下的XieCheng.cs。

```
1    void Awake(){
2      if(Constraints.BackTemp==""){
3        StartCoroutine (SpeedDown ());              //启用抖动协程
4      }else if(Constraints.BackTemp=="back"){
5        moshishezhi.gameObject.SetActive (true);    //模式选择设置为可见
6      if(Constraints.MS_Selected=="PuTong"){        //选择普通模式
7        Toggle_GM.gameObject.SetActive(true);
8      if(Constraints.GOD_MANYOU=="MANYOU"){         //常量为漫游模式
9        ok [0].gameObject.SetActive (true);         //选择普通模式
10       ok [1].gameObject.SetActive (false);        //取消AR模式
11       ok [2].gameObject.SetActive (false);        //取消VR模式
12       Toggle_MS[1].isOn=true;                     //选择漫游模式
13     }else if(Constraints.GOD_MANYOU=="GOD"){
14 /*此处省略了在Awake中重复选择模式代码，有兴趣的读者可以自行查看程序内容进行学习*/
15     }
16     PT_LY_IsOn.gameObject.SetActive(false);}}}
17   IEnumerator SpeedDown(){                         //加载场景抖动特效
18     ImageBG.sprite = Index_MainMenu [0];           //替换精灵图片
19     yield return new WaitForSeconds(0.1f);         //等待0.1s
20     ImageBG.sprite = Index_MainMenu [1];           //再次替换精灵图片
21     yield return new WaitForSeconds(0.1f);         //等待0.1s
22     ImageBG.sprite = Index_MainMenu [2];}          //换回无抖动图片
23   IEnumerator Click(){                             //单击抖动特效
24     Index_Click [Index].gameObject.SetActive(true);  //特效图片可见
25     yield return new WaitForSeconds(0.1f);         //等待0.1s
26     Index_Click [Index].gameObject.SetActive (false);}  //特效图片不可见
```

❏　第1～16行为场景加载时的运行方法Awake，在该方法中主要设置了从其他场景切换回来之后恢复切换之前的选择模式，以及第一次进入该场景时初始化场景。

❏　第17～26行为两个协程方法给出了加载场景时抖动特效和单击按钮时的抖动特效。实现特效抖动的策略就是配合协程替换经过特别处理的具有抖动效果的精灵图片，经过0.1s的等待之后，替换回原来无抖动效果的精灵图片。

（3）常量类是该软件的中枢，它定义了许多静态公共字符串，利用它可以在主菜单设置、选择等操作之后，改变Constraints常量类中字符串常量，在不同场景或者在不同界面就可以根据这些常量进行不同的初始化调整，具体代码如下。

代码位置：见随书源代码/第 11 章/Universe/Assets/Script 目录下的 Constraints.cs。

```
1    using UnityEngine;
2    using System.Collections;
3    public class Constraints : MonoBehaviour {
4      public static string NameStar = "";                    //普通太阳系场景中 3D 拾取到的物体名称
5      public static string MS_Selected="PuTong";             //主场景中模式选择标志区分
6      public static string GOD_MANYOU = "MANYOU";            //上帝视角或者漫游
7      public static string BackTemp = "";                    //记忆从某个场景返回后主菜单显示什么
8      public static string YinXiao = "open";                 //是否开启音效
9      public static float timeScale = 0.2f;                  //时间因子缩放比，"默认是 0.2s"
10     public static float YG_CanShu = 5.0f;                  //设置摇杆灵敏度，"默认是 5.0"
11     public static float[] N=new float[8];                  //八大行星黄经
12     public static float[] W=new float[8];                  //八大行星黄纬
13     public static Vector3 YQ_POS;                          //月球位置
14     public static string VR_Alignment= "开启";             //控制 VR 是否开启
15   }
```

✏️说明　这个类中设置的常量对于星空模块、太阳系模块（普通模式、AR、VR），以及主菜单设置界面都非常重要，它协调各个场景、界面不同功能之间的工作。

11.9.4 陀螺仪脚本开发

星空观察模块最重要的一部分就是对于手机传感器——陀螺仪的使用。在开发陀螺仪脚本的过程中，需要用到 3D 数学中四元数的相关知识，由于篇幅有限，对于四元数如何使用请读者参考其他有关 3D 数学方面的书籍。

代码位置：见随书源代码/第 11 章/Universe/Assets/Script/Line 目录下的 MobileGyro.cs。

```
1    using UnityEngine;                                      //导入系统包
2    using UnityEngine.UI;
3    using System.Collections;
4    public class MobileGyro : MonoBehaviour{
5      Gyroscope gyro;                                       //声明陀螺仪
6      Quaternion quatMult;                                  //声明旋转四元数
7      Quaternion quatMap;                                   //传感器参数组装四元数
8      GameObject player;                                    //声明层
9      GameObject camParent;                                 //声明父对象
10     public AudioClip Sound;                               //声音资源
11     public void BackToMenu(){                             //返回主菜单
12       Application.LoadLevelAsync ("Start");
13       Constraints.BackTemp = "";
14       if(Constraints.YinXiao=="open"){                    //添加音效
15         AudioSource.PlayClipAtPoint(Sound,new Vector3(0,0,0));}}   //播放音效
16     public void ToMStar(){                                //返回主菜单
17       if(Constraints.YinXiao=="open"){                    //添加音效
18         AudioSource.PlayClipAtPoint(Sound,new Vector3(0,0,0));}//设置播放片段的位置
19         Application.LoadLevelAsync ("MStar");}            //切换到 M 界面
20     void Awake(){
21       Transform currentParent = transform.parent;         //获取摄像机父对象
22       camParent = new GameObject ("camParent");           //实例化一个空对象
23       camParent.transform.position = transform.position;  //给定位置
24       transform.parent = camParent.transform;             //移到实例化的对象之下
25       GameObject camGrandparent = new GameObject ("camGrandParent");//实例化空对象
26       camGrandparent.transform.position = transform.position;   //给定位置
27       camGrandparent.transform.parent = camGrandparent.transform;   //作为父对象
28       camGrandparent.transform.parent = currentParent;    //将摄像机挂载到子对象
29       gyro = Input.gyro;                                   //返回默认的陀螺仪
30       gyro.enabled = true;                                 //打开手机陀螺仪
31       camParent.transform.eulerAngles = new Vector3(90,0, 0);   //绕 x 轴旋转 90°
32       quatMult = new Quaternion(0, 0, 1, 0);}
33     void Update(){                                         //陀螺仪参数组装四元数
34       quatMap = new Quaternion(gyro.attitude.x, gyro.attitude.y, gyro.attitude.z,
         gyro.attitude.w);
35       Quaternion qt = quatMap * quatMult;                 //旋转
```

```
 36          transform.localRotation = qt;}}                    //给摄像机实时旋转
```

❑　第 1～10 行为导入系统包，声明下面方法中所需要的各种变量。

❑　第 11～19 行为两个监听事件方法——BackToMenu、ToMStar，前者是从星空场景返回主菜单的事件监听，后者是从星空场景进入梅西耶天体列表场景中，在单击按钮时都会有音效产生。

❑　第 20～36 行为实现通过手机传感器——陀螺仪，控制场景摄像机进行场景漫游的功能。在开启传感器之前，首先对摄像机进行一下重新挂载组装，即将摄像机挂载在子对象的位置，然后通过开启传感器之后获取参数组装四元数用于各个方向的旋转。

> ✏️说明　对于该脚本可以作为一个脚本工具使用，将它挂载在场景中的主摄像机上，即可实现陀螺仪控制场景中摄像机旋转。由于四元数过于复杂，请读者参考其他 3D 数学书籍。

11.10　本章小结

本章对星空漫游这款软件做出了简要介绍，应用中实现了星空观察、太阳系天体认知（普通模式、增强现实模式、虚拟现实模式）等功能，读者在项目开发过程中可以以本应用作为参照。星空观察模块还可以进一步开发成星座定位功能，希望广大读者可以在此基础上进行再次开发。

> ✏️说明　本书中只是将本应用中难以理解但比较重要的部分进行了介绍，还有一些部分并未详细叙述，不熟悉的读者可以进一步根据需要参考其他的相关资料或书籍。

参 考 文 献

[1] 吴亚峰. Unity 5.X 3D 游戏开发技术详解与典型案例[M]. 北京：人民邮电出版社，2016.

[2] 王寒，卿伟龙等. 虚拟现实：引领未来的人机交互革命[M]. 北京：机械工业出版社，2016.

[3] 徐文鹏. 计算机图形学基础[M]. 北京：清华大学出版社，2014.

[4] 喻晓和. 虚拟现实技术基础教程[M]. 北京：清华大学出版社，2015.

[5] Tony Mullen. Prototyping Augmented Reality[M]. 北京：机械工业出版社，2013.

[6] 娄岩. 虚拟现实与增强现实技术概论[M]. 北京：清华大学出版社，2016.

读书笔记

读书笔记

_____

_____

_____

_____

_____

_____

_____

_____

_____

_____

欢迎来到异步社区！

异步社区的来历

异步社区（www.epubit.com.cn）是人民邮电出版社旗下IT专业图书旗舰社区，于2015年8月上线运营。

异步社区依托于人民邮电出版社20余年的IT专业优质出版资源和编辑策划团队，打造传统出版与电子出版和自出版结合、纸质书与电子书结合、传统印刷与POD按需印刷结合的出版平台，提供最新技术资讯，为作者和读者打造交流互动的平台。

社区里都有什么？

购买图书

我们出版的图书涵盖主流IT技术，在编程语言、Web技术、数据科学等领域有众多经典畅销图书。社区现已上线图书1000余种，电子书400多种，部分新书实现纸书、电子书同步出版。我们还会定期发布新书书讯。

下载资源

社区内提供随书附赠的资源，如书中的案例或程序源代码。

另外，社区还提供了大量的免费电子书，只要注册成为社区用户就可以免费下载。

与作译者互动

很多图书的作译者已经入驻社区，您可以关注他们，咨询技术问题；可以阅读不断更新的技术文章，听作译者和编辑畅聊好书背后有趣的故事；还可以参与社区的作者访谈栏目，向您关注的作者提出采访题目。

灵活优惠的购书

您可以方便地下单购买纸质图书或电子图书，纸质图书直接从人民邮电出版社书库发货，电子书提供多种阅读格式。

对于重磅新书，社区提供预售和新书首发服务，用户可以第一时间买到心仪的新书。

用户帐户中的积分可以用于购书优惠。100积分=1元，购买图书时，在 ⌄ **使用积分** 里填入可使用的积分数值，即可扣减相应金额。

纸电图书组合购买

社区独家提供纸质图书和电子书组合购买方式，价格优惠，一次购买，多种阅读选择。

社区里还可以做什么？

提交勘误

您可以在图书页面下方提交勘误，每条勘误被确认后可以获得 100 积分。热心勘误的读者还有机会参与书稿的审校和翻译工作。

写作

社区提供基于 Markdown 的写作环境，喜欢写作的您可以在此一试身手，在社区里分享您的技术心得和读书体会，更可以体验自出版的乐趣，轻松实现出版的梦想。

如果成为社区认证作译者，还可以享受异步社区提供的作者专享特色服务。

会议活动早知道

您可以掌握 IT 圈的技术会议资讯，更有机会免费获赠大会门票。

加入异步

扫描任意二维码都能找到我们：

| 异步社区 | 微信服务号 | 微信订阅号 | 官方微博 | QQ 群：368449889 |

社区网址：www.epubit.com.cn

投稿 & 咨询：contact@epubit.com.cn